機械系熱力学特論

多成分系と反応系

伊藤猛宏 著

九州大学出版会

まえがき

著者は，九州大学工学部の機械系学科において，1994 年来多成分系や反応系の熱力学の講義をしてきた．これまで講義してみての感想は，1)たくさん教えすぎて理念の筋道をあきらかにしていたとは思えない，2)学生諸君に十分に理解してもらえたとは思えない，の 2 点に尽きる．その間，勉強も補い，教科内容も少なくして，改善に努めた．本書はその結果をまとめたものである．

本来，機械工学のために特別な多成分系や反応系の熱力学があるわけではない．それでも書名に″機械″を付した理由は

(1)　学部機械系学科における伝統的な熱力学の講義の後での講義や自習にふさわしい内容にしたこと．

(2)　機械工学に永く携わって来たので，機械工学の徒に理解しやすく書くことができるかもしれない，と期待していること，つまり，機械工学の徒に理解しづらいと思われるところは丁寧に書いたこと．

などである．もとより，これらは著者の積もり・独断であり，意図が実現されたかどうかは，批判的な読者の判定にゆだねる他はない．

記述の方針・スタイルとしては

(a)　伝統的な機械工学の熱力学を修めた読者を対象にしており，一成分の系あるいは組成が変化せず，相変化もしない多成分の系(本文ではこれらを純粋物質の系と総称した)の熱力学は既知であるとする．

(b)　温度の量記号に″τ″を使った．もちろん通常は″T″であるが，示強性質には小文字を使うという，我が国の機械工学分野の習慣を徹底させるためである．

(c)　物質の量は原則モルとし，それの単位には kmol を使った．しかし，通常はモル数と書くべきところを物質量と書いた．つまり，A のモル数は X kmol である，とは書かずに，A の物質量は X kmol である，と書いた．質量あたりの量を使う場合には，それを明示するために $\underline{c_p}$ や $\underline{R}$ のようにアンダーラインを付した．

(d)　人名や，人名を含む用語の人名の部分はアルファベットを使い，"Euler の定理"とか"van't Hoff の関係"のように書いた.

(e)　"Helmholtz の自由エネルギー"や"Gibbs の自由エネルギー"は，長すぎるので，縮めて"Helmholtz エネルギー"や"Gibbs エネルギー"などとした.

などである.

本書の出版のご推薦をいただきました九州大学大学院工学研究院化学工学部門の荒井康彦教授(化学工学熱力学)と機械科学部門の城戸裕之教授(燃焼学)にお礼申し上げます．また，九州大学出版会の永山俊二さんには原稿読みや印刷スタイルの調整で，研究室の貞方円加さんにはタイプセッティングで大変お世話になりました.

なお，訂正のためのご意見・ご注意(論理の誤り，不適切あるいは紛らわしい表現，誤植，など)がございましたら

Titominatozaka@aol.com

にお寄せくださいますようお願いいたします．九州大学出版会のホームページ

http://www1.ocn.ne.jp/~kup/

にて訂正箇所を掲載しますのでご覧下さい.

平成 13 年 7 月　　　　　　　　　　著　者

おもに参考にした書籍と，使用したソフトウエアを記して感謝・敬意をささげる.

<書籍>

M. M. Abbott and H. C. Van Ness : Thermodynamics with Chemical Applications, 2nd ed., McGraw-Hill, 1998

A. Bejan, Advanced Engineering Thermodynamics, 2nd. ed., Wiley, 1997

E. P. Gyftopoulos and G. P. Beretta, Thermodynamics, Foundations and Applications, Mcmillan, 1991

M. J. Moran and H. N. Shapiro : Fundamentals of Engineering Thermodynamics, 3rd ed., Wiley, 1998

J. M. Smith and H. C. Van Ness : Introduction to Chemical Thermodynamics, 4th ed., McGraw-Hill, 1987

W. R. Smith and R. W. Missen, Chemical Reaction Equilibrium Analysis: Theory and Algorithms, Wiley, 1982

<熱化学表>

ガス表: J. H. Keenan et al., Thermodynamic Properties of Air, Including Polytropic Functions, Wiley, 2nd ed.(SI units), 1983

JANAF 表: M. W. Chase et al., JANAF Thermochemical Tables, 3rd ed., National Bureau of Standards, 1985

Barin 表: I. Barin, Thermochemical Data of Pure Substances, 3rd ed., VCH, 1995

<ソフトウエア>

MS-WORD, Microsoft Co.

MS-Excel, Microsoft Co.

Mathcad, MathSoft Inc., 1999

PROPATH ver. 11.2, PROPATH Group, 1997

記　号

主な記号を示す．次元はSI基本単位か基本誘導単位で表示した[1]．

■アルファベット

a	：音速	[m/s]
$\hat{a}_i$	：成分"i"の活量	[-][2]
c_p	：モル定圧比熱	[J/(kmol·K)]
$\underline{c_p}$	：質量あたりの定圧比熱	[J/(kg·K)]
c_V	：モル定積比熱	[J/(kmol·K)]
$\underline{c_V}$	：質量あたりの定積比熱	[J/(kg·K)]
f	：モルHelmholtzエネルギー	[J/kmol]
F	：Helmholtzエネルギー	[J]
g	：モルGibbsエネルギー	[J/kmol]
G	：Gibbsエネルギー	[J]
$\Delta g^{rxn\circ}$	：標準反応Gibbsエネルギー	[J/式][3]
$\Delta g^{fxn\circ}$	：標準生成Gibbsエネルギー	[J/式]
h	：モルエンタルピー	[J/kmol]
H	：エンタルピー	[J]
$\Delta h^{rxn\circ}$	：標準反応エンタルピー	[J/式]
$\Delta h^{fxn\circ}$	：標準生成エンタルピー	[J/式]
K°	：標準平衡定数	[-]
M	：質量	[kg]
$\overline{M}$	：分子量	[-]あるいは[kg/kmol]
N	：物質量	[kmol]
N_A	：アボガドロ定数	[1/kmol]
p	：圧力	[Pa]
p°	：標準圧力=0.1×10^6	[Pa]
$p_\circ$	：標準大気圧=0.101325×10^6	[Pa]

記　号

P	：相の数	[-]
r	：成分の数	[-]
R	：気体定数あるいは一般気体定数	[J/(kmol·K)]
$\underline{R}$	：特定の気体の質量あたりの気体定数	[J/(kg·K)]
s	：モルエントロピー	[J/(kmol·K)]
S	：エントロピー	[J/K]
$\Delta s^{rxn\circ}$	：標準反応エントロピー	[J/K /式]
$\Delta s^{fxn\circ}$	：標準生成エントロピー	[J/K /式]
t	：独立な反応の数	[-]
u	：モル内部エネルギー	[J/kmol]
U	：内部エネルギー	[J]
$\Delta u^{rxn\circ}$	：標準反応内部エネルギー	[J/式]
$\Delta u^{fxn\circ}$	：標準生成内部エネルギー	[J/式]
v	：モル体積	[m^3/kmol]
V	：体積	[m^3]
$\Delta v^{rxn\circ}$	：標準反応体積	[m^3/kmol /式]
$\Delta v^{fxn\circ}$	：標準生成体積	[m^3/kmol /式]
x	：物質量比（液相）	[-]
y	：物質量比（気相あるいは任意の相）	[-]
z	：圧縮因子	[-]

■ギリシャ文字

α	：等圧膨張係数	[1/K]
β_s	：等エントロピー圧縮係数	[1/Pa]
β_T	：等温圧縮係数	[1/Pa]
$\hat{\gamma}_i$	：成分"i"の活量係数	[-]
ε	：反応座標	[kmol]
ζ	：反応進行度	[-]
κ	：比熱比	[-]
λ	：空気比	[-]
μ_i	：成分"i"の化学ポテンシャル	[J/kmol]
ν	：量論係数	[-]

ξ	：Ξのモル量	[X/kmol][4)]
Ξ	：任意の示量性質	[X]
π	：純粋物質のフュガシティ	[Pa]
$\hat{\pi}_i$	：成分"i"のフュガシティ	[Pa]
τ	：熱力学的温度，絶対温度	[K]
τ°	：熱化学標準温度=298.15	[K]
$\tau_\circ$	：通常の標準温度=273.15	[K]
ϕ	：純粋物質のフュガシティ係数	[-]
	あるいは　モルエントロピー関数	[J/(kmol·K)]
$\underline{\phi}$	：比エントロピー関数	[J/(kg·K)]
$\hat{\phi}_i$	：成分"i"のフュガシティ係数	[-]

■下付き添え字

_ｱﾝﾀﾞｰﾗｲﾝ	：比量(質量あたり)
∘	：標準温度$\tau_\circ$かつ標準大気圧$p_\circ$における値
•i	：純粋な"i"
c	：臨界点
irr	：不可逆

■上付き添え字

• 直上付き	：時間微分あるいは時間あたり
¯ｵｰﾊﾞｰﾊﾞｰ	：部分量 しかし，例外的に分子量を$\overline{M}$とする
∘	：標準圧力p°における値
*	：標準圧力p°かつ熱化学標準温度τ°における値 あるいは任意の基準値
dil	：希釈量
exc	：超過量
ES	：要素物質
fus	：融解量
fxn	：生成量

IDS	：	理想溶液
IG	：	理想気体
IGM	：	理想気体混合物
IS	：	理想溶液
L	：	液体
mix	：	混合量
res	：	残留量
rxn	：	反応量
sat	：	飽和
vap	：	蒸発
V	：	気体

1) 物質量はモル[mol]でなくキロモル[kmol]を使用する．この点では SI の原則を犯している．

2) 無次元を"-"で示す．

3) "/式"は，同時に示されるべき反応式に対してという意味であり，割り算ではない．

4) X にはいろいろな次元のものがある．

目　　次

(表紙の説明)

本書の表紙には Bridgman 表(Bridgman Table)が印刷してある．これを使えば，単相の純粋物質の熱力学的性質(p,τ,v,s,u,h,g,f)に対して，これらの間の一階微分係数を簡単に求めることができる．以下に例により使用法を説明する．詳しい説明は，まえがきの最後のところで紹介したBejanの本など参照のこと．

(A,B,C)に対する一つの一階微分係数$(\partial A/\partial B)_C$を形式的に

$$\left(\frac{\partial A}{\partial B}\right)_C = \frac{(\partial A)_C}{(\partial B)_C} \tag{A}$$

と書き，これの右辺に Bridgman 表を適用する．表は上の(p,τ,v,s,u,h,g,f)と同じ順序で，pを含むもの，τを含むもの，vを含むもの，．．．のように配列してある．

（例 1）　定圧比熱$c_p = (\partial h/\partial\tau)_p$：式(A)を適用する．

$$c_p = \left(\frac{\partial h}{\partial\tau}\right)_p = \frac{(\partial h)_p}{(\partial\tau)_p} \tag{B}$$

これに表の[p]の 5 番目の式と，[p]の 1 番目の式を適用する．

$$c_p = \left(\frac{\partial h}{\partial\tau}\right)_p = \frac{(\partial h)_p}{(\partial\tau)_p} = \frac{c_p}{1} = c_p \tag{C}$$

これは正しいけれども，有用ではない．Bridgman 表の最右辺が，上の(p,τ,v,s,u,h,g,f)と定圧比熱$c_p = (\partial h/\partial\tau)_p$，等圧膨張係数$\alpha = (1/v)(\partial v/\partial\tau)_p$，等温圧縮係数$\beta_\tau = -(1/v)(\partial v/\partial p)_\tau$の合計 11 個で表現されているからである．

（例 2）　Joule-Thomson 係数$\mu_{\mathrm{JT}} = (\partial\tau/\partial p)_h$：

$$\mu_{\mathrm{JT}} = \left(\frac{\partial\tau}{\partial p}\right)_h = \frac{(\partial\tau)_h}{(\partial p)_h} = \frac{-\left[-v+\tau(\partial v/\partial\tau)_p\right]}{-c_p}$$

$$= \frac{v\left[\tau(1/v)(\partial v/\partial\tau)_p - 1\right]}{c_p} = \frac{v(\alpha\tau-1)}{c_p} \tag{D}$$

ただし，表の[τ]の 4 番目の式と，[p]の 5 番目の式を適用した．また，上式最右辺の分母に，上述の等圧膨張係数が現れている．

（例 3）　定積比熱$c_v = (\partial u/\partial\tau)_v$：

$$c_v = \left(\frac{\partial u}{\partial\tau}\right)_v = \frac{(\partial u)_v}{(\partial\tau)_v} = \frac{c_p(\partial v/\partial p)_\tau + \tau(\partial v/\partial\tau)_p^2}{-\left[-(\partial v/\partial p)_\tau\right]}$$

$$= c_p - \frac{\left[(1/v)(\partial v/\partial\tau)_p\right]^2(\tau v)}{-(1/v)(\partial v/\partial p)_\tau} = c_p - \frac{\alpha^2 v\tau}{\beta_\tau} \tag{E}$$

ただし，表の[v]の 2 番目の式と，[τ]の 1 番目の式を適用した．また，上式を Mayer の関係というが，最右辺には，等圧膨張係数や等温圧縮係数が現れている．

1. 基礎概念と物質の基本的特性

本章では用語などの定義を確認し，熱力学のやや形式的な議論などを補い，次章以下の学習に備える.

1.1 熱力学の用語

[1] **熱力学の立場** 熱力学で考究する物質の集まりを系(system)という(図 1.1). その考究の仕方には，**巨視的な見地**(macroscopic point of view)と**微視的な見地**(microscopic point of view)があるが，本書は前者によっている. 巨視的な系を巨視的な見地から考究する熱力学を**古典熱力学**(classical thermodynamics)ともいう.

本書は，**純粋物質**(pure substance)の古典熱力学，あるいは伝統的な機械工学の熱力学をすでに修めている読者を対象にしている. ただし，ここでいう純粋物質は，一成分の文字どおりの純粋物質に加えて，組成が変化せず，相変化もしない混合物を含んでいる.

巨視的な見地においては，物質の巨視的な集まりの全体的･平均的な挙動に着目し，分子やそれ以下の水準における物質の構造や挙動に言及したり，それに関する知見を使うことはない. それにもかかわらず，系の全体的な挙動の観測と考察に基づき，古典熱力学は，そのような挙

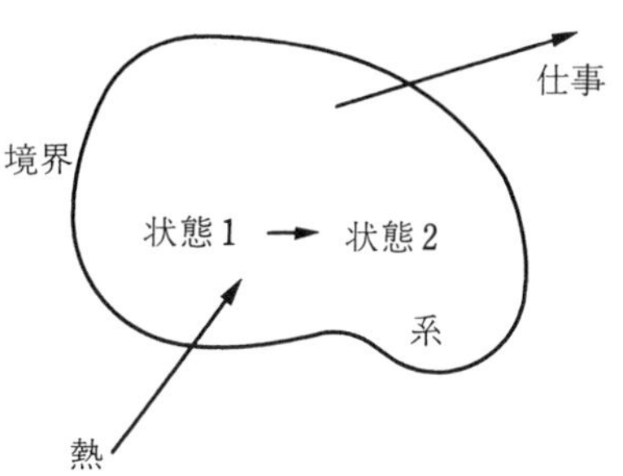

図 1.1 系，周囲および熱と仕事の正の方向

動の重要な側面を評価・解析するのである．

一方，微視的な見地に基づく**統計熱力学**(statistical thermodynamics)は，物質の微視的な挙動の統計的な平均を系の巨視的な挙動に関係付けるものである．多くの応用においては統計熱力学が必須であり，ある種の系の巨視的挙動の予測においても威力を発揮する．しかし，大部分の工業プロセスの解析と設計に対して，古典熱力学は直接的な解決手段を提供するにもかかわらず，そのための数学は統計熱力学で要求されるそれよりはるかに簡単である．

[2] 熱力学的性質　系の属性を**熱力学的性質**(thermodynamic property)という．以後，熱力学的性質をしばしば単に**性質**(property)と呼ぶ．**エネルギー**(energy)や**エントロピー**(entropy)などは性質である．適正に定義された系の一組の性質がわかっていて，それらが系を完全に特徴づけるならば，こうして特徴づけられたものを一つの**状態**(state)という．性質の間の関数関係を述べる際には性質が変数になるので，性質を**変数**(variable)と表現することもある．厳密に性質と変数が使いわけられるというわけではないが，熱力学的な意味に重点がある場合には性質を，関数関係の構造に力点がある文脈においては変数を使う傾向がある．

[3] 相互作用　系以外の残りの全体を**周囲**(surroundings)あるいは**外界**(environment)という．系は周囲との干渉を**相互作用**(interaction)といい，系と周囲は**熱**(heat)や**仕事**(work)の形式の相互作用や，**バルク流**(bulk flow)や**拡散**(diffusion)のような物質を交換する相互作用をすることがある．拡散では異なる**分子**(molecule)が相対速度を持つが，バルク流においては相対速度がなく，全体として移動する．図 1.1 に本書における熱の相互作用，すなわち**熱相互作用**(thermal interaction)と，仕事の相互作用，すなわち**仕事相互作用**(work interaction)の符号の約束が示してある．すなわち，工業熱力学の通常の方式を採用し，仕事は系から周囲へ向かう方向を正，熱は周囲から系へ向かう方向を正とする．

さて，系と周囲との熱相互作用が禁止されているならば，その系は**断熱系**(adiabatic system)であるという．また，それが許されているならば，その系は**透熱系**(diathermal system)であるという．さらに，系と周囲とのいかなる相互作用も禁止されているならば，系は**孤立系**(isolated system)であるという．

[4] 変化と過程　熱力学の法則から導かれる定量的な関係を使って，**過程**(process)に関する問題を，系の性質の変化と周囲とのエネルギーの授受を関係づけて解析することができる．ここに，過程とは状態の**変化**(change)に際する性質の変化と相互作用の全体である．状態の変化を**状態変化**(change of state)という．状態変化の原因は相互作用か，自発的か，あるいはこの両方である．相互作用によらない自発的な変化を**自発的変化**(spontaneous change)

という．なお，無限小の過程を変化と呼び，有限の過程を"過程"と呼ぶ傾向があるが，この区別が定着しているわけではない．

[5]　安定平衡状態と平衡規準　古典的な熱力学は**安定平衡状態**(stable equilibrium state)にある系のみを扱う．安定平衡状態とは，周囲に永続的な効果を残すような相互作用なくしては別の状態へ移れないような状態である．あるいは別の表現をすれば，ある系を孤立させた時，なんら自発的変化が認められなければ，その系は安定平衡状態にあるという．

安定平衡状態にある系内では，少なくとも**温度**(temperature)と**圧力**(pressure)は至るところで等しい．例えば系内に温度差や温度勾配があるとき，系は**熱平衡**(thermal equilibrium)の状態ではないといい，これらを解消する熱伝導や熱放射のような自発的変化が起こる．また，系内に圧力の不釣り合いやせん断力があるとき，系は**力学的平衡**(mechanical equilibrium)の状態ではないといい，これらを解消する自発的なバルク流や対流が起こる．なお，あらゆる意味における平衡を**熱力学的平衡**(thermodynamic equilibrium)という．

温度と圧力が一様であるだけでは，安定平衡状態が保証されないような系もあり，実はそのような系の熱力学の初歩的な議論をするのが本書の目的である．平衡を保証する条件を**平衡規準**(criteria for equilibrium)といい，1.4.2 で学習する．

[6]　可逆･不可逆と準静的･非静的　過程のあらゆる効果を元に戻すことの可能性，すなわち可逆か否かで過程を区別する．ある過程が終了した後で，系と周囲を過程前のそれぞれの状態に戻す方法を一つでも見いだすことができれば，その過程は**可逆的**(reversible)であるという．可逆的な過程を**可逆過程**(reversible process)という．可逆的でない過程を**不可逆過程**(irreversible process)という．不可逆過程は回復できないエネルギーの低質化を招くので，科学的な評価の範囲では，可逆過程は可能な最良の過程である．過程に際し系が辿る状態を連ねたものを**経路**(path)というが，現実の過程における経路は一般的には不明であり，熱力学では記述できない．上述のように，可逆過程の定義は，同じ経路を逆方向に辿ることの可能性，逆行可能性を必ずしも要請していない．

一方，**準静的過程**(quasistatic process)は，経路上のすべての状態が安定平衡状態であるような可逆過程である，と定義する．

準静的過程は，可逆過程とは異なり逆行可能である．準静的過程は可逆過程であるが，可逆過程は必ずしも準静的過程ではない．

なお，準静的過程でない過程を**非静的過程**(non-static process)という．

[7]　状態量　現在の状態のみによってきまること，状態の関数であることを強調する場合に

は，性質を**状態量**(quantity of state)あるいは**状態関数**(state function)という．

熱力学により，系の異なる安定平衡状態における性質の間の関係を明らかにすることができる．その際に使う関係を導くには，過程の検討が必要である．なぜなら，熱力学の法則は熱や仕事を含んでおり，これらは性質ではなく，過程の属性であり相互作用の大きさであるからである．しかし，準静的過程に対しては，熱や仕事を性質や性質の変化のみで表現することができ，純粋に数学的な議論によって，性質すなわち状態量の間の関係を導くことができる．

系の状態量の値は，系の現在の状態のみで確定し，系の過去の状態や変化の経歴にはよらない．ただし確定するといっても，定数の付加定数のみを残すことがある．熱や仕事はそれぞれ相互作用の一つの形式であり，状態量ではない．

[8]　物質，純粋物質および混合物　一定の質量をもつ対象を**物質**(substance)ということもできるが，普遍的な定義は存在しない．本書で論究する最も小さい物質は**分子**(molecule)であるが，熱力学では，しばしば**化学種**(chemical species)という物質の区別をする．化学種とは，他の化学種と区別することができる存在である，というような抽象的な言い方しかできないが，区別は**分子式**(molecular formula)でまず行い，それで区別できなければ**分子構造**(molecular structure)で行い，それでも区別できなければ**凝集状態**(form of aggregation)や**結晶構造**(crystal structure)によって行う．

系を構成する物質が複数個の物質からなっているとき，それらの複数個の物質を**成分物質**(component substance)あるいは単に**成分**(component)といい，そのような系を**混合物**(mixture)あるいは**多成分物質**(multicomponent substance)という．系を付す場合には**多成分系**(multicomponent system)という．通常の意味における純粋物質は，成分の数が一つであるような混合物である．現実に存在する物質は，大抵の場合多かれ少なかれ混合物であり，純粋物質というのは一つの理想化の概念と言えなくもない．混合物がほとんど一つの成分で占められている場合には，その他の成分を**不純物**(impurity)という．不純物の量がきわめて少ない場合には**痕跡**(trace)という．

[9]　質量と物質量　SI によって物質の多さを表現するには，**表 1.1** に示す**質量**(mass)か**物質量**(amount of substance)を使う．質量は国際キログラム原器によりキログラムで定義し，単位記号[kg]で表示する．物質量は 0.012kg の炭素 12，^{12}C の中に含まれる原子と等しい数の構成要素を含む系の物質の量で定義し，単位記号[mol]で表示する．**"...等しい数"**を**Avogadro 定数**(Avogadro constant)N_A=6.0221367×10^{23}という．

通常，物質量のことを**モル数**(mole number or number of moles)と言っているが，量の名称とその量の単位の名称がほとんど同じであるのは好ましくない．したがって，本書では

表 1.1　質量と物質量の SI 基本単位

量の名称	単位の名称	単位記号
質　量	キログラム	kg
物質量	モル	mol

計量単位令の用語でもある物質量を使うことにするが，物質量の単位にはモル[mol]でなく，それの 10^3 倍であるキロモル[kmol]を使う．つまり本書では，12kg の炭素 12 の中に含まれる原子と等しい数の構成要素を含む系の物質量を単位とする．

1.2　体積をただ一つの外部変数として持つ系

系の**外部変数**(external variable)は系の**成分**（component，**構成要素** constituents）に外部から働く力を指定する．**体積**(volume)，重力，電磁力，剪断力，毛管力や表面力などがその例である．

さて，気体や液体の体積というものを考えるからには，物質の入れ物すなわちなにか容器のようなものがあって，その容器の体積が，物質の体積を決めている．そこで，体積が外部変数であるということを，つぎのように理解する．すなわち，巨視的に見るならば，容器の壁による系の構成要素のポテンシャル・エネルギーは容器の壁に近くない内部のいたる所でゼロで，壁の所で無限大になっている．壁が系の構成要素に及ぼす力はポテンシャル・エネルギーの勾配であるから，壁の所でその力は無限大になり，系の構成要素は壁の外へ脱出できない．

あとでもっと簡単化をするが，当面は変化してもよい体積 V に含まれ，体積のみが外部変数であるような系について考え，その系の温度を τ，圧力を p とする．ただし，温度には通常 T を使うが，**示強変数**(intensive variable)には小文字を使うという習慣を徹底させるために本書では τ を使うことにする．なお，示強変数とは，温度や圧力のように系を分割していっても値が変わらないような変数である．これと対照的な**示量変数**(extensive variable)は，系を分割すると物質の量に比例的に値が変わるような変数であり，量記号には小文字を使う習慣である．なお，示強変数と示量変数については 1.3.3 で詳しく説明する．

体積のみが外部変数であるような系のエネルギーからバルク運動のエネルギーを除外したものを**内部エネルギー**(internal energy) U という．系が安定平衡状態であると否とにかかわらず，原理的には，すなわち技術的な問題を除外して，内部エネルギーの値は確定する．なお，体積のみが外部変数であるとしていることにより，重力の効果はすでに排除してある．

[1]　独立変数の選定　二つの性質の内の一方を，他方に影響を与えずに変化させることができるならば，これらの二つの性質は互いに独立な性質であるという．また，成分の数が r で，i 番目の成分の物質量が N_i であることを $\boldsymbol{N}\{N_1, N_2, N_3, \ldots, N_r\}$ のように書くことにする．

安定平衡状態にある系の特性を検討するにあたって，状態を記述する変数を選定する問題に直面するのであるが，体積 V のみが外部変数であれば，内部エネルギーが U の系の性質は $r+2$ 個の変数 $(U, V, \boldsymbol{N})$ の一意的な関数である．これは**熱力学の第二法則**(the second law of thermodynamics)の一つの表現であり，**状態原理**(state principle)ともいう．また，系が安定平衡状態ではない，いかなる状態にあっても，$(U, V, \boldsymbol{N})$ は原理的には確定していると考えられている．

以上により，互いに独立な性質 Ξ_1 と Ξ_2 はつぎのように表現されるであろう．

$$\Xi_1 = \Xi_1(U, V, \boldsymbol{N}) \tag{1.1}$$

$$\Xi_2 = \Xi_2(U, V, \boldsymbol{N}) \tag{1.2}$$

具体的な関数形状は個々の物質の内部的な力に依存するが，第 4 章までは分子構造を変化させるような**反応機構**(reaction mechanism)は存在しないものとする．

さて，Ξ_1 と Ξ_2 が互いに独立であることにより，上の二式を U と V について解くことができる．

$$U = U(\Xi_1, \Xi_2, \boldsymbol{N}) \tag{1.3}$$

$$V = V(\Xi_1, \Xi_2, \boldsymbol{N}) \tag{1.4}$$

したがって，任意の性質 Ξ は $(\Xi_1, \Xi_2, \boldsymbol{N})$ の関数として

$$\Xi = \Xi(\Xi_1, \Xi_2, \boldsymbol{N}) \tag{1.5}$$

のように表現できるはずである．

[2]　体積が唯一の外部変数である系　式(1.1)において $\Xi_1 = S$ としてみる．

$$S = S(U, V, \boldsymbol{N}) \tag{1.6}$$

系が安定平衡状態ではない，いかなる状態にあっても，エントロピー S や $(U, V, \boldsymbol{N})$ は，原理的には値が確定していると考えられており，式(1.6)は状態原理の変数の組を変数にしている．このような式は熱力学の形式的展開において基本的な役目を演じるので，系の**基本方程式**(fundamental equation)あるいは**エントロピー基本方程式**(entropy fundamental equation)という．これを U について解いたもの

$$U = U(S, V, \boldsymbol{N}) \tag{1.7}$$

を，**エネルギー基本方程式**(energy fundamental equation)という．

さて，$\boldsymbol{N}$ =一定の系における式(1.7) $U = U(S, V)$ の全微分は

$$dU = \tau dS - pdV \qquad \langle \boldsymbol{N} = \text{一定の系} \rangle \tag{1.8}$$

であった．全微分であるから，右辺の微分形式 $\tau dS - pdV$ は $U(S, V)$ の**完全微分**(exact differential)であり

$$\tau = \left(\frac{\partial U}{\partial S}\right)_V \qquad \langle \boldsymbol{N} = \text{一定の系} \rangle \tag{1.9}$$

$$-p = \left(\frac{\partial U}{\partial V}\right)_S \qquad \langle \boldsymbol{N} = \text{一定の系} \rangle \tag{1.10}$$

が成り立つ．

ここで式(1.7)の全微分を作るために，式(1.8)の右辺に

$$\sum_{i=1}^{r} \left(\partial U / \partial N_i\right)_{S,V,N_j,j \neq i} dN_i \qquad \text{を付け加えて}$$

$$dU = \tau dS - pdV + \sum_{i=1}^{r} \left(\frac{\partial U}{\partial N_i}\right)_{S,V,N_j,j \neq i} dN_i \tag{1.11}$$

と書いてみる．式(1.9)と(1.10)および付加した項の内容により式(1.11)は $U(S, V, \boldsymbol{N})$ の全微分であり，同式の右辺は $U(S, V, \boldsymbol{N})$ の完全微分であるに相違ない．式(1.11)の右辺の $\left(\partial U / \partial N_i\right)_{S,V,N_j,j \neq i}$ を成分 i の**化学ポテンシャル**(chemical potential)といい，量記号として μ_i をあてる習慣である．式(1.11)と完全微分の関係を改めて書くと

$$dU(S, V, \boldsymbol{N}) = \tau dS - pdV + \sum_{i=1}^{r} \mu_i dN_i \tag{1.12}$$

$$\tau = \left(\frac{\partial U}{\partial S}\right)_{V,\boldsymbol{N}} \tag{1.13}$$

$$-p = \left(\frac{\partial U}{\partial V}\right)_{S,\boldsymbol{N}} \tag{1.14}$$

$$\mu_i = \left(\frac{\partial U}{\partial N_i}\right)_{V,N_j,j \neq i} \qquad i = 1,2,3,\ldots,r \tag{1.15}$$

かくして，もし $U(S, V, \boldsymbol{N})$ が既知であるならば，他のすべての安定平衡状態の性質を $(S, V, \boldsymbol{N})$ の関数として導くことができる．なお，式(1.12)を**Gibbs の関係**(Gibbs relation)ともいう．また，同式右辺における変数の組 (τ, S)，(p, V) および (μ_i, N_i) は(示強性質，示量性質)の形式の対になっており，上式のような微分形式に対になって現れる．さらに，式(1.13)の S と τ のように，一方によるある関数の微分が他方を導く場合，このような対の要素は互いに**共役**(conjugated)であるという．

[3]　特性関数　上の $U(S, V, \boldsymbol{N})$ のように，それ自身，それの独立変数による微分および独立

変数の有理式としてあらゆる安定平衡状態の性質を導くことができるならば，その関数を**特性関数**(characteristic function，**カノニカル関数** canonical function)という．また各特性関数に付随した独立変数の組を**自然な変数**(natural variables)といい，特性関数に許される演算操作を特性関数の条件と呼ぶことにする．積分は僥倖的にしか求められないので，積分は許される演算操作には含まれていない．なお，自然な変数は最低限一つの示量性質を含むが，$(S, V, \boldsymbol{N})$の場合にはすべてが示量性質である．

Legendre の変換(Legendre transformation)により，一つの特性関数から別の特性関数に移ることができる．Uに Legendre の変換を行って **Helmholtz エネルギー**(Helmholtz free energy) Fに移る例を示そう．

式(1.12)において，示量変数の S から，dS の係数であり S に共役な示強変数の温度 τ に移るために，同式に対して Legendre の変換の一つ

$$F = U - \tau S \tag{1.16}$$

を行い，上式を微分した式により式(1.12)の dUを消去すると

$$dF(\tau, V, \boldsymbol{N}) = -Sd\tau - pdV + \sum_{i=1}^{r} \mu_i dN_i \tag{1.17}$$

となる．これは$F(\tau, V, \boldsymbol{N})$の全微分であり，$F$は$(\tau, V, \boldsymbol{N})$を自然な変数とする特性関数である．完全微分の関係は

$$-S = \left(\frac{\partial F}{\partial \tau}\right)_{V, \boldsymbol{N}} \tag{1.18}$$

$$-p = \left(\frac{\partial F}{\partial V}\right)_{\tau, \boldsymbol{N}} \tag{1.19}$$

$$\mu_i = \left(\frac{\partial F}{\partial N_i}\right)_{\tau, V, N_j, j \neq i} \qquad i = 1,2,3, \ldots, r \tag{1.20}$$

である．式(1.20)は，同じ化学ポテンシャルの式(1.15)とは異なる定義式である．

[例題 1.1]　式(1.16)の $F = U - \tau S$は Legendre の変換の一つである．この変換の幾何学的な意味を U-S 面上で検討せよ．

[解答]　図 1.2 で検討しよう．太い曲線は一定の$(V, \boldsymbol{N})$における特性関数 $U(S)$ である．点(S, U)における $U(S)$ への接線の勾配は，式(1.13)によりこの点の温度τである．また，接線の縦軸上の切片 F は U よりτS だけ小さい．ゆえに，接線の式は $U = \tau S + F$ であり，これは式(1.16)と一致する．

つまり，いま考えている Legendre の変換$F = U - \tau S$の効果を幾何学的に述べると，独立

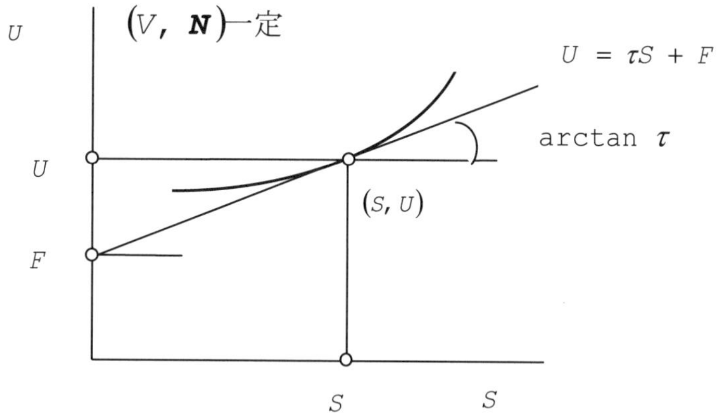

図 1.2　Legendre の変換 $F = U - \tau S$ により，
$U(S, V, \boldsymbol{N})$ から $F(\tau, V, \boldsymbol{N})$ に移る

変数の S は接線の勾配 τ に移り，従属変数の U は，接線の U 切片の F に移ることになる．

このような意味で Legendre の変換を**接触変換**(contact transformation)ともいう．■

同様な変換によりエンタルピー(enthalpy) $H(S, p, \boldsymbol{N})$ や **Gibbs** エネルギー(Gibbs free energy) $G(\tau, p, \boldsymbol{N})$ に移ることができるが，変換の式，特性関数の全微分および完全微分の関係を列挙するにとどめる．なお，これらを表 **1.2** にまとめて示す．

エンタルピーへ移る．

$$H = U + pV \tag{1.21}$$

$$dH(S, p, \boldsymbol{N}) = \tau dS + Vdp + \sum_{i=1}^{r} \mu_i dN_i \tag{1.22}$$

$$\tau = \left(\frac{\partial H}{\partial S}\right)_{p, \boldsymbol{N}} \tag{1.23}$$

$$V = \left(\frac{\partial H}{\partial p}\right)_{S, \boldsymbol{N}} \tag{1.24}$$

$$\mu_i = \left(\frac{\partial H}{\partial N_i}\right)_{S, p, N_j, j \neq i} \qquad i = 1,2,3, \ldots, r \tag{1.25}$$

Gibbs エネルギーへ移る．

$$G = U + pV - \tau S \tag{1.26}$$

$$dG(\tau, p, \boldsymbol{N}) = -Sd\tau + Vdp + \sum_{i=1}^{r} \mu_i dN_i \tag{1.27}$$

$$-S = \left(\frac{\partial G}{\partial \tau}\right)_{p, \boldsymbol{N}} \tag{1.28}$$

表 1.2　特性関数(熱力学的ポテンシャル)

	(A)内部エネルギー U	(B)エンタルピー H	(C)Helmholtz エネルギー F	(D)Gibbs エネルギー G
(1) 自然な変数の関数	$U(S, V, \boldsymbol{N})$	$H(S, p, \boldsymbol{N})$	$F(\tau, V, \boldsymbol{N})$	$G(\tau, p, \boldsymbol{N})$
(2) U との関係, Legendre の変換	−	$H = U + pV$ (1.21)	$F = U - \tau S$ (1.16)	$G = U + pV - \tau S$ (1.26)
(3) Euler の関係	$U = \tau S - pV + \sum_{i=1}^{r} N_i\mu_i$ (1.68)	$H = \tau S + \sum_{i=1}^{r} N_i\mu_i$ (1.69)	$F = -pV + \sum_{i=1}^{r} N_i\mu_i$ (1.70)	$G = \sum_{i=1}^{r} N_i\mu_i$ (1.71)
(4) 自然な変数による全微分	$dU = \tau dS - pdV + \sum_{i=1}^{r} \mu_i dN_i$ (1.12)	$dH = \tau dS + Vdp + \sum_{i=1}^{r} \mu_i dN_i$ (1.22)	$dF = -Sd\tau - pdV + \sum_{i=1}^{r} \mu_i dN_i$ (1.17)	$dG = -Sd\tau + Vdp + \sum_{i=1}^{r} \mu_i dN_i$ (1.27)
(5) 全微分 完全微分の関係で, (4)の係数になっている.	$\tau = \left(\frac{\partial U}{\partial S}\right)_{V,\boldsymbol{N}}$ (1.13) $-p = \left(\frac{\partial U}{\partial V}\right)_{S,\boldsymbol{N}}$ (1.14) $\mu_i = \left(\frac{\partial U}{\partial N_i}\right)_{V,N_j,j\neq i}$ $i = 1,2,3,\ldots,r$ (1.15)	$\tau = \left(\frac{\partial H}{\partial S}\right)_{p,\boldsymbol{N}}$ (1.23) $V = \left(\frac{\partial H}{\partial p}\right)_{S,\boldsymbol{N}}$ (1.24) $\mu_i = \left(\frac{\partial H}{\partial N_i}\right)_{S,p,N_j,j\neq i}$ $i = 1,2,3,\ldots,r$ (1.25)	$-S = \left(\frac{\partial F}{\partial \tau}\right)_{V,\boldsymbol{N}}$ (1.18) $-p = \left(\frac{\partial F}{\partial V}\right)_{\tau,\boldsymbol{N}}$ (1.19) $\mu_i = \left(\frac{\partial F}{\partial N_i}\right)_{\tau,V,N_j,j\neq i}$ $i = 1,2,3,\ldots,r$ (1.20)	$-S = \left(\frac{\partial G}{\partial \tau}\right)_{p,\boldsymbol{N}}$ (1.28) $V = \left(\frac{\partial G}{\partial p}\right)_{\tau,\boldsymbol{N}}$ (1.29) $\mu_i = \left(\frac{\partial G}{\partial N_i}\right)_{\tau,p,N_j,j\neq i}$ $i = 1,2,3,\ldots,r$ (1.30)

$$V = \left(\frac{\partial G}{\partial p}\right)_{\tau,\boldsymbol{N}} \tag{1.29}$$

$$\mu_i = \left(\frac{\partial G}{\partial N_i}\right)_{\tau,p,N_j,j\neq i} \qquad i = 1,2,3,\ldots,r \tag{1.30}$$

なお，式(1.15)，(1.20)，(1.25)および(1. 30)は，同じ化学ポテンシャルの異なる定義式であり，これらは相等しい．

$$\begin{aligned}\mu_i &= \left(\frac{\partial U}{\partial N_i}\right)_{S,V,N_j,j\neq i} = \left(\frac{\partial H}{\partial N_i}\right)_{S,p,N_j,j\neq i}\\ &= \left(\frac{\partial F}{\partial N_i}\right)_{\tau,V,N_j,j\neq i} = \left(\frac{\partial G}{\partial N_i}\right)_{\tau,p,N_j,j\neq i}\\ &\qquad i = 1,2,3,\ldots,r\end{aligned} \tag{1.31}$$

しかし，これらの内では式(1.30)の μ_i のみが**部分量**(partial property)という量を定義する形式で計算されており，そのために化学ポテンシャルが重要な意味を持つことを後に学ぶであろう．

なお，部分量については 1.3.5[2]において説明するが，任意の示量性質 Ξ から $\left(\partial \Xi / \partial N_i\right)_{\tau,p,N_j,j\neq i}$ により導かれた示強性質を，Ξ の部分量といい，通常，そして本書でも $\bar{\xi}_i$ のような記号をあてる．したがって，G に対しては $\bar{g}_i$ をあて，**部分 Gibbs エネルギー**(partial Gibbs free energy)と呼ぶべきであるが，伝統的に特別な記号 μ_i と，特別な名前の化学ポテンシャルが使われている．

さて，基本方程式と特性関数を下のように列挙してみる．"2"や"3"は独立変数の内の示量性質の個数であり，それの最低値は 1 である．ただし，$\boldsymbol{N}$ は一つと勘定した．

基本方程式：　$S(U, V, \boldsymbol{N})$ 3，　$U(S, V, \boldsymbol{N})$ 3

特性関数：　$U(S, V, \boldsymbol{N})$ 3，　$H(S, p, \boldsymbol{N})$ 2

　　　　　　$F(\tau, V, \boldsymbol{N})$ 2，　$G(\tau, p, \boldsymbol{N})$ 1

特性関数は測定値の内挿や性質の計算に役立ち，いろいろな性質を特性関数の条件内の演算によって内挿式から求めることができる．測定値の内挿にあたっては，多くの未定定数を含む特性関数を仮定して，その定数を実験になるべく一致するようにきめる．

上の四つの特性関数は**熱力学的ポテンシャル**(thermodynamic potential)と総称されている．特性関数の選定に際しては，測定値の処理や性質の計算に好ましい独立変数を持つかどうかを考慮する．

[4] 完全微分　これまでに述べた4つの特性関数の全微分式において，右辺の微分形式(表1.2の(4)の行)は，完全微分であった．これをいま少し形式的に検討する．

一般的な微分形式$\sum_{i=1}^{r} c_i dx_i$を考え，C_i, $i = 1,2,3,\ldots,r$は$\boldsymbol{x}\{X_1, X_2, X_3, \ldots, X_r\}$の関数とする．もし，$Y(X_1, X_2, X_3, \ldots, X_r)$が存在して

$$dY = \sum_{i=1}^{r} c_i dx_i \tag{1.32}$$

とすることができるならば，$\sum_{r=1}^{r} c_i dx_i$は完全微分であるという．関数Yの全微分は

$$dY = \sum_{i=1}^{r} \left(\frac{\partial Y}{\partial X_i}\right)_{X_j, j\neq i} dX_i \tag{1.33}$$

であるから，これらの二式を比較すれば

$$C_i = \left(\frac{\partial Y}{\partial X_i}\right)_{X_j, j\neq i} \qquad i = 1,2,3,\ldots,r \tag{1.34}$$

となる．また，(C_i, X_i), $i = 1,2,3,\ldots,r$のC_iとX_iの対は互いに共役であるという．たとえば，式(1.32)を式(1.12)に対応させるならば，式(1.34)が式(1.13)から(1.15)に対応するわけである．そして共役な対は(τ, S)，(p, V)および(μ_i, N_i)である．

さて，本題に戻る．$\sum_{i=1}^{r} C_i dX_i$がYの完全微分である必要十分条件は，YとYの微分が連続であり，勝手な二つの(X_j, X_k)に対して

$$\frac{\partial^2 Y}{\partial X_j \partial X_k} = \frac{\partial^2 Y}{\partial X_k \partial X_j} \tag{1.35}$$

が，すなわち

$$\left(\frac{\partial C_k}{\partial X_j}\right)_{X_i, i\neq j} = \left(\frac{\partial C_j}{\partial X_k}\right)_{X_i, i\neq k} \tag{1.36}$$

が成り立つことである．式(1.36)を**相反関係**(reciprocity relation)といい，独立変数の数がrであるとき，式(1.36)は${}_rC_2 = r(r-1)/2$だけある．

そして，このようなYが一つの熱力学的性質であり，この微分形式が完全微分であるとき，Yはつぎのような顕著な振る舞いをする．

(1)　$\Delta Y = \int_A^B dY$は，AからBに至る経路に無関係である．

(2)　任意の閉じた経路に対して$\oint dY$は恒等的にゼロである．

(3)　微分形式$\sum_{i=1}^{n} C_i dX_i$により，dYは定数因子を残して確定する．

このようなYは**状態関数**(state function, state property, function of state, variable of state, point function)であるという．(3)により，数学的には定数因子を残してしか熱力学的性質は決まらないことになるが，これは特定の熱力学的性質の絶対値の

存在を，最終的に排除するものではない．絶対値が決まるとすれば，別の原理や法則によることを意味するのである．

[例題 1.2]　つぎの 3 つの微分形式

(1) $YdX - XdY$ (a)

(2) $YdX + XdY$ (b)

(3) $\frac{Y}{X^2}dX - \frac{1}{X}dY$ (c)

について，完全微分であるかどうかを判定せよ．

[解答] (1)　条件式(1.36)の両辺を計算する．

$$\left(\frac{\partial Y}{\partial Y}\right)_X = 1 \quad \text{(d)}$$

$$\left[\frac{\partial(-X)}{\partial X}\right]_Y = -1 \quad \text{(e)}$$

したがって，条件式(1.36)を満足しないので，完全微分ではない．

(2)　条件式(1.36)の両辺を計算する．

$$\left(\frac{\partial Y}{\partial Y}\right)_X = 1 \quad \text{(f)}$$

$$\left(\frac{\partial X}{\partial X}\right)_Y = 1 \quad \text{(g)}$$

したがって，条件式(1.36)を満足するので，完全微分である．実は，式(b)は XY の完全微分であり，XY の全微分を作れば式(b)になる．

(3)　条件式(1.36)の両辺を計算する．

$$\left[\frac{\partial(Y / X^2)}{\partial Y}\right]_X = \frac{1}{X^2} \quad \text{(h)}$$

$$\left[\frac{\partial(-1 / X)}{\partial X}\right]_Y = \frac{1}{X^2} \quad \text{(i)}$$

したがって，条件式(1.36)を満足するので，完全微分である．実は，式(c)は$-Y/X$ の完全微分であり，$-Y/X$ の全微分を作れば式(c)になる．式(c)は式(a)に $1/X^2$ を乗じたものである．このように，完全微分ではない微分形式にある因子を乗じたものが，完全微分になるならば，その因子を**積分因子** (integrating factor) という．いまの場合の積分因子は $1/X^2$ である．■

[5] Maxwell の関係式　熱力学的ポテンシャルに対する完全微分の条件式(1.36)は，Maxwell の関係式(Maxwell relation)という表現をとる．Maxwell の関係式により，(1)特定の性質を別の性質に置換したり，(2)熱力学的性質の首尾一貫性を検査することができる．読者は，$\boldsymbol{N}$ =一定の場合については周知のはずであるから，それの復習とともに，$\boldsymbol{N}$ =一定ではない場合を検討しよう．ただし，Gibbs エネルギーの全微分式(1.27)から導かれるもの，すなわち，全体の 1/4 を説明し，その他のものについては計算結果のみ示す．

まず，式(1.27)から導かれた式(1.28)から(1.30)の組に対して，つぎのような 8 個の微分を計算する．

$$-\left(\frac{\partial S}{\partial p}\right)_{\tau,\boldsymbol{N}} = \left(\frac{\partial^2 G}{\partial p \partial \tau}\right)_{\boldsymbol{N}} \tag{1.37}$$

$$-\left(\frac{\partial S}{\partial N_i}\right)_{\tau,p,N_j,j\neq i} = -\bar{s}_i = \left(\frac{\partial^2 G}{\partial N_i \partial \tau}\right)_{p,N_j,j\neq i} \qquad i = 1,2,3,\ldots,r \tag{1.38}$$

$$\left(\frac{\partial V}{\partial \tau}\right)_{p,\boldsymbol{N}} = \left(\frac{\partial^2 G}{\partial \tau \partial p}\right)_{\boldsymbol{N}} \tag{1.39}$$

$$\left(\frac{\partial V}{\partial N_i}\right)_{\tau,p,N_j,j\neq i} = \bar{v}_i = \left(\frac{\partial^2 G}{\partial N_i \partial p}\right)_{\tau,N_j,j\neq i} \qquad i = 1,2,3,\ldots,r \tag{1.40}$$

$$\left(\frac{\partial \mu_i}{\partial \tau}\right)_{p,\boldsymbol{N}} = \left(\frac{\partial^2 G}{\partial \tau \partial N_i}\right)_{p,N_j,j\neq i} \qquad i = 1,2,3,\ldots,r \tag{1.41}$$

$$\left(\frac{\partial \mu_i}{\partial p}\right)_{\tau,\boldsymbol{N}} = \left(\frac{\partial^2 G}{\partial p \partial N_i}\right)_{\tau,N_j,j\neq i} \qquad i = 1,2,3,\ldots,r \tag{1.42}$$

$$\left(\frac{\partial \mu_i}{\partial N_j}\right)_{\tau,pN_k,k\neq j} = \left(\frac{\partial^2 G}{\partial N_j \partial N_i}\right)_{\tau,p} \qquad i = 1,2,3,\ldots,r \quad j = 1,2,3,\ldots,r \tag{1.43}$$

$$\left(\frac{\partial \mu_j}{\partial N_i}\right)_{\tau,p,N_k,k\neq i} = \left(\frac{\partial^2 G}{\partial N_i \partial N_j}\right)_{\tau,p} \qquad i = 1,2,3,\ldots,r \quad j = 1,2,3,\ldots,r \tag{1.44}$$

上の 8 個の式の右辺あるいは最右辺にある微分を交差微分(cross derivative)という．式(1.38)と(1.40)では，式(1.31)のところで述べた部分量の定義式を使った．

さて，これら 8 個の式に式(1.36)を適用する，あるいはこれらの式の最右辺を比較すれば，

微分の順序を別にして

式(1.37)の右辺=式(1.39)の右辺

式(1.38)の右辺=式(1.41)の右辺

式(1.40)の右辺=式(1.42)の右辺

式(1.43)の右辺=式(1.44)の右辺

となっている．これらにより

$$-\left(\frac{\partial S}{\partial p}\right)_{\tau,\boldsymbol{N}} = \left(\frac{\partial V}{\partial \tau}\right)_{p,\boldsymbol{N}} \tag{1.45}$$

$$-\bar{s}_i = -\left(\frac{\partial S}{\partial N_i}\right)_{\tau,p,N_j,j\neq i} = \left(\frac{\partial \mu_i}{\partial \tau}\right)_{p,\boldsymbol{N}} \qquad i = 1,2,3,\ldots,r \tag{1.46}$$

$$\bar{v}_i = \left(\frac{\partial V}{\partial N_i}\right)_{\tau,p,N_j,j\neq i} = \left(\frac{\partial \mu_i}{\partial p}\right)_{\tau,\boldsymbol{N}} \qquad i = 1,2,3,\ldots,r \tag{1.47}$$

$$\left(\frac{\partial \mu_i}{\partial N_j}\right)_{\tau,p,N_k,k\neq j} = \left(\frac{\partial \mu_j}{\partial N_i}\right)_{\tau,p,N_k,k\neq i} \qquad i = 1,2,3,\ldots,r \quad j = 1,2,3,\ldots,r \tag{1.48}$$

などとなる．これらの内，式(1.45)は純粋物質の場合の Maxwell 式の一つと本質的に同じであり，式(1.47)は後で，混合物の成分の**フュガシティ**(fugasity)を定義する際に使う関係である．

なお，r 成分の場合式(1.45)から(1.48)の式の数は，式 (1.45)の 1 個，式(1.46)の r 個，式(1.47)の r 個および式(1.48)の ${}_rC_2$ 個で，全部で $1 + r + r + {}_rC_2 = {}_{r+2}C_2$ 個ある．これらは $r+2$ 個ある $(\tau, p, \boldsymbol{N})$ から 2 個選ぶ組み合わせの数である．また，U, H および F の全微分式からも同様にして，各 ${}_{r+2}C_2$ 個の Maxwell の関係が導かれるから，それらの個数を勘定すると $4 \times {}_{r+2}C_2 = 2(r+2)(r+1)$ 個になる．これは二成分 $r = 2$ の混合物でも 24 個になり，純粋物質の場合に Maxwell の関係式 4 個に比べて大変多い． 以下，U, H および F の全微分式に対しては結果のみを示す．なお，**表 1.3** にはすべての Maxwell の関係式を示してある．

U の全微分式から導かれる Maxwell の関係式:

$$\left(\frac{\partial \tau}{\partial V}\right)_{S,\boldsymbol{N}} = -\left(\frac{\partial p}{\partial S}\right)_{V,\boldsymbol{N}} \tag{1.49}$$

表 1.3　Maxwell の関係

$\partial\mu_i$ あるいは ∂N_i 形の微分の個数と添え字 i, j の範囲	内部エネルギー $U(S, V, \mathbf{N})$ の全微分式から導かれる関係	エンタルピー $H(S, p, \mathbf{N})$ の全微分式から導かれる関係
0[1)]	$\left(\frac{\partial\tau}{\partial V}\right)_{S,\mathbf{N}} = -\left(\frac{\partial p}{\partial S}\right)_{V,\mathbf{N}}$　(1.49)	$\left(\frac{\partial\tau}{\partial p}\right)_{S,\mathbf{N}} = \left(\frac{\partial V}{\partial S}\right)_{p,\mathbf{N}}$　(1.53)
1 $i = 1,2,3,\ldots,r$	$\left(\frac{\partial\tau}{\partial N_i}\right)_{S,V,N_j,j\neq i} = \left(\frac{\partial\mu_i}{\partial S}\right)_{V,\mathbf{N}}$　(1.50) $-\left(\frac{\partial p}{\partial N_i}\right)_{S,V,N_j,j\neq i} = \left(\frac{\partial\mu_i}{\partial V}\right)_{S,\mathbf{N}}$　(1.51)	$\left(\frac{\partial\tau}{\partial N_i}\right)_{S,p,N_j,j\neq i} = \left(\frac{\partial\mu_i}{\partial S}\right)_{p,\mathbf{N}}$　(1.54) $\left(\frac{\partial V}{\partial N_i}\right)_{S,p,N_j,j\neq i} = \left(\frac{\partial\mu_i}{\partial p}\right)_{S,\mathbf{N}}$　(1.55)
2 $i = 1,2,3,\ldots,r$ $j = 1,2,3,\ldots,r$	$\left(\frac{\partial\mu_i}{\partial N_j}\right)_{S,V,N_k,k\neq j} = \left(\frac{\partial\mu_j}{\partial N_i}\right)_{S,V,N_k,k\neq i}$　(1.52)	$\left(\frac{\partial\mu_i}{\partial N_j}\right)_{S,p,N_k,k\neq j} = \left(\frac{\partial\mu_j}{\partial N_i}\right)_{S,V,N_k,k\neq i}$　(1.56)

1) この行の関係は $\mathbf{N}$ =一定の系でも成り立つ.

$$\left(\frac{\partial\tau}{\partial N_i}\right)_{S,V,N_j,j\neq i} = \left(\frac{\partial\mu_i}{\partial S}\right)_{V,\mathbf{N}} \qquad i = 1,2,3,\ldots,r \tag{1.50}$$

$$-\left(\frac{\partial p}{\partial N_i}\right)_{S,V,N_j,j\neq i} = \left(\frac{\partial\mu_i}{\partial V}\right)_{S,\mathbf{N}} \qquad i = 1,2,3,\ldots,r \tag{1.51}$$

$$\left(\frac{\partial\mu_i}{\partial N_j}\right)_{S,V,N_k,k\neq j} = \left(\frac{\partial\mu_j}{\partial N_i}\right)_{S,V,N_k,k\neq i}$$
$$i = 1,2,3,\ldots,r \qquad j = 1,2,3,\ldots,r \tag{1.52}$$

H の全微分式から導かれる Maxwell の関係式:

$$\left(\frac{\partial\tau}{\partial p}\right)_{S,\mathbf{N}} = \left(\frac{\partial V}{\partial S}\right)_{p,\mathbf{N}} \tag{1.53}$$

$$\left(\frac{\partial\tau}{\partial N_i}\right)_{S,p,N_j,j\neq i} = \left(\frac{\partial\mu_i}{\partial S}\right)_{p,\mathbf{N}} \qquad i = 1,2,3,\ldots,r \tag{1.54}$$

$$\left(\frac{\partial V}{\partial N_i}\right)_{S,p,N_j,j\neq i} = \left(\frac{\partial\mu_i}{\partial p}\right)_{S,\mathbf{N}} \qquad i = 1,2,3,\ldots,r \tag{1.55}$$

$$\left(\frac{\partial\mu_i}{\partial N_j}\right)_{S,p,N_k,k\neq j} = \left(\frac{\partial\mu_j}{\partial N_i}\right)_{S,V,N_k,k\neq i}$$
$$i = 1,2,3,\ldots,r \qquad j = 1,2,3,\ldots,r \tag{1.56}$$

F の全微分式から導かれる Maxwell の関係式:

$$\left(\frac{\partial S}{\partial V}\right)_{\tau,\mathbf{N}} = \left(\frac{\partial p}{\partial\tau}\right)_{V,\mathbf{N}} \tag{1.57}$$

表 1.3　Maxwell の関係（つづき）

Helmholtz エネルギー $F(\tau, V, \boldsymbol{N})$ の全微分式から導かれる関係	Gibbs エネルギー $G(\tau, p, \boldsymbol{N})$ の全微分式から導かれる関係
$\left(\frac{\partial S}{\partial V}\right)_{\tau,\boldsymbol{N}} = \left(\frac{\partial p}{\partial \tau}\right)_{V,\boldsymbol{N}}$ (1.57)	$-\left(\frac{\partial S}{\partial p}\right)_{\tau,\boldsymbol{N}} = \left(\frac{\partial V}{\partial \tau}\right)_{p,\boldsymbol{N}}$ (1.45)
$-\left(\frac{\partial S}{\partial N_i}\right)_{\tau,V,N_j,j\neq i} = \left(\frac{\partial \mu_i}{\partial \tau}\right)_{V,\boldsymbol{N}}$ (1.58) $-\left(\frac{\partial p}{\partial N_i}\right)_{\tau,V,N_j,j\neq i} = \left(\frac{\partial \mu_i}{\partial V}\right)_{\tau,\boldsymbol{N}}$ (1.59)	$-\bar{s}_i = \left(\frac{\partial \mu_i}{\partial \tau}\right)_{p,\boldsymbol{N}}$ (1.46) $\bar{v}_i = \left(\frac{\partial \mu_i}{\partial p}\right)_{\tau,\boldsymbol{N}}$ (1.47)
$\left(\frac{\partial \mu_i}{\partial N_j}\right)_{\tau,V,N_k,k\neq j} = \left(\frac{\partial \mu_j}{\partial N_i}\right)_{\tau,V,N_k,k\neq i}$ (1.60)	$\left(\frac{\partial \mu_i}{\partial N_j}\right)_{\tau,p,N_k,k\neq j} = \left(\frac{\partial \mu_j}{\partial N_i}\right)_{\tau,p,N_k,k\neq i}$ (1.48)

$$-\left(\frac{\partial S}{\partial N_i}\right)_{\tau,V,N_j,j\neq i} = \left(\frac{\partial \mu_i}{\partial \tau}\right)_{V,\boldsymbol{N}} \quad i = 1,2,3,\ldots,r \tag{1.58}$$

$$-\left(\frac{\partial p}{\partial N_i}\right)_{\tau,V,N_j,j\neq i} = \left(\frac{\partial \mu_i}{\partial V}\right)_{\tau,\boldsymbol{N}} \quad i = 1,2,3,\ldots,r \tag{1.59}$$

$$\left(\frac{\partial \mu_i}{\partial N_j}\right)_{\tau,V,N_k,k\neq j} = \left(\frac{\partial \mu_j}{\partial N_i}\right)_{\tau,V,N_k,k\neq i}$$
$$i = 1,2,3,\ldots,r \qquad j = 1,2,3,\ldots,r \tag{1.60}$$

[例題 1.3] (1)　閉じた系の準静的過程に対する熱力学の第一法則を

$$dQ = dU + pdV \tag{1.61}$$

と書く．この式の右辺の微分形式 $dU + pdV$ が完全微分かどうか判定せよ．なお，上式を"準静的過程に対する..."と書いたのは，仕事 dW が

$$dW = pdV \tag{1.62}$$

と表現してあり，これがいわゆる**準静的仕事**(quasi-static work)であるからである．

(2)　任意の微分形式 $M(X,Y)\,dX + N(X,Y)\,dY$ に対して，$\eta(X,Y)$ が積分因子であるための必要十分条件は

$$N\left(\frac{\partial \eta}{\partial X}\right)_Y - M\left(\frac{\partial \eta}{\partial Y}\right)_X + \left(\left(\frac{\partial N}{\partial X}\right)_Y - \left(\frac{\partial M}{\partial Y}\right)_X\right)\eta = 0 \tag{a}$$

である．これを利用して，$1/\tau$ は微分形式 $dU + pdV$ に対する積分因子であることを示せ．

[解答] (1)　微分形式 $dU + pdV$ が完全微分であるならば，式(1.36)により

$$\left(\frac{\partial 1}{\partial V}\right)_U = 0 = \left(\frac{\partial p}{\partial U}\right)_V \tag{b}$$

が成り立つはずである．しかし，一定体積における加熱過程を考えてみればわかることであるが，圧力と内部エネルギーの両方が増加するので，上式の最右辺はゼロではない．したがって，$dU+pdV$ は完全微分ではない．つまり，$dU+pdV$ は Q の全微分ではなく，Q は性質の特性を備えていない．

dQ を計算するには，**始めの状態**(initial state)と**終わりの状態**(final state)，すなわち**終端状態**(terminal states)のほかに変化の経路を，たとえば $p(V)$ の形式で与えなければならない． そうすれば，終端状態のみで決まる dU と，与えられた $p(V)$ による $p(V)\,dV$ の和として dQ を求めることができる．

(2) 式(1.36)により，微分形式 $(1/\tau)\,dU + (p/\tau)\,dV$ が完全微分であるならば

$$\left[\frac{\partial(1/\tau)}{\partial V}\right]_U = \left[\frac{\partial(p/\tau)}{\partial U}\right]_V = \frac{1}{\tau}\left(\frac{\partial p}{\partial U}\right)_V + p\left[\frac{\partial(1/\tau)}{\partial U}\right]_V \tag{c}$$

すなわち

$$p\left[\frac{\partial(1/\tau)}{\partial U}\right]_V - \left[\frac{\partial(1/\tau)}{\partial V}\right]_U + \frac{1}{\tau}\left(\frac{\partial p}{\partial U}\right)_V = 0 \tag{d}$$

が成り立つはずである．

一方，式(a)において，$X \to U$，$Y \to V$，$M \to 1$，$N \to p$ および $\eta \to 1/\tau$ のように置き換えると

$$p\left[\frac{\partial(1/\tau)}{\partial U}\right]_V - 1 \times \left[\frac{\partial(1/\tau)}{\partial V}\right]_U + \left[\left(\frac{\partial p}{\partial U}\right)_V - 0\right]\frac{1}{\tau} = 0 \tag{e}$$

となる．これは式(d)と同じであるから，$1/\tau$ が微分形式 $dU + pdV$ の積分因子であることが証明された．

なお，式(a)を満足する $\eta(X, Y)$ が $MdX + NdY$ の積分因子であることや，そのような積分因子が存在することは数学の教えるところであって，$dU + pdV$ に対する積分因子の存在は数学の議論のみから推論できることである．しかしながら，$1/\tau$ が積分因子であることは **Clausius の定理**(Clausius theorem)の系として導かれるものであり，Clausius の定理は熱力学の第一法則と熱力学の第二法則から導かれたものである． ■

1.3　簡単な系

前節までの議論は，体積のみを外部変数とする系に関するものであった．しかし，振り返って見ると，それらの議論のなかで

(1)　体積の選定の仕方はどのようにすべきであるか?
(2)　系の物質の量(物質量や質量)はいくら小さくてもよいか?
(3)　特定の物質量の系に対して得られた関係を，物質量のみが異なる別の系に一般化することができるか?
(4)　**化学反応**(chemical reaction)をしている系の性質を評価することがきるか?

などについては曖昧になっていた．本節では，体積のみを外部変数とする系をもっと特殊化して，系をより小さく分割する効果や，化学反応を凍結させることの効果を排除する．

なお，化学反応とは，一種以上の物質が原子の組換えを行い，もとと異なる物質へ転換させる変化であり，**化学変化**(chemical change)ともいう．

1.3.1　簡単な系の定義

つぎの三つを満足する系を**簡単な系**(simple system)あるいは$\boldsymbol{pV\tau}$**系**($pV\tau$ system)という．

(条件 1)　体積がただ一つの外部変数である．

(条件 2)　安定平衡状態にある系を分割して，**相互安定平衡状態**(mutual stable equilibrium)にある一組の副系(subsystem)を作っても，分割の効果は無視できる．ただし，相互安定平衡状態とは，つぎのような状態である．すなわち，相互作用をしている二つ以上の副系からなる系が安定平衡状態にあるとき，それぞれの副系は相互安定平衡状態にあるという．

(条件 3)　安定平衡状態にある系の反応機構のいくつかを″凍結″したり″解凍″したりしても，性質や成分の自発的変化を招来しない．

安定平衡状態にある系がこのような簡単な系であるとき

(効用 1)　特定の物質量や体積に対して得られた結果を異なる物質量や体積に対して拡張し

たり，性質の間の有用な関係を導いたりすることができる．また，

(効用 2)　反応系の性質を，反応機構を持たない系の性質を使って 評価することができる．

本書では第 4 章でのみ化学反応を扱うので，それまでは成分を変化させるような反応機構はもともと存在しないものとしてよい．(条件 1)は前節の主題であったから，ここでは(条件 2)の意味を検討する．

そこで，**図 1.3** の(a)と(b)に示す二つの系 A と B を考える．A の内部エネルギー，体積および物質量を$\left(U^A, V^A, \boldsymbol{N}^A \right)$とする．一方 B は A を 2 分割して作った複合系で，互いに相互安定平衡状態にある二つの同一の副系からなり，それぞれの副系は$\left(U^A / 2, V^A / 2, \boldsymbol{N}^A / 2 \right)$を持つ．B の二つの副系は互いに相互安定平衡状態にあるから，共通の温度 τ，圧力 p および化学ポテンシャル $\boldsymbol{\mu}$ を持っている．

状態 A のエントロピーはエントロピー基本方程式(1.6)により $S^A = S\left(U^A, V^A, \boldsymbol{N}^A \right)$と与えられ，状態 B のエントロピーは基本方程式とエントロピーの**加算性**(additivity)により $S^B = 2S\left(U^A / 2, V^A / 2, \boldsymbol{N}^A / 2 \right)$ となるが，$S^A = S^B$ か否かが問題である．状態 A はただ一つの外部変数 V^A しか持たないのに対し，状態 B はあい等しいけれども二つの外部変数 $V^A/2$ を持つので，状態 A とは異なる状態である．

系の体積を限定する壁の近くでの分子の挙動は，壁から離れた点でのそれとは異なるし，体積の大きさは分子の運動範囲を限定するので，体積は分子の挙動に一定の影響を及ぼす．した

$U^A, V^A, \boldsymbol{N}^A$

(a) 状態 A のエントロピー は S^A である

$U^A / 2, V^A / 2, \boldsymbol{N}^A / 2$ $\tau, p, \boldsymbol{\mu}$	$U^A / 2, V^A / 2, \boldsymbol{N}^A / 2$ $\tau, p, \boldsymbol{\mu}$

(b) 状態 B のエントロピーは S^B である

図 1.3　A と B の二つの状態のエントロピーは等しいか

がって体積が極端に小さいとか，分子の数が極端に少ないと $S^A = S^B$ は成り立たないであろう．しかし，通常の応用に現れるような系では(分子数)/(体積)は十分に大きくて，十分な精度で $S^A = S^B$ が成り立ち，状態 B の分割の数を 2 より十分に大きいλとしても次式が成り立つ．

$$S(U, V, \boldsymbol{N}) = \lambda S\left(\frac{U}{\lambda}, \frac{V}{\lambda}, \frac{\boldsymbol{N}}{\lambda}\right) \tag{1.63}$$

ただし，上添え字 A を省略して書いた．したがって，U/λ，V/λ および $\boldsymbol{N}/\lambda$ は十分に小さくすることができ，このような関係を満足する関数は，すべての独立変数に関して一次の**同次関数**(homogeneous function)であるという．したがって，エントロピー S は$(U, V, \boldsymbol{N})$に関して一次の**同次関数**である．

内部エネルギーも加算的であり，上式と同様な次式が成り立つ．

$$U(S, V, \boldsymbol{N}) = \lambda U\left(\frac{S}{\lambda}, \frac{V}{\lambda}, \frac{\boldsymbol{N}}{\lambda}\right) \tag{1.64}$$

上二つの式のλは実用上十分に広い範囲の正の実数に選定することができる．もちろん，分割($\lambda>1$)あるいは拡大($\lambda<1$)した副系は互いに相互安定平衡状態にあるから，共通の温度，圧力および化学ポテンシャルを持つ．なお，共通の温度と圧力を持つべきであることは 1.1.1 でも確認したが，共通の化学ポテンシャルを持つべきであることは 1.4.2 の平衡規準のところで考究する．

本節の以下においては一つの相(phase)の系，すなわち**単相系**(single phase system)を例にとって，性質の特性や相互の関連や関係を検討する．

なお，相については 1.4 の冒頭で定義するが，簡単にいうならば，示強性質が一様であるような副系の集まりである．

1.3.2 Euler の関係と Gibbs-Duhem の関係

まずは準備として，前項の最後のところで触れた同次関数に対して成り立つ **Euler の定理**(Euler theorem)を紹介しよう．

さて，$X, Y, Z\ldots$ の関数 $F(X, Y, Z, \ldots)$ が，c を正の実数，n を整数として

$$F(cX, cY, cZ, \ldots) = c^n F(X, Y, Z, \ldots) \tag{1.65}$$

を満足するならば，F は $X, Y, Z, \ldots$ に関して n 次の同次関数であるという．なお，式(1.63)と(1.64)は $c = 1/\lambda$ および $n = 1$ の場合に相当する．

さて，このような $F(X, Y, Z, \ldots)$ に対して，つぎの Euler の定理が成り立つ．

$$nF = X\left(\frac{\partial F}{\partial X}\right)_{Y,Z,\ldots} + Y\left(\frac{\partial F}{\partial Y}\right)_{X,Z,\ldots} + Z\left(\frac{\partial F}{\partial Z}\right)_{X,Y,\ldots} + \ldots \tag{1.66}$$

そこで，$(S,V,\boldsymbol{N})$の 1 次の同次関数$(n = 1)$である内部エネルギー $U(S,V,\boldsymbol{N})$に Euler の定理を適用してみよう．

$$U = S\left(\frac{\partial U}{\partial S}\right)_{V,\boldsymbol{N}} + V\left(\frac{\partial U}{\partial V}\right)_{S,\boldsymbol{N}} + \sum_{i=1}^{r} N_i\left(\frac{\partial U}{\partial N_i}\right)_{S,V,N_j,j\neq i} \tag{1.67}$$

上式右辺の微分係数は，式(1.13)から(1.15)により，それぞれτ，$-p$およびμ_iであるから

$$U = \tau S - pV + \sum_{i=1}^{r}\mu_i N_i \tag{1.68}$$

となる．これが内部エネルギーに対する **Euler の関係**(Euler relation)である．

ほか三つの熱力学的ポテンシャル H, FおよびGについても同様にして類似な Euler の関係を導くことができるが，Legendre の変換の関係によりつぎのように導く方が簡単である．

$$H = U + pV = \tau S + \sum_{i=1}^{r}\mu_i N_i \tag{1.69}$$

$$F = U - \tau S = -pV + \sum_{i=1}^{r}\mu_i N_i \tag{1.70}$$

$$G = U + pV - \tau S = \sum_{i=1}^{r}\mu_i N_i \tag{1.71}$$

これらの Euler の関係は表 1.2 の(3)の行にも示してある．

さて，式(1.71)の最右辺の微分による

$$dG = \sum_{i=1}^{r}\mu_i dN_i + \sum_{i=1}^{r}N_i d\mu_i \tag{1.72}$$

と式(1.27)からdGを消去すると

$$Sd\tau - Vdp + \sum_{i=1}^{r}N_i d\mu_i = 0 \tag{1.73}$$

のようになる．これを **Gibbs-Duhem の関係**(Gibbs-Duhem relation)という．

Gibbs-Duhem の関係は，$r + 2$個の示強変数のみの組(τ, p, μ)の間で，これらの変数の変化の仕方を相互に規制しており，これらの内の$r + 1$個の変化を指定すると，残りの 1 個は式(1.73)で与えられる変化しか許されないことを主張している．このことは，1.4.3[1]で学習する，系の示強自由度に関する **Gibbs の相律**(Gibbs phase rule)と深く関係しており，後出の式(1.193)において，$P = 1$であれば$F = r + 1$になることと同じ内容である．

なお，後に 1.3.5[2]において， Gibbs-Duhem の関係をさらに一般化する．

1.3.3　示強性質と示量性質

[1]　一次同次関数　式(1.64)を例にとって説明しよう．この式の両辺を$(V, \boldsymbol{N})$を一定にしてSで微分し，式(1.13)を使う．

$$
\begin{aligned}
\tau(S, V, \boldsymbol{N}) &= \lambda\left[\frac{\partial U(S/\lambda, V/\lambda, \boldsymbol{N}/\lambda)}{\partial(S/\lambda)}\right]_{V/\lambda, \boldsymbol{N}/\lambda} \times \frac{1}{\lambda} \\
&= \tau\left(\frac{S}{\lambda}, \frac{V}{\lambda}, \frac{\boldsymbol{N}}{\lambda}\right)
\end{aligned}
\tag{1.74}
$$

これは温度が$(S, V, \boldsymbol{N})$に関してゼロ次の同次関数であることを意味する．同様にして，圧力と化学ポテンシャルも，$(S, V, \boldsymbol{N})$に関してゼロ次の同次関数であることを示すことができる．このように物質量によらない性質を**示強性質**(intensive property)といい，式(1.13)から(1.15)で定義されるτ，pおよびμ_iが，次元的に物質量に比例的な性質U, S, VおよびN_iの比になっていることからも，このことを推測することができよう．

一方，前項では内部エネルギーUが$(S, V, \boldsymbol{N})$の一次同次関数であることから，さまざまな式を導いた．このようなUは**示量性質**(extensive property)であり，性質の数値は物質量に比例的である．

さて圧力と温度が示強性質であることにより，U以外の熱力学的ポテンシャル(特性関数)H, FおよびGの同次性は

$$
H(S, p, \boldsymbol{N}) = \lambda H\left(\frac{S}{\lambda}, p, \frac{\boldsymbol{N}}{\lambda}\right) \tag{1.75}
$$

$$
F(\tau, V, \boldsymbol{N}) = \lambda F\left(\tau, \frac{V}{\lambda}, \frac{\boldsymbol{N}}{\lambda}\right) \tag{1.76}
$$

$$
G(\tau, p, \boldsymbol{N}) = \lambda G\left(\tau, p, \frac{\boldsymbol{N}}{\lambda}\right) \tag{1.77}
$$

であり，示量性質について一次同次となる．なお，Uの一次同次は式(1.64)であった．

ついで，複合系の熱力学的ポテンシャルの意味と値について考えてみるが，その前に，$(U, V, \boldsymbol{N}, S)$はいかなる状態においても意味を持ち，原理的には値が確定することを確認しておく．

[2]　複合系の熱力学的ポテンシャル　さて，熱力学的ポテンシャルの中で内部エネルギーUのみは安定平衡状態であってもなくても定義できるから，複合系の副系が互いに相互安定平衡状態にあってもなくても，複合系の全体としての内部エネルギーは意味を持ち，その値は原理的には確定する．これに反してHはpを含み，Fはτ を含み，Gはpとτを含むので，安定平衡状態でのみ定義できる．したがって，複合系の副系のそれぞれが単独には安定平衡状態にあ

っても，互いに相互安定平衡状態になければ，副系に対しては H, F および G を定義できるが，複合系の全体については H, F および G は意味を持たない．もちろん値は確定しない．

[3]　加算的と示量的　加算的と示量的は同義でない．加算的性質は常に示量性質であるが，S と U 以外の示量性質は必ずしも加算的性質でない．示量性質が加算的になるのは，副系が相互安定平衡状態にある場合に限られる．すなわち S や U は常に加算的であるが，H, F, および G は必ずしも加算的でない．たとえば，相互安定平衡状態にない二つの副系の H を加算したものは，これらの副系で構成される複合系の H ではなく，熱力学的な意味を持たない．この複合系は安定平衡状態にはないから，もともと複合系の H を定義することはできない．

1.3.4　示強性質の特性

示強性質のみで特定されている状態を**示強状態**(intensive state)という．例えば，(τ, p) のみが指定されている単成分単相の系の状態である．これだけでは，体積，内部エネルギーおよびエントロピーなどは決まらない．

示強状態は物質の量によらないので，r 成分単相の場合，独立な示強変数の数は $r+2$ 個より少ないと予想される．なぜかと言えば，温度(1 個)と圧力(1 個)およびそれぞれの成分の物質量(r 個)の $r+2$ 個ですべての性質(示強性質と示量性質)の値は決まる．しかし，示強状態を考える場合には単位の物質量で考えることになり，成分の物質量の総和が単位の物質量になるから，成分の物質量は $r-1$ 個の物質量で決まるからである．これの検討から始めよう．

[1]　示強性質の独立変数　単相系内にある全物質量を

$$N = \sum_{i=1}^{r} N_i \tag{1.78}$$

とし，$\lambda = N$ として式(1.74)をつぎのように書いてみる．

$$\tau(S, V, \boldsymbol{N}) = \tau\left(\frac{S}{N}, \frac{V}{N}, \frac{\boldsymbol{N}}{N}\right) = \tau(s, v, \boldsymbol{y}) \tag{1.79}$$

ただし

$$s = \frac{S}{N} \tag{1.80}$$

$$v = \frac{V}{N} \tag{1.81}$$

$$\boldsymbol{y} = \frac{\boldsymbol{N}}{N} \tag{1.82}$$

$$y_i = \frac{N_i}{N} \qquad i = 1,2,3,\ldots,r \tag{1.83}$$

$$\sum_{i=1}^{r} y_i = \sum_{i=1}^{r} \frac{N_i}{N} = \frac{1}{N}\sum_{i=1}^{r} N_i = \frac{N}{N} = 1 \tag{1.84}$$

である． $\boldsymbol{y}\{y_1, y_2, y_3, \ldots, y_r\}$は各成分の存在比率を示す示強性質である．$N_i$ の単位にかかわらず存在比率を指す場合には**組成**(composition)と呼ぶ．また，本書では N_i を原則的に物質量としているから，$\boldsymbol{y}$ を**物質量比**と呼ぶことにするが，化学や化学工学の分野では**モル分率**(mole fraction)が一般的である．

なお，上の s や v のように，S や V のような示量性質を，単位物質量に対して表現したものを通常**モル量**(moler quantity)と言い，**モル体積**(molar volume)や**モルエントロピー**(molar entropy)のように使う．本書の用語によれば，物質量量，物質量体積および物質量エントロピーなどとなるべきところであるが，ぎこちないので，通常どおりの**モル量**(molar property)，モル体積およびモルエントロピーなどを使うことにする．

さて，式(1.84)によれば r 個の y_i は独立ではなく，任意の y_i はほかの r-1 個の $y_j, j \neq i$ で表現される．したがって，式(1.79)の最右辺の $\tau(s, v, \boldsymbol{y})$の独立変数はたかだか r-1+2 = r+1 個となる．この独立変数の減少は Gibbs-Duhem の関係式(1.73)によると見ることもできる．また r+1 は独立変数の数の最大値であり，ほかの条件によりさらに小さくなることがあり，実はゼロにもなりうる．

1.4.3[1]で学習する Gibbs の相律が，系の示強状態を確定させるに過不足のない独立変数の数を決定するのであるが，そこではこの節で扱っている単相系のみでなく，相の数が複数であるような**多相系**(multi-phase system)や化学反応をする系，すなわち**反応系**(reactive system)までを含めて一般的な議論をする．

[2] モル熱力学的ポテンシャル　つぎに，熱力学的ポテンシャル U, H, F および G により示強性質

$$u = \frac{U}{N} \tag{1.85}$$

$$h = \frac{H}{N} \tag{1.86}$$

$$f = \frac{F}{N} \tag{1.87}$$

$$g = \frac{G}{N} \tag{1.88}$$

を定義する．すなわち，**モル内部エネルギー**(molar internal energy)，**モルエンタルピー**(molar enthalpy)，**モル Helmholtz エネルギー**(molar Helmholtz energy)および**モル Gibbs エネルギー**(molar Gibbs energy)である．このようなモル当たりの量をモル量という．以下，これら四つのモル熱力学的ポテンシャルについて，独立変数の数を検討する．

モル内部エネルギーに対しては，モル量の定義により

$$u = \frac{U(S, V, \boldsymbol{N})}{N} = \frac{U(Ns, Nv, N\boldsymbol{y})}{N} \tag{1.89}$$

である．両端の辺の微分を作ると

$$\begin{aligned} du &= \frac{1}{N}dU - \frac{U}{N^2}dN \\ &= \frac{1}{N}\left[\left(\frac{\partial U}{\partial Ns}\right)_{Nv, N\boldsymbol{y}}(Nds + sdN) + \left(\frac{\partial U}{\partial Nv}\right)_{Ns, N\boldsymbol{y}}(Ndv + vdN)\right. \\ &\quad \left. + \sum_{i=1}^{r}\left(\frac{\partial U}{\partial Ny_i}\right)_{Ns, Nv, N_j, j \neq i}(Ndy_i + y_i dN)\right] - \frac{U}{N^2}dN \\ &= \tau ds - pdv + \sum_{i=1}^{r}\mu_i dy_i - \frac{1}{N^2}\left(U - \tau S + pV - \sum_{i=1}^{r}\mu_i N_i\right)dN \end{aligned} \tag{1.90}$$

のようになる．ただし，式(1.13)から(1.15)を使った．内部エネルギーに対する Euler の関係式(1.68)によれば，上式最右辺の dN の係数項はゼロである．したがって

$$du = \tau ds - pdv + \sum_{i=1}^{r}\mu_i dy_i \tag{1.91}$$

となりこれは

$$u = u(s, v, \boldsymbol{y}) \tag{1.92}$$

を意味するから，モル内部エネルギーの独立変数の数は τ と同様に r+1 個であることになる．

他の h，f および g についても同様にして，つぎの諸式を導くことができる．

$$dh = \tau ds + vdp + \sum_{i=1}^{r}\mu_i dy_i \tag{1.93}$$

$$h = h(s, p, \boldsymbol{y}) \tag{1.94}$$

$$df = -sd\tau - pdv + \sum_{i=1}^{r}\mu_i dy_i \tag{1.95}$$

$$f = f(\tau, v, \boldsymbol{y}) \tag{1.96}$$

$$dg = -sd\tau + vdp + \sum_{i=1}^{r}\mu_i dy_i \tag{1.97}$$

$$g = g(\tau, p, \mathbf{y}) \tag{1.98}$$

また以上の諸式を組成一定の系や純粋物質の系に適用すると，$dy_i = 0$，$i=1,2,3,...,r$ により

$$du = \tau ds - pdv \tag{1.99}$$

$$u = u(s, v) \tag{1.100}$$

$$dh = \tau ds + vdp \tag{1.101}$$

$$h = h(s, p) \tag{1.102}$$

$$df = -sd\tau - pdv \tag{1.103}$$

$$f = f(\tau, v) \tag{1.104}$$

$$dg = -sd\tau + vdp \tag{1.105}$$

$$g = g(\tau, p) \tag{1.106}$$

となる．g については式(1.88)の $Ng = G$ と Euler の関係式(1.71)により次式となり，純粋物質の系ではモル Gibbs エネルギーは化学ポテンシャルに等しい．

$$g = \frac{G}{N} = \mu \tag{1.107}$$

[例題 1.4]　**(1)** 体積 V，内部エネルギー U およびエントロピー S などのような示量的性質の二乗 V^2，U^2 および S^2 は，示強的でも示量的でもないことを示せ．

(2)　次式で定義する**モル定積比熱**(molar specific heat at constant volume) c_v は常に正で，これを**熱安定の条件**(condition of thermal stability)という．負であればどのようなことが起こるか?

$$c_v = \left(\frac{\partial u}{\partial \tau}\right)_v = \left(\frac{\partial u}{\partial s}\right)_v \left(\frac{\partial s}{\partial \tau}\right)_v = \tau \left(\frac{\partial s}{\partial \tau}\right)_v > 0 \tag{1.108}$$

(3)　次式で定義する**等温圧縮係数**(isothermal compressibility) β は常に正であり，これを**力学安定の条件**(condition of mechanical stability)という．負であればどのようなことが起こるか?

$$\beta_\tau = -\frac{1}{v}\left(\frac{\partial v}{\partial p}\right)_\tau > 0 \tag{1.109}$$

なお，上二式の値のように常に正である量は**正定値**(positive definite)であるという．また，常に ≥ 0，< 0 および ≤ 0 であるような量は，それぞれ半正定値，負定値および半負定値であるなどといい，これらを総称して**定符号**(sign definite)であるという．定符号の熱力学的性質には，深い物理的意味がある．

[解答] (1)　内部エネルギーの二乗U^2について検討する．式(1.64)を二乗すると

$$U(S,V,\boldsymbol{N})^2 = \lambda^2 U\left(\frac{S}{\lambda},\frac{V}{\lambda},\frac{\boldsymbol{N}}{\lambda}\right)^2 \tag{1.110}$$

あるいは

$$\frac{U(S,V,\boldsymbol{N})^2}{\lambda^2} = U\left(\frac{S}{\lambda},\frac{V}{\lambda},\frac{\boldsymbol{N}}{\lambda}\right)^2 \tag{1.111}$$

となる．

式(1.110)の右辺先頭のλ^2が$\lambda^0 = 1$であるならば，U^2は示強的である．しかし，そうではないからU^2は示強的でない．

また，式(1.111)の左辺分母のλ^2が$\lambda^1 = \lambda$であるならば，U^2は示量的である．しかし，そうではないからU^2は示量的ではない．

この問題ではU^2のような性質を強いて作って検討したのであり，実際に示強的でも示量的でもない性質が現れることはない．なお，V^2およびS^2の場合についても同様である．

(2)　熱伝導で周囲と熱相互作用をしている，周囲より温度がわずかに低い系を考える．もし，$c_v<0$であるならば，定積で$\Delta q > 0$だけ受熱する際の温度上昇を$\Delta\tau$に対して

$$c_v = \left(\frac{\partial u}{\partial \tau}\right)_v \sim \left(\frac{\Delta q}{\Delta \tau}\right)_v < 0 \tag{a}$$

であるから，$\Delta\tau<0$となって，系の温度は周囲よりもっと低温になる．すると再び熱伝導によって冷やされる．そして，この過程は際限なく繰り返される．

逆に，最初に物質の温度が周囲よりわずかに高ければ，物質から周囲への熱伝導によって，際限なく暖められる．これらは，この系が自然界に存在できないことを意味する．

(3)　可動的な壁で周囲と仕事相互作用をし，周囲より圧力がわずかに高い系を考える．もし，$\beta<0$であるならば，一定温度で$\Delta V > 0$の膨張した際の圧力上昇Δpに対して

$$\beta = -\frac{1}{V}\left(\frac{\partial V}{\partial p}\right)_\tau \sim -\frac{1}{V}\left(\frac{\Delta V}{\Delta p}\right)_\tau < 0 \tag{b}$$

であるから，系の圧力は周囲よりますます高くなる．すると再び膨張して昇圧する．そして，この過程は際限なく繰り返される．

逆に，最初の圧力が周囲より低ければ，周囲により際限なく押しつぶされる．これらは，この系が自然界に存在できないことを意味する．■

1.3.5　部分量，Gibbs エネルギーおよび化学ポテンシャル

モルGibbsエネルギー$g(\tau,p,\boldsymbol{y})$と化学ポテンシャル$\mu_i(\tau,p,\boldsymbol{y})$，$i = 1,2,3,\ldots,r$により，

簡単な系のすべての性質を表現することができる．

[1]　部分量　安定平衡状態の系の性質を，基本方程式や特性関数の微分係数やそれらの有理式として表現する方法を学んだが，ここでは多成分系の性質を部分量と呼ばれる別の微分係数により表現することを学習する．部分量は混合状態における性質への各成分の寄与である．

単相 r 成分 $\boldsymbol{N}\{N_1, N_2, \ldots, N_r\}$，物質量比 $\boldsymbol{y}\{y_1, y_2, \ldots, y_r\}$で，温度と圧力が$(\tau, p)$の系を考え，それの任意の示量性質を$\Xi(\tau, p, \boldsymbol{N})$，これに対応するモル量を$\xi(\tau, p, \boldsymbol{y})$とする．

$$\xi = \frac{\Xi}{N} \tag{1.112}$$

Ξは$\boldsymbol{N}$に関して一次同次であるから，式(1.64)により，(τ, p)を一定にして各N_iをc倍してcN_iにすると，Ξもc倍の$c\,\Xi$になるに違いない．

$$c\,\Xi(\tau, p, \boldsymbol{N}) = \Xi(\tau, p, c\,\boldsymbol{N}) \tag{1.113}$$

さて，Ξに対してEulerの定理式(1.66)を適用する．

$$\begin{aligned}\Xi &= \left(\frac{\partial\,\Xi}{\partial N_1}\right)_{\tau, p, N_j, j\neq 1} N_1 + \left(\frac{\partial\,\Xi}{\partial N_2}\right)_{\tau, p, N_j, j\neq 2} N_2 + \\ &\quad \ldots + \left(\frac{\partial\,\Xi}{\partial N_r}\right)_{\tau, p, N_j, j\neq r} N_r = \sum_{i=1}^{r} N_i \left(\frac{\partial\,\Xi}{\partial N_i}\right)_{\tau, p, N_j, j\neq i}\end{aligned} \tag{1.114}$$

上式右辺の各微分係数を

$$\bar{\xi}_i(\tau, p, \boldsymbol{y}) = \left(\frac{\partial\,\Xi}{\partial N_i}\right)_{\tau, p, N_j, j\neq i} \quad i = 1,2,3, \ldots, r \tag{1.115}$$

と書き，これを式(1.114)に適用する．

$$\Xi = \sum_{i=1}^{r} N_i\,\bar{\xi}_i \tag{1.116}$$

あるいは，両辺をNで割って

$$\xi = \sum_{i=1}^{r} y_i\,\bar{\xi}_i \tag{1.117}$$

$\bar{\xi}_i$をΞの成分 i に対する部分量という．部分量を作る微分の仕方は式(1.115)の$(\partial/\partial N_i)_{\tau, p, N_j, j\neq i}$に限定されており，$\bar{\xi}_i$は$(\tau, p)$と$\boldsymbol{y}$の関数として$\bar{\xi}_i(\tau, p, \boldsymbol{y})$のような関数構造になる．

体積V，内部エネルギーU，エンタルピーH，エントロピーS，HelmholtzエネルギーFおよびGibbsエネルギーGの部分量を，$\bar{v}_i$, $\bar{u}_i$, $\bar{h}_i$, $\bar{s}_i$, $\bar{f}_i$および$\bar{g}_i$と書くことにすれば，式

(1.116)は

$$V = \sum_{i=1}^{r} N_i \bar{v}_i \tag{1.118}$$

$$U = \sum_{i=1}^{r} N_i \bar{u}_i \tag{1.119}$$

$$H = \sum_{i=1}^{r} N_i \bar{h}_i \tag{1.120}$$

$$S = \sum_{i=1}^{r} N_i \bar{s}_i \tag{1.121}$$

$$F = \sum_{i=1}^{r} N_i \bar{f}_i \tag{1.122}$$

$$G = \sum_{i=1}^{r} N_i \bar{g}_i = \sum_{i=1}^{r} N_i \mu_i \tag{1.123}$$

となる．なお，1.2.1[3]でも述べたように，Gibbs エネルギー G の部分量に対しては記号 $\bar{g}_i$ をあて，部分 Gibbs エネルギーと呼ぶべきであるが，伝統的に特別な記号 μ_i と，特別な名前の化学ポテンシャルが使われている．

式(1.118)から(1.123)に対応するモル量は

$$v = \frac{V}{N} = \sum_{i=1}^{r} \frac{N_i}{N} \bar{v}_i = \sum_{i=1}^{r} y_i \bar{v}_i \tag{1.124}$$

$$u = \sum_{i=1}^{r} y_i \bar{u}_i \tag{1.125}$$

$$h = \sum_{i=1}^{r} y_i \bar{h}_i \tag{1.126}$$

$$s = \sum_{i=1}^{r} y_i \bar{s}_i \tag{1.127}$$

$$f = \sum_{i=1}^{r} y_i \bar{f}_i \tag{1.128}$$

$$g = \sum_{i=1}^{r} y_i \bar{g}_i = \sum_{i=1}^{r} y_i \mu_i \tag{1.129}$$

また，熱力学的ポテンシャル U, H, F および G の間の関係は，これらの部分量間の関係にも

引き継がれ，［例題 1.6］で証明してあるように

$$\bar{h}_i = \bar{u}_i + p\,\bar{v}_i \qquad i = 1,2,3,\ldots,r \tag{1.130}$$

$$\bar{f}_i = \bar{u}_i - \tau\,\bar{s}_i \qquad i = 1,2,3,\ldots,r \tag{1.131}$$

$$\bar{g}_i = \mu_i = \bar{h}_i - \tau\,\bar{s}_i \qquad i = 1,2,3,\ldots,r \tag{1.132}$$

が成り立つ．これらは混合物を全体としてみた $h = u + pv$，$f = u - \tau s$ あるいは $g = g - \tau s$ と完全に同形式であり，このような関係を**並行性**(parallelism)という．実際，式(1.130)から(1.132)の各式の両辺に $\sum_{i=1}^{r} y_i\,\times$ を演算すれば，$h = u + pv$ などが回復されるのであるが，これはこのような並行性によっている．

なお，式(1.130)から(1.132)の関係をまとめて書くと

$$\begin{aligned}\bar{h}_i &= \bar{u}_i + p\,\bar{v}_i = \bar{f}_i + \tau\,\bar{s}_i + p\,\bar{v}_i \\ &= \bar{g}_i + \tau\,\bar{s}_i = \mu_i + \tau\,\bar{s}_i\end{aligned} \qquad i = 1,2,3,\ldots,r \tag{1.133}$$

のようになる．

［例題 1.5］　一定の温度と圧力$(\tau,\ p)$における"A"-"B"二成分混合物の示量性質Ξのモル量 $\xi = \Xi/N$ が，**図 1.4** の太い実線のように与えられている．y_A および y_B はそれぞれの成分の物質量比であり，二成分混合物であることにより，$y_A + y_B = 1$ である．

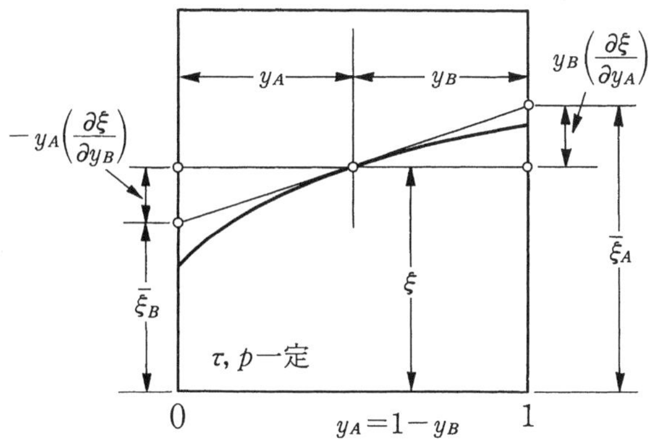

図 1.4　二成分混合物の部分量の図式計算

部分量$\bar{\xi}_A$および$\bar{\xi}_B$が次式により求められることを示せ．また，これらの式の幾何学的な意味を検討せよ．

$$\bar{\xi}_A = \xi + y_B\left(\frac{\partial \xi}{\partial y_A}\right)_{\tau,p} \tag{1.134}$$

$$\bar{\xi}_B = \xi + y_A\left(\frac{\partial \xi}{\partial y_B}\right)_{\tau,p} \tag{1.135}$$

[解答] $N_A + N_B = N$ であるから

$$\left(\frac{dN}{dN_A}\right) = 1 \tag{a}$$

であることと，部分量の定義式(1.115)により

$$\begin{aligned}\bar{\xi}_A(\tau, p, \boldsymbol{N}) &= \left(\frac{\partial \Xi}{\partial N_A}\right)_{\tau,p,N_B} = \left(\frac{\partial N\xi}{\partial N_A}\right)_{\tau,p,N_B} \\ &= \xi + N\left(\frac{\partial \xi}{\partial N_A}\right)_{\tau,p,N_B} = \xi + N\left(\frac{\partial \xi}{\partial y_A}\right)_{\tau,p}\left(\frac{\partial y_A}{\partial N_A}\right)_{N_B}\end{aligned} \tag{b}$$

となる．

一方，$y_A = N_A / N$ であるから

$$\left(\frac{\partial y_A}{\partial N_A}\right)_{N_B} = \frac{N - N_A}{N^2} = \frac{N_B}{N^2} = \frac{y_B}{N} \tag{c}$$

である．式(c)を式(b)に代入すれば，式(1.134)になる．式(1.135)も同様にして導くことができるが，二つの成分"A"と"B"に対する対称性から明らかである．

図のξ-y線図において，任意の物質量比における接線が両端の縦軸を切りとる長さが，その物質量比における部分量を与える．これをテコの**規則**(lever rule)という．■

[例題1.6] 式(1.130)から(1.132)を証明せよ．

[解答] まず，式(1.130)を証明しよう．$H=U+pV$ の両辺に，式(1.115)の部分量を作る演算を施す．

$$左辺 = \left(\frac{\partial H}{\partial N_i}\right)_{\tau,p,N_j,j\neq i} = \bar{h}_i \qquad i = 1,2,3,\ldots,r \tag{a}$$

$$右辺 = \left[\frac{\partial(U + pV)}{\partial N_i}\right]_{\tau,p,N_j,j\neq i} = \left(\frac{\partial U}{\partial N_i}\right)_{\tau,p,N_j,j\neq i} + \left(\frac{\partial pV}{\partial N_i}\right)_{\tau,p,N_j,j\neq i} = \bar{u}_i + p\left(\frac{\partial V}{\partial N_i}\right)_{\tau,p,N_j,j\neq i} = \bar{u}_i + p\,\bar{v}_i \qquad i = 1,2,3,\ldots,r \qquad \text{(b)}$$

となり，証明できたことになる．このようになる理由は，p 一定の微分 $(\partial/\partial N_i)_{\tau,p,N_j,j\neq i}$ に対して，$U + pV$ が U と V の線形結合になっているからである．

残りの 2 つの関係を証明するには，$F = U - \tau S$ および $G = H - \tau S$ の両辺に上と同様に $(\partial/\partial N_i)_{\tau,p,N_j,j\neq i}$ の演算を施すのであるが，温度一定の微分であるから，U と S あるいは H と S の線形結合に対する微分となり，上と同様な結果になる． ■

さらに，$\bar{s}_i$，$\bar{v}_i$，$\bar{h}_i$，$\bar{u}_i$ および $\bar{f}_i$ の式(1.115)形式の定義式と Maxwell の関係式から，これら五つの部分量を化学ポテンシャルから計算する式を導くことができる．

$\bar{s}_i$ の定義式と式(1.46)からは

$$\bar{s}_i = \left(\frac{\partial S}{\partial N_i}\right)_{\tau,p,N_j,j\neq i} = -\left(\frac{\partial \mu_i}{\partial \tau}\right)_{p,\mathbf{Y}} \qquad i = 1,2,3,\ldots,r \qquad (1.136)$$

$\bar{v}_i$ の定義式と式(1.47)からは

$$\bar{v}_i = \left(\frac{\partial V}{\partial N_i}\right)_{\tau,p,N_j,j\neq i} = \left(\frac{\partial \mu_i}{\partial p}\right)_{\tau,\mathbf{Y}} \qquad i = 1,2,3,\ldots,r \qquad (1.137)$$

式(1.133)と(1.136)からは

$$\bar{h}_i = \mu_i + \tau\,\bar{s}_i = \mu_i - \tau\left(\frac{\partial \mu_i}{\partial \tau}\right)_{p,\mathbf{Y}} = \left[\frac{\partial(\mu_i / \tau)}{\partial(1 / \tau)}\right]_{p,\mathbf{Y}} \qquad i = 1,2,3,\ldots,r \qquad (1.138)$$

式(1.133)，(1.137)および(1.138)からは

$$\bar{u}_i = \bar{h}_i - p\,\bar{v}_i = \left[\frac{\partial(\mu_i / \tau)}{\partial(1 / \tau)}\right]_{p,\mathbf{Y}} - p\left(\frac{\partial \mu_i}{\partial p}\right)_{\tau,\mathbf{Y}} \qquad i = 1,2,3,\ldots,r \qquad (1.139)$$

式(1.133)と(1.137)からは

$$\bar{f}_i = \mu_i - p\,\bar{v}_i = \mu_i - p\left(\frac{\partial \mu_i}{\partial p}\right)_{\tau,\mathbf{Y}} = \left[\frac{\partial(\mu_i / p)}{\partial(1 / p)}\right]_{\tau,\mathbf{Y}} \qquad i = 1,2,3,\ldots,r \qquad (1.140)$$

などとなる．

[2] 一般化した Gibbs-Duhem の関係 Gibbs-Duhem の関係式(1.73)はもっと一般的な形でも成り立ち，$r + 2$ 個の示強変数のみの組 $(\tau, p, \bar{\boldsymbol{\xi}})$ の間で，これらの変数の変化を相互に規

制する．その結果，これらの内の $r+1$ 個のものの変化を指定すると，残りの 1 個は一般化した Gibbs-Duhem の関係で与えられる変化しか許されないことを主張するのである．なお，$\bar{\xi}$ は任意の示量変数 Ξ に対応する部分量であるが，すでに学んだ Gibbs-Duhem の関係式(1.73)の場合には $\bar{\xi}=\boldsymbol{\mu}$ である．

さて，任意の示量変数 Ξ を変数の組 $(\tau,\ p,\ \boldsymbol{N})$ の関数として，Ξ の全微分を作る．

$$
\begin{aligned}
d\,\Xi(\tau,\ p,\ \boldsymbol{N}) &= \left(\frac{\partial\,\Xi}{\partial\tau}\right)_{p,\boldsymbol{N}} d\tau + \left(\frac{\partial\,\Xi}{\partial p}\right)_{\tau,\boldsymbol{N}} dp + \sum_{i=1}^{r}\left(\frac{\partial\,\Xi}{\partial N_i}\right)_{\tau,\,p,\,N_j,\,j\neq i} dN_i \\
&= \left(\frac{\partial\,\Xi}{\partial\tau}\right)_{p,\boldsymbol{N}} d\tau + \left(\frac{\partial\,\Xi}{\partial p}\right)_{\tau,\boldsymbol{N}} dp + \sum_{i=1}^{r}\bar{\xi}_i\,dN_i
\end{aligned}
\qquad (1.141)
$$

ただし，式(1.115)の部分量の定義式を使った．一方，Ξ の部分量による展開式(1.116)の微分をとる．

$$
d\,\Xi = \sum_{i=1}^{r}\bar{\xi}_i\,dN_i + \sum_{i=1}^{r}N_i d\,\bar{\xi}_i \qquad (1.142)
$$

最後に，上二式から $d\,\Xi$ を消去すると

$$
\left(\frac{\partial\,\Xi}{\partial\tau}\right)_{p,\boldsymbol{N}} d\tau + \left(\frac{\partial\,\Xi}{\partial p}\right)_{\tau,\boldsymbol{N}} dp - \sum_{i=1}^{r}N_i d\,\bar{\xi}_i = 0 \qquad (1.143)
$$

のようになる．あるいは，$\Xi = N\xi$，$N_i = Ny_i$ とすれば

$$
\left(\frac{\partial\xi}{\partial\tau}\right)_{p,\boldsymbol{y}} d\tau + \left(\frac{\partial\xi}{\partial p}\right)_{\tau,\boldsymbol{y}} dp - \sum_{i=1}^{r}y_i d\,\bar{\xi}_i = 0 \qquad (1.144)
$$

である．上二式を**一般化した Gibbs-Duhem の関係**(generalized Gibbs-Duhem relation)という．なお，始めの方の式(1.143)において，$\Xi = G$ とすれば，式(1.73)の Gibbs-Duhem の関係になる．また，後の方の式(1.144)において，温度と圧力を一定にすれば

$$
\left(\sum_{i=1}^{r}y_i d\,\bar{\xi}_i\right)_{\tau,\,p} = 0 \qquad (1.145)
$$

である．

[3] Gibbs エネルギーと化学ポテンシャル　多成分系と反応系の熱力学においては，Gibbs エネルギーと化学ポテンシャルが格別な役割を演ずる．すでに，Gibbs エネルギーと化学ポテンシャルを含むいくつかの基本的な関係を学んでいるが，ここではこれらを含む残りの重要な関係を整理しておこう．

a.　化学ポテンシャルによる他のモル量の表現　Gibbs エネルギーに対する Euler の関係式

(1.71)は，モル量では

$$g = \sum_{i=1}^{r} \mu_i y_i \tag{1.146}$$

となる．

まず，式(1.28)と上式によりモルエントロピーを

$$s = -\left(\frac{\partial g}{\partial \tau}\right)_{p,\mathbf{Y}} = -\sum_{i=1}^{r} y_i \left(\frac{\partial \mu_i}{\partial \tau}\right)_{p,\mathbf{Y}} = \sum_{i=1}^{r} y_i \bar{s}_i \tag{1.147}$$

のように計算する．最右辺は式(1.127)により部分エントロピーで展開して表現したものである．第 3 辺の微分項が部分エントロピーを正しく与えていることを，式 (1.136) により確認せよ．

ついで，式(1.29)と(1.146)によりモル体積を

$$v = \left(\frac{\partial g}{\partial p}\right)_{\tau,\mathbf{Y}} = \sum_{i=1}^{r} y_i \left(\frac{\partial \mu_i}{\partial p}\right)_{\tau,\mathbf{Y}} = \sum_{i=1}^{r} y_i \bar{v}_i \tag{1.148}$$

のように計算する．最右辺は式(1.124)により部分体積で展開して表現したものである．第 2 辺の微分項が部分体積を正しく与えていることを，式 (1.137) により確認せよ．

ついで，モルエンタルピー h は Legendre の変換の関係と，式(1.28)，(1.146) および(1.147)により

$$\begin{aligned} h &= g + \tau s = g - \tau\left(\frac{\partial g}{\partial \tau}\right)_{p,\mathbf{Y}} = -\tau^2\left[\frac{\partial(g / \tau)}{\partial \tau}\right]_{p,\mathbf{Y}} \\ &= \left[\frac{\partial(g / \tau)}{\partial(1 / \tau)}\right]_{p,\mathbf{Y}} = \sum_{i=1}^{r} y_i\left[\mu_i - \tau\left(\frac{\partial \mu_i}{\partial \tau}\right)_{p,\mathbf{Y}}\right] \\ &= \sum_{i=1}^{r} y_i\left[\frac{\partial(\mu_i / \tau)}{\partial(1 / \tau)}\right]_{p,\mathbf{Y}} = \sum_{i=1}^{r} y_i \bar{h}_i \end{aligned} \tag{1.149}$$

のように計算する．最右辺は式(1.126)により部分エンタルピーで展開して表現したものである．最後から 2 番目の辺の微分項が部分エンタルピーを正しく与えていることを，式 (1.138) により確認せよ．

ついで，モル内部エネルギー u は Legendre の変換の関係と式(1.148)および式(1.149)により

$$\begin{aligned} u &= h - pv = \left[\frac{\partial(g / \tau)}{\partial(1 / \tau)}\right]_{p,\mathbf{Y}} - p\left(\frac{\partial g}{\partial p}\right)_{\tau,\mathbf{Y}} \\ &= \sum_{i=1}^{r} y_i\left\{\left[\frac{\partial(\mu_i / \tau)}{\partial(1 / \tau)}\right]_{p,\mathbf{Y}} - p\left(\frac{\partial \mu_i}{\partial p}\right)_{\tau,\mathbf{Y}}\right\} = \sum_{i=1}^{r} y_i \bar{u}_i \end{aligned} \tag{1.150}$$

のように計算する．最右辺は式(1.125)により部分内部エネルギーで展開して表現したものである．最後から 2 番目の辺の微分項が部分内部エネルギーを正しく与えていることを，式(1.139) により確認せよ．

最後に，モル Helmholtz エネルギー f は Legendre の変換の関係と，式(1.29)， (1.146) および (1.148)により

$$
\begin{aligned}
f &= g - pv = g - p\left(\frac{\partial g}{\partial p}\right)_{\tau,\boldsymbol{y}} \\
&= \left[\frac{\partial(g/p)}{\partial(1/p)}\right]_{\tau,\boldsymbol{y}} = \sum_{i=1}^{r} y_i\left[\mu_i - p\left(\frac{\partial \mu_i}{\partial p}\right)_{\tau,\boldsymbol{y}}\right]_{\tau,y} \\
&= \sum_{i=1}^{r} y_i\left[\frac{\partial(\mu_i/p)}{\partial(1/p)}\right]_{\tau,\boldsymbol{y}} = \sum_{i=1}^{r} y_i\,\bar{f}_i
\end{aligned}
\tag{1.151}
$$

のように計算する．最右辺は式(1.128)により部分 Helmholtz エネルギーで展開して表現したものである．最後から 2 番目の辺の微分項が部分 Helmholtz エネルギーを正しく与えていることを，式(1.140) により確認せよ．

式(1.146)から(1.151)までの式の最後から二番目の辺は，μ_i とこれらの τ や p による微分，および$(\tau,\ p,\ \boldsymbol{y})$ で表現されている．したがって，これらの式の最左辺は$(\tau,\ p,\ \boldsymbol{y})$の関数として表現されていることになる．なお，単成分の系においては式(1.146)は，式(1.107)の $g = \mu$ となるから，いろいろな性質を式(1.147)から(1.151)までの式で計算する際には，これらの式における g による表現式の辺を使うことになる．

式(1.149)と(1.151)を **Gibbs-Helmholtz の関係**(Gibbs-Helmholtz relation)という．

b．組成が変化しない混合物　組成が変化しない混合物においても部分量，なかんずく化学ポテンシャルを考えることはできる．部分量の演算 $(\partial/\partial N_i)_{\tau,p,N_j,j\neq i}$ の ∂N_i は，実際に N_i が変化しなくてもよいのである．

組成が変化しない単相混合物中の成分"i"の化学ポテンシャル μ_i の変化は，単成分単相系の場合と同様に，$(\tau,\ p)$の変化により

$$
\left[d\mu_i = \left(\frac{\partial \mu_i}{\partial \tau}\right)_p d\tau + \left(\frac{\partial \mu_i}{\partial p}\right)_\tau dp\right]_{\boldsymbol{y}} \qquad i = 1,2,3,\ldots,r \tag{1.152}
$$

のように表現できる．これに Maxwell の関係式(1.46)と(1.47)を代入すれば

$$
\left(d\mu_i = -\bar{s}_i\,d\tau + \bar{v}_i\,dp\right)_{\boldsymbol{y}} \qquad i = 1,2,3,\ldots,r \tag{1.153}
$$

となる．

一方，組成が変化しない単相混合物の全体に対しては，式(1.105)がなりたち，$dg = -sd\tau + vdp$ である．これは式(1.153)と同形式であり，[1]で述べた並行性の別の例である．

c．$g/R\tau$ あるいは $\mu_i/R\tau$　これらは無次元の有用な性質である．自明なことではあるが，式(1.129)の両辺を $R\tau$ で割れば

$$\frac{g}{R\tau} = \sum_{i=1}^{r} y_i \frac{\mu_i}{R\tau} \tag{1.154}$$

となり，$G/R\tau = Ng/R\tau$ や $g/R\tau$ に属する部分量は $\mu_i/R\tau$ である．

以下では，$G/R\tau = Ng/R\tau$ を $(\tau, p, \boldsymbol{N})$ の関数とみた場合のこれらの独立変数による全微分と，$G/R\tau$ に対する一般化した Gibbs-Duhem の関係を導く．

さて，全微分の方から先に求めることにし，まず形式的に全微分の式を書く．

$$\begin{aligned} d\left(\frac{G}{R\tau}\right) &= \left[\frac{\partial(G/R\tau)}{\partial\tau}\right]_{p,\boldsymbol{N}} d\tau + \left[\frac{\partial(G/R\tau)}{\partial p}\right]_{\tau,\boldsymbol{N}} dp \\ &+ \sum_{i=1}^{r}\left[\frac{\partial(G/R\tau)}{\partial N_i}\right]_{\tau,p,N_j,j\neq i} dN_i \\ &= N\left[\frac{\partial(g/R\tau)}{\partial\tau}\right]_{p,\boldsymbol{y}} d\tau + N\left[\frac{\partial(g/R\tau)}{\partial p}\right]_{\tau,\boldsymbol{y}} dp \\ &+ \sum_{i=1}^{r}\frac{\mu_i}{R\tau} dN_i \end{aligned} \tag{1.155}$$

ただし，最右辺に移る際には，$g/R\tau$ に属する部分量が $\mu_i/R\tau$ であることを使った．以下では上式最右辺の二つの微分係数を求める．

そのためにまず，$g(\tau, p, \boldsymbol{y}) = h - \tau s$ により

$$\frac{g}{R\tau} = \frac{h}{R\tau} - \frac{s}{R} \tag{1.156}$$

と書いておく．そして，温度微分の方から求めるために，上式を $(p, \boldsymbol{y})$ 一定として τ で微分する．

$$\left[\frac{\partial(g/R\tau)}{\partial\tau}\right]_{p,\boldsymbol{y}} = \frac{1}{R\tau}\left(\frac{\partial h}{\partial\tau}\right)_{p,\boldsymbol{y}} - \frac{h}{R\tau^2} - \frac{1}{R}\left(\frac{\partial s}{\partial\tau}\right)_{p,\boldsymbol{y}} \tag{1.157}$$

上式において，右辺にある最初の微分はモル定圧比熱(molar specific heat at constant pressure) c_p であり

$$c_p = \left(\frac{\partial h}{\partial\tau}\right)_{p,\boldsymbol{y}} = \left(\frac{\partial h}{\partial s}\right)_{p,\boldsymbol{y}}\left(\frac{\partial s}{\partial\tau}\right)_{p,\boldsymbol{y}} = \tau\left(\frac{\partial s}{\partial\tau}\right)_{p,\boldsymbol{y}} \tag{1.158}$$

のように定義し，計算する．ただし，この式の第 3 辺から右辺に移るさいには式(1.23)を使

った．上式により$(\partial s/\partial \tau)_{p,y} = c_p / \tau$となる．以上により式(1.157)は

$$\left[\frac{\partial (g/R\tau)}{\partial \tau}\right]_{p,\boldsymbol{y}} = -\frac{h}{R\tau^2} \tag{1.159}$$

となる．これは式(1.149)で導いたGibbs-Helmholtzの関係と本質的に同じである．

ついで，$g/R\tau$の圧力微分を求めるために，式(1.156)を$(\tau, \boldsymbol{y})$一定としてpで微分する．

$$\left[\frac{\partial (g/R\tau)}{\partial p}\right]_{\tau,\boldsymbol{y}} = \frac{1}{R\tau}\left(\frac{\partial h}{\partial p}\right)_{\tau,\boldsymbol{y}} - \frac{1}{R}\left(\frac{\partial s}{\partial p}\right)_{\tau,\boldsymbol{y}} \tag{1.160}$$

上式の右辺を計算するために，式(1.101)をdpで割ってτ一定とする．

$$\left(\frac{\partial h}{\partial p}\right)_{\tau,\boldsymbol{y}} = \tau\left(\frac{\partial s}{\partial p}\right)_{\tau,\boldsymbol{y}} + v \tag{1.161}$$

これを(1.160)に代入すれば

$$\left[\frac{\partial (g/R\tau)}{\partial p}\right]_{\tau,\boldsymbol{y}} = \frac{v}{R\tau} \tag{1.162}$$

となる．

以上により$G/R\tau$の全微分を求める準備が整った．式(1.155)に式(1.159)と(1.162)を代入する．

$$\begin{aligned} d\left(\frac{G}{R\tau}\right) &= -\frac{Nh}{R\tau^2}d\tau + \frac{Nv}{R\tau}dp + \sum_{i=1}^{r}\frac{\mu_i}{R\tau}dN_i \\ &= -\frac{H}{R\tau^2}d\tau + \frac{V}{R\tau}dp + \sum_{i=1}^{r}\frac{\mu_i}{R\tau}dN_i \end{aligned} \tag{1.163}$$

さて，$G/R\tau$に対する一般化したGibbs-Duhemの関係の方は簡単である．式(1.144)に$\xi = g / R\tau$を代入する．

$$\left[\frac{\partial (g/R\tau)}{\partial \tau}\right]_{p,\boldsymbol{y}} d\tau + \left[\frac{\partial (g/R\tau)}{\partial p}\right]_{\tau,\boldsymbol{y}} dp + \sum_{i=1}^{r} y_i d\left(\frac{\overline{g}}{R\tau}\right)_i = 0 \tag{1.164}$$

これに，上で導いた式(1.159)と(1.162)を代入し，左辺の第三の部分量は$\mu_i/R\tau$であることを使う．

$$-\frac{h}{R\tau^2}d\tau + \frac{v}{R\tau}dp + \sum_{i=1}^{r} y_i d\left(\frac{\mu_i}{R\tau}\right) = 0 \tag{1.165}$$

ここで導いた式(1.163)は式(1.27)の$G(\tau, p, \boldsymbol{N})$の完全微分に対応し，式(1.165)は式(1.73)のGibbs-Duhemの関係に対応する．このような一般関係式は多くの情報を孕んでおり，たくさんの特定例，微分係数および相反関係を導く．たとえば，式(1.163)において物質量$\boldsymbol{N}$を一定にし，辺々Nで割れば

$$d\left(\frac{g}{R\tau}\right)_{\boldsymbol{y}} = -\frac{h}{R\tau^2}\,d\tau + \frac{v}{R\tau}\,dp \tag{1.166}$$

となるが，これより視察により直ちに式(1.159)や(1.162)を導くことができる．

1.4 平衡規準と相律

この節では熱力学的平衡の一般的規準を示し，それを使って**相平衡**(phase equilibrium)と**化学平衡**(chemical equilibrium)の平衡規準を導こう．相平衡の平衡規準は，与えられた温度と圧力の下において，異なる相が共存する条件を与える．また，化学平衡の平衡規準は，与えられた温度と圧力および元素の存在比の下における，平衡状態における異なる化学種の存在比を決定する．

相律は，与えられた条件における系の自由度，すなわち系の状態をちょうど確定させるに必要な変数の数を規定するものである．たとえば，r 成分単相の系においては，独立に変化することができる変数の数は r+1 個であることを 1.3.4 で学んでいることを思い出せ．

この節の議論に入る前に，すでに使ってきた**凝集状態**とか**相**の意味を正確に定義し，**均質状態**(homogeneous state)と**不均質状態**(heterogeneous state)の区別も説明しておこう．

1.4.1 均質状態，不均質状態，凝集状態および相

[1] 均質状態と不均質状態　安定平衡状態にある系の全体にわたってすべての示強性質が共通であれば系は均質状態といい，そうでなければ不均質状態という．たとえばボイラードラムにおける水と蒸気の全体は不均質状態にある．なぜなら水と蒸気に関して相互安定平衡状態の条件により(τ, p)のような示強性質は共通であるが，(v, s, u)のような示強性質は互いに異なる値を持っているからである．

[2] 相　不均質状態と均質状態の関係を知るために系を副系に分割し，各副系内ではすべての示強性質が一様で共通であるようにし，共通の示強性質を持つ副系の集合を相と呼ぶ．相を構成する副系の集合要素は空間的につながっていなくてもよい．たとえば，水蒸気中に浮遊する液滴を液相副系の要素と見なす．このような副系を一つの簡単な系と見なし，それの示量性質は，相を構成する副系の要素が持つ示量性質の和とする．ゆえに相は均質状態にある簡単な系である．したがって，均質状態の系はただ 1 つの相から構成されるが，不均質状態の系は 1 つ以上の相から成っている．

上にあげた液滴の気液界面は幾何学的な面ではなく，示強性質が急峻な勾配を示す薄い膜であると思われる．しかしながら簡単な系がよい近似であるためには各副系要素内では示強性質

は一様で，異なる副系に属する要素の境界では示強性質が階段関数状に変化すると考えられなければならない．したがって簡単な系が妥当なモデルであるためには，薄い膜の寄与が無視され，副系の要素の大きさは薄い膜の寄与が無視される程度に大きくなければならない．

系が複数の相から構成されているならば，これらの相は共存している，あるいは**共存状態**(co-existing state)にあるという．したがって不均質状態の系では，複数の相が共存状態にある．共存している相の数が P 個であれば，P 相共存状態，P 相共存あるいは P 相状態などという．たとえば，$P = 2$であれば，二相共存状態，二相共存あるいは二相状態などという．

[3]　凝集状態　気体とか液体とかの凝集状態は，相としばしば同じ意味で使われるが，凝集状態は上で定義した相よりも広くて緩い概念であり，一つの凝集状態は必ずしも一つの相を意味しない．一般に一つの相はただ一つの凝集状態しか持たないが，一つの凝集状態は複数の相を含むことがある．たとえば，例えば上述のボイラードラムの水や，異なる結晶構造の相を含む固溶体がその例である．これらの一つの凝集状態は，一つの相に対応していない．

1.4.2　平衡規準

この項では，はじめ平衡状態にはない系が，どのようにして平衡状態に移行するかを検討し，平衡規準を導く．

[1]　変化の方向　さて，閉じた系に対する**熱力学の第一法則**(the first law of thermodynamics)は

$$\delta Q = dU + \delta W \tag{1.167}$$

が成り立つのであった．ただし，δQやδWのδは熱や仕事が状態量ではないことを示す．また，**熱力学の第二法則**(the second law of thermodynamics)から導かれる Clausius の定理により，閉じた系のいかなる状態変化に際しても

$$dS \geq \frac{\delta Q}{\tau} \tag{1.168}$$

が成り立つのであった．もちろん，不等号は現実の変化，すなわち非静的変化に，等号は準静的変化に対応する．

ここで少し横道にそれて，上式において$\delta Q = 0$とすれば

$$(dS \geq 0)_{\delta Q=0} \tag{1.169}$$

となる．これは Clausius の定理の顕著な*系*(corollary，"系"と"周囲"の"系"と紛らわしいので，斜体にした)の一つであり次のことを主張している．

閉じた断熱系のエントロピーは減少しない．

なお，孤立系は閉じた断熱系に含まれるので，このことは孤立系に対しても成り立つ．

さて本筋に戻り，式(1.167)において仕事は体積変化の仕事のみであると特殊化し，さらに，その仕事は**準静的仕事**(quasistatic work)あるいは**可逆仕事**(reversible work)

$$\delta W = pdV \tag{1.170}$$

であると限定しよう．このような簡単化は一般的には非現実的であるが，平衡状態への接近とか平衡状態の判定規準を論ずる本項の目的には適っている．

式(1.167)，(1.168)および(1.170)の三式により

$$dU - \tau dS + pdV \leq 0 \tag{1.171}$$

となり，実現可能な変化の方向を規定する一般的な条件を与える．この式は一般的であるが，物理的意味がわかりにくく，使いにくいので，変化の方法にいくつかの拘束を付してみる．

[2] 拘束の下での変化の方向　上で導いた式(1.171)は一般的ではあるが，物理的意味がわかりにくい．そこで，変化の方法をいくつかに拘束してみる．

a．(U, V)一定　式(1.171)において$dU = dV = 0$とする．

$$(dS \geq 0)_{U,V} \tag{1.172}$$

内部エネルギーと体積一定を実現するには，系の境界を不可動にし，かつ系を周囲に対して孤立させればよい．式(1.172)を標語的に述べれば

孤立系のエントロピーは減少しない．

である．これは式(1.169)の特別の場合である．なぜなら，孤立系は閉じた断熱系に対して仕事相互作用を禁止したものであり，式(1.169)は体積一定でなくても成り立つからである．

b．(τ, V)一定　式(1.171)において$d\tau = dV = 0$とし，つぎのように変形する．

$$[dU - \tau dS + pdV = d(u - \tau S) = dF \leq 0]_{\tau,V} \tag{1.173}$$

図1.5(a)に示すように，系の境界を不可動・透熱的にし，温度τの周囲と熱相互作用をさせて，$[\tau, V]$を実現する．なお，今後(A,B)一定を[A,B]と書く．式(1.173)を標語的に述べると次のようになる．

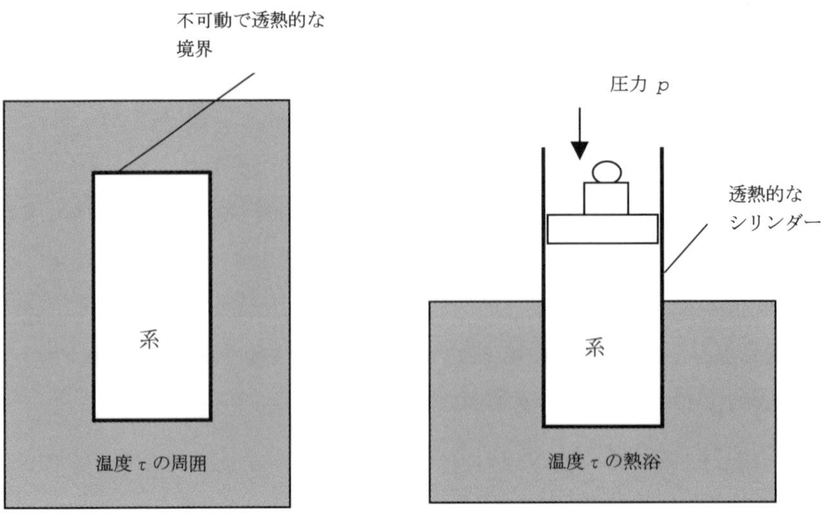

(a) 温度と体積が一定の系では，Helmholtz エネルギーは増加しない

(b) 温度と圧力が一定の系では，Gibbs エネルギーは増加しない

図 1.5　平衡状態への移行過程の代表的な二つの例

温度と体積が変化しない閉じた系の，Helmholtz エネルギーは増加しない．

c．(τ, p)一定　式(1.171)において $d\tau = dp = 0$ とし，つぎのように変形する．

$$\left[dU - \tau dS + pdV = d(u - \tau S + pV) = dG \le 0\right]_{\tau, p} \tag{1.174}$$

となる．図 1.5(b)に示すように，シリンダー－ピストン機構で作られる体積内にある流体を系とし，ピストン上の重錘により，系の圧力が p の一定値になるようにする．また，シリンダーの壁は透熱的であり，温度 τ の温浴に接している．このようにして，系は周囲と温度 τ の熱相互作用と，圧力が p の仕事相互作用をすることになる．式(1.174)を標語的に述べると

温度と圧力が変化しない閉じた系の，Gibbs エネルギーは増加しない．

のようになり，可能なあらゆる変化はGibbsエネルギーが減少する方向に向かうので，与えられた温度と圧力における平衡状態においては，Gibbs エネルギーが最小になるに違いない．また，平衡状態においては式(1.174)が等号になるので，平衡状態から離れようとするすべての変化に対して

$$(dG = 0)_{\tau,p} \qquad \text{平衡状態} \qquad (1.175)$$

が成り立つであろう．数学の言葉では，Gibbsエネルギーが停留するという．

異なる拘束の下での式(1.172)や 式(1.173)に対しても，上と同様なことが言える．しかし，$[U, V]$ や $[\tau, V]$の拘束の対よりも，$[\tau, p]$の拘束の対の方が実験的に容易であるから，相平衡や化学平衡の平衡規準の出発点としては，式(1.175)の$(dG = 0)_{\tau,p}$が賞用されている．

なお，実際の相平衡や化学平衡の決定に際しては

(1) Gibbs エネルギーの変化$(dG)_{\tau,p}$を組成の関数として記述し，これをゼロにする組成を捜す．

(2) Gibbs エネルギー Gそのものを組成の関数として記述し，$[\tau, p]$の下で，これを最小にするような組成を捜す．

の二つの等価な方法のいずれかを使う．

[3] 相平衡の平衡規準　相平衡の問題とは，与えられた温度と圧力(τ, p)における r 成分 P 相$\phi = \alpha, \beta, \gamma, ..., \zeta, \eta, ..., P$状態の系において，各成分が各 P 個の相にどのように分配されるか，言い換えれば P 個の相の組成を決定することである．このような相平衡の状態では，異なるζとηの二つの相の間の成分の移動が，$\zeta \to \eta$ と$\zeta \leftarrow \eta$ の二つの方向で同じ速さになり，見掛け上，相の変化が停止したような状態である．もちろん，このことがすべての成分につき，すべての相の間で成り立っていなければならない．

さて，式(1.175)をこの問題に適用するために，まずは系の Gibbs エネルギー Gを，P 個の相$(\alpha, \beta, \gamma, ..., P)$の Gibbs エネルギー G^{ϕ}の和として

$$G = \sum_{\phi=\alpha}^{P} G^{\phi} \qquad (1.176)$$

のように書く．これの$(dG)_{\tau,p}$を

$$(dG)_{\tau,p} = \sum_{\phi=\alpha}^{P} \left(dG^{\phi}\right)_{\tau,p} \qquad (1.177)$$

のように作り，右辺の$\left(dG^{\phi}\right)_{\tau,p}$に式(1.27)を適用する．

$$(dG)_{\tau,p} = \sum_{\phi=\alpha}^{P}\sum_{i=1}^{r}\mu_i^\phi dN_i^\phi \tag{1.178}$$

ただし，μ_i^ϕ は第 ϕ 番目の相における成分 i の化学ポテンシャルであり，N_i^ϕ は第 ϕ 番目の相における成分 i の物質量である．以上により式(1.175)の平衡規準は

$$\left(\sum_{\phi=\alpha}^{P}\sum_{i=1}^{r}\mu_i^\phi dN_i^\phi = 0\right)_{\tau,p} \tag{1.179}$$

となる．

[例題 1.7]　二成分二相状態($r=P=2$)の系に式(1.179)を適用せよ．

[解答]　二つの相を ζ と η として式(1.179)を書き下す．

$$\left(\mu_1^\zeta dN_1^\zeta + \mu_2^\zeta dN_2^\zeta + \mu_1^\eta dN_1^\eta + \mu_2^\eta dN_2^\eta = 0\right)_{\tau,p} \tag{a}$$

それぞれの成分の全量は一定であるから

$$dN_1^\zeta + dN_1^\eta = 0 \tag{b}$$

$$dN_2^\zeta + dN_2^\eta = 0 \tag{c}$$

となる．これらの三式から dN_i^η を消去する．

$$\left[\left(\mu_1^\zeta - \mu_1^\eta\right) dN_1^\zeta + \left(\mu_2^\zeta - \mu_2^\eta\right) dN_2^\zeta = 0\right]_{\tau,p} \tag{d}$$

上式の dN_1^ζ と dN_2^ζ を仮想変位のように考えると，これらの二つは独立であるから，一方をゼロにしてもよい．そうすることにより

$$\left(\mu_1^\zeta - \mu_1^\eta = 0\right)_{\tau,p} \quad \text{すなわち} \quad \left(\mu_1^\zeta = \mu_1^\eta\right)_{\tau,p} \tag{e}$$

および

$$\left(\mu_2^\zeta - \mu_2^\eta = 0\right)_{\tau,p} \quad \text{すなわち} \quad \left(\mu_2^\zeta = \mu_2^\eta\right)_{\tau,p} \tag{f}$$

であることがわかる．上の二式は，それぞれの分子の二つの相における化学ポテンシャルが等しいことを示している．

(考察)　式(d)は平衡規準であるが，これの式(1.174)に対応する表現式，すなわち実行可能な変化に対する表現式は

$$\left(\mu_1^\zeta - \mu_1^\eta\right) dN_1^\zeta + \left(\mu_2^\zeta - \mu_2^\eta\right) dN_2^\zeta \le 0 \tag{g}$$

である．そして，準静的ではない現実の変化では

$$\left(\mu_1^\zeta - \mu_1^\eta\right) dN_1^\zeta + \left(\mu_2^\zeta - \mu_2^\eta\right) dN_2^\zeta < 0 \tag{h}$$

となる．

式(h)の dN_1^ζ と dN_2^ζ を仮想変位のように考えると，これらの二つは独立であるから，一方の dN_2^ζ をゼロにしてみる．

$$\left(\mu_1^\zeta - \mu_1^\eta\right) dN_1^\zeta < 0 \tag{i}$$

この結果は，$dN_1^\zeta > 0$ ならば $\mu_1^\eta > \mu_1^\zeta$ を，$dN_1^\zeta < 0$ ならば $\mu_1^\zeta > \mu_1^\eta$ を要請している．dN_1^ζ

をゼロにしてみれば，成分 2 について同様な結果になる．

これらは，それぞれの成分がそれの化学ポテンシャルの大きい相から小さい相に移動すること，すなわち化学ポテンシャルは相からの脱出傾向を示すものであり，これが化学ポテンシャルという名称の由来でもある． ■

上の例題は二成分二相状態の系に対するものであるが，これを r 成分 P 相状態の系に拡張することは容易であり

$$\left(\mu_i^{\alpha} = \mu_i^{\beta} = \mu_i^{\gamma} =, \ldots, = \mu_i^{P}\right)_{\tau, p} \quad i = 1,2,3, \ldots, r \tag{1.180}$$

となる．これが与えられた (τ, p) における相平衡の平衡規準である．

[4] 化学平衡の平衡規準 化学平衡の問題とは，与えられた温度と圧力の下で達成される平衡状態における，系内に存在する化学種の組成を決定することである．たとえば，化学種 A と B が化学種 C と D になる反応を

$$\nu_A\mathrm{A} + \nu_B\mathrm{B} \leftrightarrow \nu_C\mathrm{C} + \nu_D\mathrm{D} \tag{R1}$$

と書くとき，→の方向の反応と，←の方向の反応が同じ速さになり，見掛け上，反応が停止したような状態である．

上式のような式を**反応式**(reaction formula)と言い，以下式番号を(R1)，(R2)...などとする．化学種の前に付してある ν を**量論係数**(stoichiometric coefficient)といい，分子等の数や物質量の比率を示す無次元量である．また現実の反応の方向に関わりなく，上式の左辺に書いてある化学種を**反応物質**(reactants)，右辺に書いてある化学種を**生成物質**(products)と呼ぶ習慣である．なお，本書に登場するすべての反応式が付表 13 にまとめてある．

さて，化学平衡における組成を決定するには，想定する化学反応の数が少ない簡単な問題では[2]c.の(1)の方法を使い，反応の数が多いとか，どのような反応を想定すべきかわからないような問題では同(2)の方法を使う．ここでは前者を説明し，後者は4.3.3[2]で解説する．なお，化学反応に関連する事項が理解しにくい読者は，第 4 章を学習した後で，もう一度ここにたちかえると，格段によく理解できるであろう．

化学平衡の議論をするために，まず式(R1)のような反応がどの程度進行するか，あるいは，進行したかを測る量を定義しよう．

a. 反応座標 ε 反応式(R1)を一般化して

$$\sum_i \nu_i \mathrm{A}_i(\mathrm{P}) = 0 \tag{R2}$$

のように書く．ただし，A_i (P)は式(R1)における A や B のような化学種の名称であり，(P)

はA_iの相を指定しており，凝集状態のみで十分な場合には，気体で(g)，液体では(l)，固体では(s)などとなる．それでは不充分な場合には，(グラファイト)や(結晶Ｉ)のような結晶構造まで指定をする．また，ν_iは上述の量論係数であるが，反応物質に対しては負，生成物質に対しては正とする習慣である．

ここでは，系内の反応を式(R2)の一つのみに限定するのであるが，このような場合を単一反応(single reaction)という．しかし一般的には複数個の反応が並列的に起こっていて，これを**並進反応**(multiple reaction)という．以下では単一反応についてのみ議論し，並進反応の場合に対しては結果を示すにとどめる．

さて，始め系内に存在した化学種の物質量が$\boldsymbol{N}_i\left\{N_1, N_2, N_3, \ldots, N_r\right\}$であったものが，$[\tau, p]$の下で化学変化して，物質量が$\boldsymbol{N}_i + d\boldsymbol{N}_i$ $\{N_1 + dN_1, N_2 + dN_2, N_3 + dN_3, \ldots, N_r + dN_r\}$に変化するものとする．各化学種の物質量の変化$dN_i$の比は，反応式(R2)により規制されており$dN_i / \nu_i$は各化学種にわたって同じ値であるに違いない．この値を$d\varepsilon$と書こう．すなわち

$$\frac{dN_i}{\nu_i} = d\varepsilon \qquad i=1,2,3,\ldots,r \tag{1.181}$$

あるいは

$$dN_i = \nu_i d\varepsilon \qquad i=1,2,3,\ldots,r \tag{1.182}$$

である．εを**反応座標**(reaction coordinate, extent of reaction)という．

b．化学平衡の平衡規準　上の[3]における相平衡の場合と同様に，式(1.175)から出発するのであるが，まず$(dG)_{\tau,p}$を式(1.27)により計算する．

$$(dG)_{\tau,p} = \sum_{i=1}^{r} \mu_i dN_i \tag{1.183}$$

上式右辺のdN_iに式 (1.182)を代入すると，次式のようになる

$$\begin{aligned}(dG)_{\tau,p} &= \sum_{i=1}^{r} \mu_i dN_i \\ &= \sum_{i=1}^{r} \nu_i \mu_i d\varepsilon = \left(\sum_{i=1}^{r} \nu_i \mu_i\right) d\varepsilon\end{aligned} \tag{1.184}$$

これで準備ができた．上式の最右辺に式(1.175)を適用する．

$$(dG)_{\tau,p} = \left(\sum_{i=1}^{r} \nu_i \mu_i\right) d\varepsilon = 0 \tag{1.185}$$

$d\varepsilon$は任意の量と考えてよいから

$$\sum_{i=1}^{r} \nu_i \mu_i = 0 \tag{1.186}$$

となる．これが，与えられた温度と圧力の下で達成される単一反応の化学平衡の平衡基準であ

表 1.4　化学反応の量論と平衡規準

	単一反応	並進反応
反応式	$\sum_i \nu_i \mathrm{A}_i(\mathrm{P}) = 0$ (R2)	$\sum_i \nu_i^{(j)} \mathrm{A}_i(\mathrm{P}) = 0 \quad j=1,2,3,\ldots,t$ (R3)
化学種の物質量の変化	$\dfrac{dN_i}{\nu_i} = d\varepsilon \quad i=1,2,3,\ldots,r$ (1.181)	$\dfrac{dN_i^{(j)}}{\nu_i^{(j)}} = d\varepsilon^{(j)}$ $i=1,2,3,\ldots,r$ $j=1,2,3,\ldots,t$ (1.188)
同上の別の表現	$dN_i = \nu_i d\varepsilon \quad i=1,2,3,\ldots,r$ (1.182)	$dN_i^{(j)} = \nu_i^{(j)} d\varepsilon^{(j)}$ $i=1,2,3,\ldots,r$ $j=1,2,3,\ldots,t$ (1.189)
Gibbs エネルギーの停留	$(dG)_{\tau,p} = \left(\sum_{i=1}^{r} \nu_i \mu_i\right) d\varepsilon = 0$ (1.185)	$\left[dG^{(j)}\right]_{\tau,p} = \left[\sum_{i=1}^{r} \nu_i^{(j)} \mu_i\right] d\varepsilon^{(j)} = 0$ $j=1,2,3,\ldots,t$ (1.190)
平衡規準	$\sum_{i=1}^{r} \nu_i \mu_i = 0$ (1.186)	$\sum_{i=1}^{r} \nu_i^{(j)} \mu_i = 0$ $j=1,2,3,\ldots,t$ (1.191)

る．またこの式を式(R1)の形式に対応させて書くならば

$$\nu_A \mu_A + \nu_B \mu_B = \nu_C \mu_C + \nu_D \mu_D \tag{1.187}$$

となり，Gibbs エネルギーが停留していることがよく理解できる．

なお，並進反応の場合には，少し複雑ではあるが同様な計算をする．結果のみを単一反応の場合と対比して，**表 1.4** に示しておいた．ただし，反応の番号を $j = 1,2,3,\ldots,t$ とし，$\nu_i^{(j)}$ は第 j 番目の反応式における第 i 番目の化学種の量論係数，$dN_i^{(j)}$ は第 j 番目の反応による第 i 番目の化学種の物質量の変化，$\varepsilon^{(j)}$ は第 j 番目の反応の反応座標，$dG^{(j)}$ は第 j 番目の反応による Gibbs エネルギーの変化，である．また，"(j)"のように"()"を付すのは，j 乗との混同を避けるためである．なお，式(1.188)から(1.191)は同表中にあることに注意せよ．

1.4.3　相律

Gibbs の相律は，系の示強状態を確定させるに過不足ない独立な示強変数の数を与える法則である．この数を**示強自由度**(intensive degree of freedom)あるいは**可変条件数**(number of variants or variance)という．

一方 **Duhem の定理**(Duhem theorem)は，各成分化学種の全量が指定されている系に対して，系の状態を示強的にも示量的にも確定させるに過不足ない独立な変数の数を与える．

[1] Gibbs の相律　r 成分 P 相$(\alpha, \beta, \gamma, ..., P)$共存で t 個の独立な化学反応が想定される簡単な系の安定平衡状態を考える．各相の示強状態は r+2 個の示強変数$(\tau, p, \boldsymbol{y})$を指定することにより確定する．したがって，すべての相の示強状態を確定させるには，全部で rP+2 個ある$\left(\tau, p, \boldsymbol{y}^{\alpha}, \boldsymbol{y}^{\beta}, \boldsymbol{y}^{\gamma}, ..., \boldsymbol{y}^{P}\right)$を指定すればよい．$(\tau, p, \boldsymbol{y})$のような変数を**相律変数**(phase-rule variables)という．

Gibbs の相律は，すべての相の示強状態を確定させるために指定すべき独立な示強変数の数，すなわち示強自由度 F を決定する．すでに 1.3.4[1]において，r 成分単相で化学変化をしない系では，$F \leq r + 1$であること，すなわちたかだか r+1 であることを学習している．このことから推定すると，現在のもっとも一般的な形の課題に対する答えも，rP+2 より小さいことが予想される．実は，r 成分 P 相共存で，t 個の独立な式(R2)のような化学反応が想定される系に対する F は，

$$F = r + 2 - P - t \tag{1.192}$$

である．以下，これを証明しよう．

さて，上述のように rP+2 個ある$\left(\tau, p, \boldsymbol{y}^{\alpha}, \boldsymbol{y}^{\beta}, \boldsymbol{y}^{\gamma}, ..., \boldsymbol{y}^{P}\right)$の相律変数を指定すれば各相の示強状態は完全に指定される．したがって，これらの rP+2 個の相律変数の間に成り立つ関係の数を勘定し，これを rP+2 から引き算したものが，求める示強自由度 F になるであろう．

関係の数を勘定する．各 P 個の相で式(1.84)のような物質量比の総和が 1 になるという関係があり，これは全部で P 個ある．相平衡に対しては，相間で化学ポテンシャルが等しくなるという式(1.180)の関係があり，各相の化学ポテンシャルはその相の$(\tau, p, \boldsymbol{y})$の関数であるから，この式は$\left(\tau, p, \boldsymbol{y}^{\alpha}, \boldsymbol{y}^{\beta}, \boldsymbol{y}^{\gamma}, ..., \boldsymbol{y}^{P}\right)$の間の関係である．式(1.180)のうちで，独立なものの数は，一つの成分につき P−1 個であるから，全部で$r(P - 1)$個になる．最後に，各化学反応につき式(1.191)のような関係が成り立ち，これも相平衡の場合と同様に，$\left(\tau, p, \boldsymbol{y}^{\alpha}, \boldsymbol{y}^{\beta}, \boldsymbol{y}^{\gamma}, ..., \boldsymbol{y}^{P}\right)$の間の関係であると見なされる．$t$ 個の独立な化学反応を想定しているので，全部で t 個の関係ということになる．以上により
$F = (rP + 2) - [P + r(P - 1) + t] = r + 2 - P - t$ となり，式(1.192)に到達する．なお，独立な化学反応については，4.3.3[1]を参照．

化学反応がない場合には，式(1.192)は

$$F = r + 2 - P \tag{1.193}$$

となる．通常 Gibbs の相律というのはこの式である．すでに 1.3.2 で述べたように，式(1.193)で$P = 1$ とすれば$F = r + 1$であり，このことは Gibbs-Duhem の関係の一つの結果である．

Gibbs の相律に関して二つに注意する．第一は，繰り返し断ったつもりではあるが，ここでいう自由度は示強自由度であり，示強状態を確定させるに必要な示強性質の数を指定してい

る．したがって，示強自由度だけ示強性質を指定しても，一般的には示量的な性質は確定しない．

第 2 は，簡単な系の範囲で議論する限りにおいては，複数の成分が均一に混じりあって組成が変化しない単相の系は，一つの純粋物質の単相の系と見なされるということである．固溶体，混合液および混合気体がその例である．成分すなわち分子の種類を区別しようとすれば，分割を分子の大きさのオーダーまで小さくして副系を作らなければならない．そうすると各副系は分子一つとか二つとかを含むことになり簡単な系ではありえない．

[2] Duhem の定理　体積が変化してもしなくてもよい容器に，始め複数の化学種を $N_{i,0}$, $i=1,2,3,...,r$ だけ封入しておいて，化学反応も許す．Duhem の定理は，このような系の状態を示強的にも示量的にも確定させるために指定すべき，過不足ない独立な変数がわずかに二つであると主張している．その数の二つは系の状態を確定させるに必要な変数の数と，これらの変数の間を平衡規準や物質収支により関係付ける独立な関係の数の差である．この 2 も一種の自由度ではあるが，[1]の示強自由度 F とはあきらかに異なる．

勘定の結果は**表 1.5** に示してあるが，まず系の状態を確定させるに必要な変数の数を勘定しよう．このような系の状態は温度と圧力の 2 個と，各相における各分子の物質量の rP 個の，合計 $2 + rP$ を与えれば完全に決まりそうである．

しかしながら，到達された平衡状態における各分子の物質量は，与えられた $N_{i,0}$ ではなく，化学反応により別の N_i, $i=1,2,3,...,r$ になっているので，この N_i の値が必要である．そこで，これを知るにはどうすればよいかを考えよう．

この系は，式(R3)の化学反応をしており，その内の第 j 反応により式(1.189)を積分した

表 1.5　Duhem の定理のための条件数の勘定

系の状態を確定させるに必要な変数 (A)	(A)の数	変数の間を関係付ける独立な関係 (B)	(B)の数
温度と圧力	2	物質量の収支 式(1.179)	r
各相における各分子の物質量	rP	相平衡の関係 式(1.159)	$r(P-1)$
独立な化学反応の反応座標	t	化学平衡の関係 式(1.173)	t
合計	$2+rP+t$	合計	$r + r(P-1) + t$

$$\left(N_i - N_{i,0}\right)^{(j)} = \nu_i^{(j)} \varepsilon^{(j)}$$

$$i=1,2,3,...,r,\quad j=1,2,3,...,t \tag{1.194}$$

だけの物質量の変化がある．ただし，上式に含まれる$N_{i,0}$は始めに与えられた第i番目の化学種の物質量であり，$\varepsilon^{(j)}$は第j番目の反応の反応座標である．また，上式左辺の$\left(N_i - N_{i,0}\right)^{(j)}$は第$j$番目の反応による第$i$番目の化学種の物質量の変化である．したがって，$t$個の反応により第$i$番目の化学種の物質量は

$$N_i = N_{i,0} + \sum_{j=1}^{t} \nu_i^{(j)} \varepsilon^{(j)} \qquad i=1,2,3,...,r \tag{1.195}$$

のように変化する．つまり，t個のN_i，$i=1,2,3,...,r$を知るためには，t個の反応座標$\varepsilon^{(j)}$ $j=1,2,3,...,t$が必要になる．

以上により，上記の$2+rP$個の値とt個の反応座標$\varepsilon^{(j)}$の合計$2+rP+t$個が必要になる．これらは表の始めの二つの欄に記入してある．

つぎに，この$2+rP+t$個の変数の間を関係付ける独立な関係の数を勘定しよう．まずは，物質量の収支である．第ϕ番目の相にある第i番目の化学種の物質量をN_i^{ϕ}とすれば，これらのP個の相にわたる和は式(1.195)のN_iに一致するはずである．

$$\sum_{\phi=\alpha}^{P} N_i^{\phi} = N_i \qquad i=1,2,3,...,r \tag{1.196}$$

この関係はr個ある．つぎは相平衡の関係式(1.180)で，このような関係は[1]で学んだように$r(P-1)$個だけある．最後は化学平衡の関係式(1.191)で，t個だけある．これらは表の最後の二つの欄に示してある．

以上で変数の数と，関係の数のすべてがわかったので，これらの差を計算する．

変数の数－関係の数

$$= (2 + rP + t) - [r + r(P-1) + t] = 2 \tag{1.197}$$

すなわち，指定すべき変数(性質)の数は二つである．以上の結果を標語的にまとめると，つぎのようになる．

> 成分化学種の物質量が与えられている系の安定平衡状態は，二つの独立な性質を指定することにより決まる．

表 1.6　Duhem の定理のために指定すべき示量性質の数

形式	Gibbs の相律による示強自由度 F	Duhem の定理により状態を確定するために与える示量性質の数
Ⅰ	0	2
Ⅱ	1	1
Ⅲ	2	0
Ⅳ	≥3	0

これが Duhem の定理である．独立な性質は示強的であっても示量的であってもよいが，示強性質の数は Gibbs の相律により決まるので，Duhem の定理により与える示量性質の数は表 **1.6** のようになる．

Duhem の定理は Gibbs の相律ほど有名ではない．しかし，きわめて一般的な定理であるにもかかわらず，驚くほど簡単に表現されており，深い内容を含んでいる．なお，Duhem の定理は系の状態を示強的にも示量的にも確定させることにかかわっており，Gibbs の相律は，系の各相の状態を示強的に確定させることにかかわっている．このような理由で，"Duhem の定理"と呼び，"Duhem の相律"とは呼ばれない．

[例題 1.8]　**(1)**　単成分で化学反応のない(r=1，t=0)系につき，表 1.6 のⅠ，ⅡおよびⅢの各形式を，適当な例を作って解説せよ．式(1.193)により F=3-P である．

(2)　二成分単相で化学反応のない(r = 2，P = 1，t=0)系につき，表 1.6 の形式Ⅳを，適当な例を作って解説せよ．式(1.193)により F=3 である．

[解答]　解答の要点を表 **1.7** に示す．

(1)　形式Ⅰ：固気液共存の三相(P = 3)とする．

(Gibbs の相律)　三相であるから，式(1.193)により F =0 である．これは，純粋物質の三重状態であり，F=0 で各相の示強状態はまったく自動的に確定する．すなわち，各相の示強性質は確定する．

(Duhem の定理)　前提により，物質量は N と与えられている．与えるべき示量性質の数は，表 1.6 に示してあるように二つである．系の状態を示量的に確定するためには，Duhem の定理に則り，二つの示量性質，たとえば体積 V と内部エネルギー U を指定しておく．その上で，系の状態が示量的に確定するや否やを検討することにする．

固気液の物質量をそれぞれ N^S，N^V および N^L とすると，物質量，体積および内部エネル

表 1.7　[例題 1.8]の解答で指定した性質

<table>
<tr><th rowspan="2">問題</th><th rowspan="2">表 1.6 における形式</th><th rowspan="2">選定した系</th><th rowspan="2">Gibbs の相律に対して指定した性質</th><th colspan="2">Duhem の定理において指定した性質</th></tr>
<tr><th>定理の前提として</th><th>定理に対して</th></tr>
<tr><td rowspan="3">(1)
単成分で
反応なし
$r = 1$
$t = 0$</td><td>I</td><td>固気液共存の系
$P = 3$</td><td>ない
$F = 0$</td><td>物質量 N</td><td>いずれも示量変数である体積 V と内部エネルギー U の二つ</td></tr>
<tr><td>II</td><td>気液共存の系
$P = 2$</td><td>示強変数の温度 τ の一つ
$F = 1$</td><td>物質量 N</td><td>示強変数の温度 τ と，示量変数の体積 V の二つ</td></tr>
<tr><td>III</td><td>気相単相の系
$P = 1$</td><td>いずれも示強変数である温度 τ と圧力 p の二つ
$F = 2$</td><td>物質量 N</td><td>いずれも示強変数である温度 τ と圧力 p の二つ</td></tr>
<tr><td>(2)
二成分
単相で
反応なし
$r = 2$
$P = 1$
$t = 0$</td><td>IV</td><td>"A"-"B"の
二成分単相の系
$P = 1$</td><td>いずれも示強変数である温度 τ，圧力 p および"A"の物質量比の三つ
$F = 3$</td><td>"A"の物質量 N_A と"B"の物質量 N_B</td><td>いずれも示強変数である温度 τ と圧力 p の二つ</td></tr>
</table>

ギーの関係は

$$N^S + N^L + N^V = N \tag{a}$$

$$N^S v^S + N^L v^L + N^V v^V = V \tag{b}$$

$$N^S u^S + N^L u^L + N^V u^V = U \tag{c}$$

となる．これらの三式において，(N, V, U) は与えてある．また，Gibbs の相律により示強性質は確定しているので，モル体積 (v^S, v^L, v^V) とモル内部エネルギー (u^S, u^L, u^V) は既知である．ゆえに，これらの三式を解いて N^S，N^V および N^L を求めることができ，それらを使えばエントロピー S やエンタルピー H などのほかのすべての示量性質を，各相にわたり，したがって系に対して決定することができる．

形式II： 気液共存の二相 $(P = 2)$ とする．

(Gibbs の相律) 二相であるから F=1 である．温度を与えることにする．すると**蒸気圧**(vapor pressure)の関係により，これに対応する圧力がきまる．これで相が確定する．すなわち，各相の示強性質は確定する．

(Duhem の定理)　前提により，物質量は N と与えられている．与えるべき示量性質の数は一つである．系の状態を示量的に確定するためには，Duhem の定理に則り，Gibbs の相律で指定した温度の他に，一つの示量性質，たとえば体積 V を指定しておく．その上で，系の状態が示量的に確定するや否やを検討することにする．

　気液の物質量をそれぞれ N^V および N^L とすると，物質量および体積の関係は

$$N^L + N^V = N \tag{d}$$

$$N^L v^L + N^V v^V = V \tag{e}$$

となる．これらの三式において，(N, V)は与えてある．また，Gibbs の相律により示強性質は確定しているので，モル体積(v^L, v^V)は既知である．ゆえに，これらの二式を解いてN^V およびN^Lを求めることができ，それらを使えば内部エネルギー U やエントロピー S などの，他のすべての示量性質がきまる．

形式Ⅲ： 気相のみの単相$(P = 1)$とする．

（Gibbs の相律） 単相であるから F=2 である．温度と圧力を与えることにする．すると状態方程式等によりその他の示強性質がきまり，相の状態が確定する．

（Duhem の定理） 前提により，物質量は N と与えられている．与えるべき示量性質の数はゼロである．系の状態を示量的に確定するために，Duhem の定理に則り，二つの示強性質として，Gibbs の相律でも指定した温度と圧力を指定しておく．その上で，系の状態が示量的に確定するや否やを検討することにする．

Gibbs の相律により示強状態は確定しているのでモル量の$(v, u, \ldots)$等は既知である．体積や内部エネルギーなどの関係は

$$Nv = V \tag{f}$$

$$Nu = U \tag{g}$$

………

となる．このようにして，他のすべての示量性質がきまる．

(2) ″A″-″B″の二成分単相$(r = 2,\ P=1)$とする．

（Gibbs の相律） 温度，圧力および成分 A の物質量比$y_A = N_A/(N_A + N_B)$を与えることにする．y_Bは$y_B=1-y_A$により決まる．すると状態方程式等によりその他の示強性質が決まり，相の状態が確定する．

（Duhem の定理） 前提により，両方の成分の物質量N_AとN_Bと与えられている．与えるべき示量性質の数は，表 1.6 にも示してあるようにゼロである．Duhem の定理に則り，二つの示強性質として，Gibbs の相律でも指定した温度と圧力を指定しておく．その上で，系の状態が示量的に確定するや否やを検討しよう．

N_AとN_Bの両方が与えられている．また，Gibbs の相律により示強状態は確定しているのでモル量の$(v, u, \ldots)$等は既知である．したがって，体積や内部エネルギーなどの関係は

$$Nv = V \tag{h}$$

$$Nu = U \tag{i}$$

………

となる．このようにして，他のすべての示量性質がきまる． ■

2. 純粋物質

この章では純粋物質，二つの理想化した純粋物質，および純粋物質の**理想気体**(ideal gas)からの**偏倚**(departure)などについて学習する．これらの内ではじめの二つについては，読者はすでに修めているはずである．しかしながら，本書への橋渡しになるような事項について復習と確認をしておく．3 番目に学習する，現実の純粋物質の理想気体からの偏倚という考え方は，第 3 章の混合物の熱力学に引き継がれるものである．

2.1 純粋物質

純粋物質の熱力学の復習からはじめよう．なお，複数の成分が均一に混じりあっている単相の系は，一つの相と見なしてよいので，その相からのみなる系の全体としての性質は純粋物質の関係を満足する．したがってこの節の単一相に対する議論をそのまま適用することができる．

2.1.1 純粋物質の挙動

一定圧力の純粋物質の体積と温度の関係を，図 **2.1** によって検討しよう．縦軸に温度，横

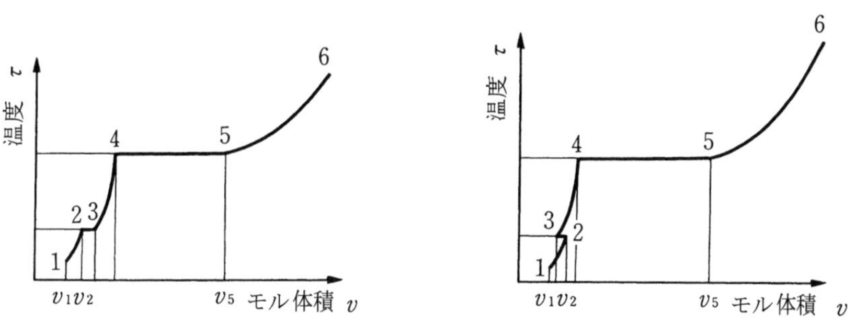

(a) 融解に際し膨張する物質　　(b) 融解に際し収縮する物質

図 2.1 等圧変化における温度と体積の関係

軸にモル体積をとった等圧線である．1，2の範囲では固体，3，4の範囲では液体，5，6の範囲では気体であり，2，3 の範囲では**固液共存状態**(liquid-solid equilibrium)，4，5の範囲では**気液共存状態**(vapor-liquid equilibrium)にある．2，3，4 および5においては物質は単相範囲の限界にあり，**飽和限界**(saturation boundary)にあるという．

上の二つの共存状態においては，単成分**二相共存状態**(two-phase equilibrium)であるから，Gibbs の相律式(1.193)により示強自由度は 1 であり，圧力一定であるから，温度も一定である．また，式(1.180)の平衡規準により，両端での化学ポテンシャル，すなわち両端でのモルGibbsエネルギーが等しいので，両相の物質量比が変化してもモルGibbsエネルギーは一定に保たれる．

図の(a)と(b)では**融解**(melting or fusion)に際する体積変化の仕方が異なっている．前者では膨張し，後者では逆に収縮する．たとえば二酸化炭素は前者に水は後者に属する．

上図のような$\tau - v$関係を多くの圧力に対して求めておき，それらを圧力の順に上下方向に積み重ねて立体表示すると，**図2.2**のような面になる．図の(a)は融解に際して膨張する，図の(b)は逆に収縮するような物質である．太線で囲まれた領域では物質は固液，気液あるいは固気のいずれかの二相共存状態にあり，特に**三重線上**(triple line)では固気液三相共存状態にある．なお，図の(b)では固体の曲面が固液共存領域の影をしている．

以下このような曲面の性状を検討する．

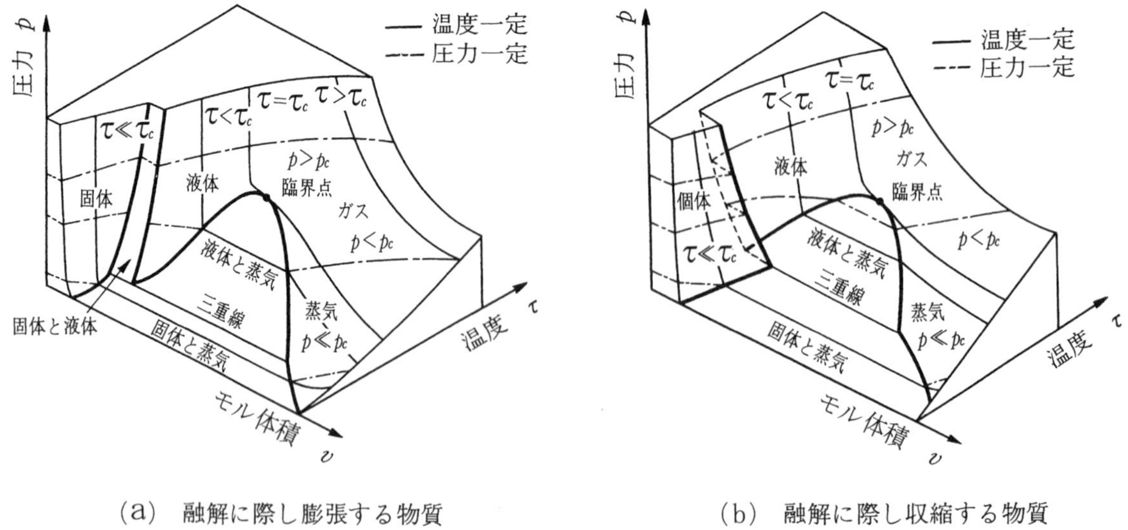

(a)　融解に際し膨張する物質　　　(b)　融解に際し収縮する物質

図2.2　物質の$p - v - \tau$面

(性状 1)　共存領域では一対の (τ, p) に対して体積のみ変化するので，共存領域の面は p-τ 面に直角になる．また固液共存の面を p-τ 面に投影して得られる**融解曲線**(fusion line)の勾配は図の(a)では正，すなわち $dp/d\tau > 0$ であるが，図の(b)では負，すなわち $dp/d\tau < 0$ である．この相違は，融解温度の圧力変化に顕著な差をもたらす．

(性状 2)　固気共存と気液共存については，それが可能な圧力あるいは温度に上限がある．前者では**三重状態**(triple state)の (τ, p) が，後者では**臨界点**(critical point)の (τ, p) が上限である．一方，固液共存が可能な圧力あるいは温度には上限がない．

臨界点における (τ, p, v) などの値を**臨界定数**(critical constants)と呼ぶが，臨界定数と三重状態の (τ, p) のいくつかの例を付表 **3** に示す．

図 2.2 からあきらかなように，通常三重点と呼ばれる三重状態は点ではなく，モル体積には一定の範囲の値が許される．したがって，その他のモル量にも一定の範囲の値が許される．**図 2.3** の u-v-s の立体表示は，この点をもっと明瞭に示している．三相共存は三重状態三角形 ABC の範囲で可能であり，A 点では気相のみ，B 点では液相のみ，C 点では固相のみになる．任意の三重状態では，これらの三点における気体，液体および固体が特定の比率で共存する．つまり三相の相対的物質量には一定の範囲(全部固相から全部気相)が許される．

(性状 3)　臨界点を通過する等温線を**臨界等温線**(critical isotherm)と呼ぶ．この等温線は臨界点において次のような関係を満足する．

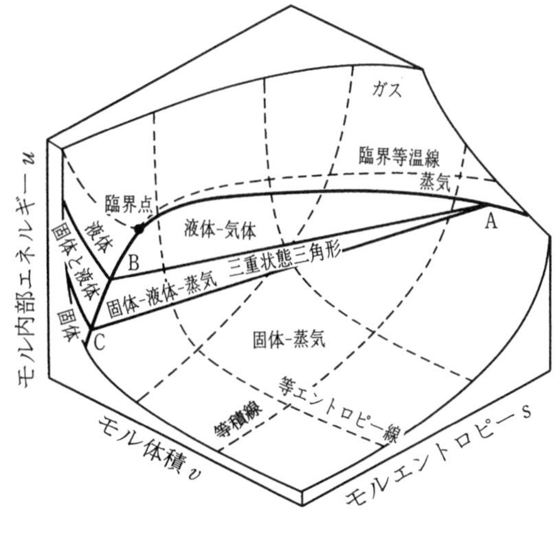

図 2.3　物質の u - v - s 面

$$\left(\frac{\partial p}{\partial v}\right)_\tau = \left(\frac{\partial^2 p}{\partial v^2}\right)_\tau = 0 \tag{2.1}$$

$$\left(\frac{\partial^3 p}{\partial v^3}\right)_\tau < 0 \tag{2.2}$$

（性状 4） 臨界点を迂回すれば，気体から液体へは共存状態を経由せずに移れる．しかし，気体や液体から固体へは共存状態を経なくては移れない．

2.1.2 潜熱と二相共存状態

[1] 相変化の用語 凝集状態の変化に際しては，通常不均質状態を経由する．このような変化を**相転移**(phase transition)あるいは**相変化**(phase change)という．単成分の系が相変化する際には，Gibbs の相律式(1.192)において，$r = P = 1$, $t = 0$であるから F=1 である．したがって，一定の圧力では温度も一定である．また，この間の熱は系のエンタルピー増加に等しいのであった．一定の圧力において融解，**蒸発**(evaporation, vaporization)および**昇華**(sublimation)する際の熱を，**融解エンタルピー**(enthalpy of fusion)，**蒸発エンタルピー**(enthalpy of evaporation)および**昇華エンタルピー**(enthalpy of sublimation)などという．いま考えている単成分系の相変化では，圧力一定であれば温度が変化しないので，このような熱を**潜熱**(latent heat)と呼ぶ習慣がある．また，上で考えた相変化に付随するエントロピー，体積および内部エネルギーなどの変化についても類似な名称を用い，**蒸発エントロピー**(entropy of evaporation)，**昇華体積**(volume of sublimation)，**融解内部エネルギー**(internal energy of fusion)などと呼ぶ．

上記のような相変化の温度，体積増加，エンタルピー増加およびエントロピー増加などの，標準大気圧 p_0 = 0.101325 MPa = 1 atm における値に対しては，これらの名称に"標準"を冠して呼ぶ習慣である．付表 4 にいくつかの物質に対して，**標準融点**(standard temperature of melting)，**標準融解エンタルピー**(standard enthalpy of fusion)，**標準沸点**(standard temperature of evaporation) および**標準蒸発エンタルピー**(standard enthalpy of evaporation)などの値を示す．

なお，相変化の用語では，融解や蒸発など非平衡現象を暗示する用語が用いられている．しかし，これらは熱力学的には平衡状態にかかわるものであることを忘れてはならない．また，第 4 章の反応系の熱力学における標準圧力は p° = 0.1 MPa であり，これは標準大気圧 p_0 よりわずかに低い．

[2]　二相共存状態　二相共存状態の系の性質は，系を各相からなる副系に分割することにより，各相の性質から導くことができるのであった．[1]で述べたいずれの相の対，あるいは異なる結晶構造の固相の対に対しても議論は同じであるから，気液共存状態を例にとって復習をしておこう．

さて，単成分の系では，化学ポテンシャルはモル Gibbs エネルギーに等しく，モル Gibbs エネルギーは気液両相で相等しいので，$g^L = g^V = g$ と書くことにする．そして(τ, p)における二相共存状態から，それに近接した$(\tau + d\tau,\ p + dp)$における同種の二相共存状態への変化を考える．共存する気液相の変化に対して，Gibbs-Duhem の関係(1.73)を適用して

$$s^V d\tau - v^V dp + dg = 0 \tag{2.3}$$

$$s^L d\tau - v^L dp + dg = 0 \tag{2.4}$$

と書く．ただし，$N_1 = N = 1$および$N_{i,i \neq 1} = 0$として，モル量に移った．これらの二式から dg を消去すれば

$$\left(\frac{dp}{d\tau}\right)_{\text{気液共存}} = \frac{\Delta s^{vap}}{\Delta v^{vap}} \tag{2.5}$$

$$\Delta s^{vap} = s^V - s^L \tag{2.6}$$

$$\Delta v^{vap} = v^V - v^L \tag{2.7}$$

のようになる．Δs^{vap} およびΔv^{vap} は，それぞれ蒸発エントロピーおよび**蒸発体積**(volume of evaporation)である．

一方，一定の圧力において，単位物質量の液体が気体になる二相共存領域の変化では $ds = dh$ で，しかも温度は一定であるから次式が成り立つ．

$$\begin{aligned} \tau\left(s^V - s^L\right) &= \tau \Delta s^{vap} \\ &= h^V - h^L = \Delta h^{vap} \end{aligned} \tag{2.8}$$

上式を式(2.5)に代入する．

$$\left(\frac{dp}{d\tau}\right)_{\text{気液共存}} = \frac{\Delta s^{vap}}{\Delta v^{vap}} = \frac{\Delta h^{vap}}{\tau \Delta v^{vap}} \tag{2.9}$$

これが，気液共存状態に対する **Clausius-Clapeyron** の式(Clausius-Clapeyron equation)である．これを固液共存に適用すれば

$$\left(\frac{dp}{d\tau}\right)_{\text{固液共存}} = \frac{\Delta s^{fus}}{\Delta v^{fus}} = \frac{\Delta h^{fus}}{\tau \Delta v^{fus}} \tag{2.10}$$

となる．ただし，Δs^{fus}，Δv^{fus}およびΔh^{fus}はそれぞれ，**融解エントロピー**(entropy of fusion)，**融解体積**(volume of fusion)および**融解**エンタルピーである．図 2.1 の(a)のように，一定圧力における融解に際して膨張する物質$\Delta v^{fus} > 0$では$\left(dp/d\tau\right)_{\text{固液共存}} > 0$，すなわち圧力とともに融解温度は高くなる．しかし，同図(b)におけるように，$\Delta v^{fus} < 0$の

物質においては，$(dp/d\tau)_{固液共存} < 0$，すなわち圧力とともに融解温度は低くなる．液体の水と氷の固液平衡は後者の顕著な例である．

最後に二相共存状態の系の示量性質とモル量を，各相の性質から導く方法を考える．二相共存状態の系の示量性質を Ξ で代表させ，それを系の全物質量 N で割ることによって作られるモル量を $\xi = \Xi/N$ とする．再び気液二相共存状態を例にとる．Ξ は液相の値 Ξ^L と気相の値 Ξ^V の和であるから

$$\Xi = \Xi^L + \Xi^V \tag{2.11}$$

となる．また，Ξ^L と Ξ^V を気液各相の物質量 N^L と N^V によりモル量で表現すると

$$\Xi^L = N^L \xi^L \tag{2.12}$$

$$\Xi^V = N^V \xi^V \tag{2.13}$$

これらの二式を式(2.11)に代入して N で割り，相間物質量比 Ω を導入する．

$$\xi = \frac{\Xi}{N} = \frac{N^L}{N}\xi^L + \frac{N^V}{N}\xi^V = (1 - \Omega)\xi^L + \Omega\xi^V \tag{2.14}$$

$$\Omega = \frac{N^V}{N} \tag{2.15}$$

$$1 - \Omega = 1 - \frac{N^V}{N} = \frac{N - N^V}{N} = \frac{N^L}{N} \tag{2.16}$$

たとえば，式(2.14)を体積に適用すれば，混合物のモル体積は，それぞれの相のモル体積にそれぞれの相の物質量比を乗じて加えたものである．なお，物質量に質量を使う場合には N^V / N を乾き度(dryness fraction)あるいはクオリティ(quality)という．

2.2 純粋物質の理想的挙動と理想的挙動からの偏倚

物質の挙動に対して簡単な数式関係を仮定すれば，それに基づいていろいろな性質を導いて性質の間の関係を確立することができる．そのような仮定が許される場合，物質は理想的で理想的にふるまうという．しかし"理想"は式が簡単で計算が容易であることを意味するにすぎず，文字通りに理想的であるとか，好ましいとかいう意味ではない．

2.2.1 理想気体

"理想"，"半理想"，"完全"あるいは"半完全"などが冠せられる気体の p-v-τ 関係は次の状態方程式を満足する．

$$pv = R\tau \tag{2.17}$$

$$R = \overline{M}\underline{R} = 8314.510\ \mathrm{J/(kmol \cdot K)} \tag{2.18}$$

ただし，R=**気体定数**(gas constant)あるいは**一般気体定数**(universal gas constant)[J/(kmol·K)]，$\overline{M}$ = 分子量 [kg/kmol あるいは無次元]，$\underline{R}$=特定の物質の 1kg あたりの気体定数 [J/(kg·K)]，v=モル体積[m^3/kmol]，である．この関係を満足する気体の(u, h, c_v, c_p)はたかだか温度のみの関数である．上の状態方程式に従う気体は，"理想気体"，"半理想気体"，"完全ガス"，"半完全ガス"．．．などとよばれているが，本書では，比熱が温度の関数である場合を"理想気体"，比熱が一定である場合を**"比熱が変化しない理想気体"**，R を気体定数，と呼ぶことにしよう．わが国の機械工学の分野では，通常これらをそれぞれ"半理想気体"，"理想気体"，および"一般気体定数"と呼んでいる．

実際，低圧高温の気体の p-v-τ 関係は式(2.17)でよく近似されるのであるが，その程度を図 **2.4** により検討しよう．図は水の圧力一定に対する $\tau - v$ 図であるが，飽和蒸気線上と過熱領域中に記入してある数値は，$\left(\left|v_{蒸気表} - v_{理想気体}\right| / v_{蒸気表}\right) \times 100$ の値，すなわち理想気体からの偏差の%である．破線の右側の気体領域では，この値は 1%より小さい．

さて，比熱が温度の関数である理想気体の基本的な関係を以下に取りまとめておくが，これらはすべて比熱から導かれるものである．

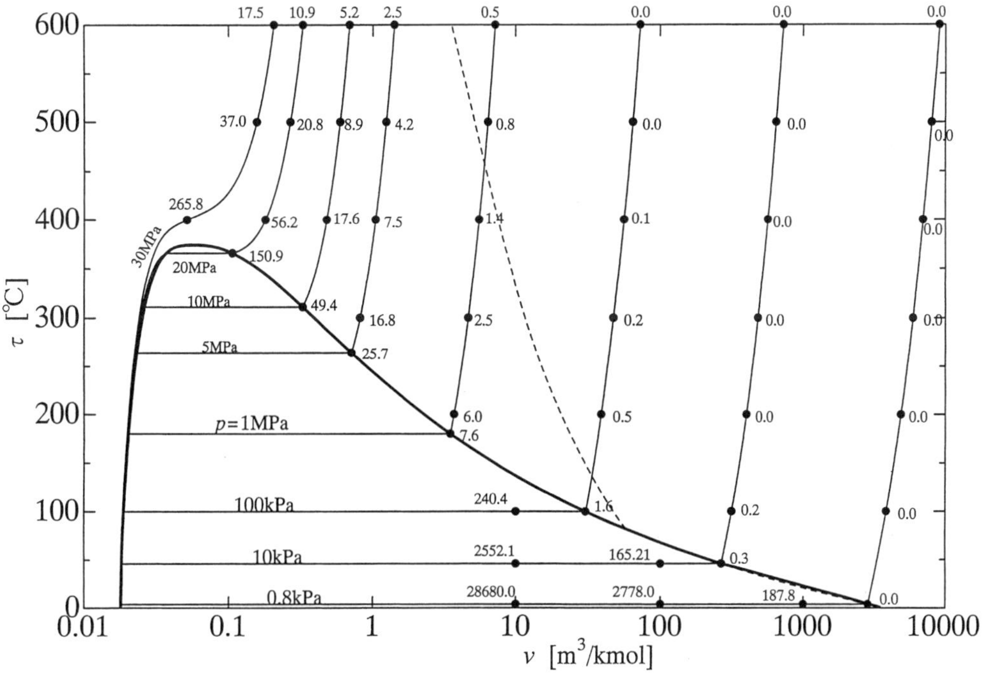

図 2.4　水の理想気体領域

[1]　u と h　それぞれの微分は

$$du = c_v(\tau)\ d\tau \tag{2.19}$$

$$dh = c_p(\tau)\ d\tau \tag{2.20}$$

また，これらの有限温度範囲$(\tau^*,\ \tau)$の変化は

$$u(\tau) - u(\tau^*) = \int_{\tau^*}^{\tau} c_v(\tau)\ d\tau \tag{2.21}$$

$$h(\tau) - h(\tau^*) = \int_{\tau^*}^{\tau} c_p(\tau)\ d\tau \tag{2.22}$$

である．なお，内部エネルギーやエンタルピーの絶対値はきまらない．

[2]　s　微分は

$$ds = \frac{c_v(\tau)}{\tau}\,d\tau + \frac{R}{v}\,dv \tag{2.23}$$

$$ds = \frac{c_p(\tau)}{\tau}\,d\tau - \frac{R}{p}\,dp \tag{2.24}$$

$$ds = \frac{c_p\left(\dfrac{pv}{R}\right)}{v}\,dv + \frac{c_v\left(\dfrac{pv}{R}\right)}{p}\,dp \tag{2.25}$$

である．ただし，式(2.25)における比熱の引数は，$\tau = pv\,/\,R$による温度である．また，これらの有限範囲$(\tau^*,\ p^*,\ v^*)$から$(\tau,\ p,\ v)$の間での変化は

$$s(\tau,\ v) - s(\tau^*,\ v*) = \int_{\tau^*}^{\tau} \frac{c_v(\tau)}{\tau}\,d\tau + R\ln\frac{v}{v^*} \tag{2.26}$$

$$s(\tau,\ p) - s(\tau^*,\ p*) = \int_{\tau^*}^{\tau} \frac{c_p(\tau)}{\tau}\,d\tau - R\ln\frac{p}{p^*} \tag{2.27}$$

$$s(p,\ v) - s(p^*,\ v*) = \int_{v^*,p}^{v,p} \frac{c_p\left(\dfrac{pv}{R}\right)}{v}\,dv + \int_{p^*,v}^{p,v} \frac{c_v\left(\dfrac{pv}{R}\right)}{p}\,dp \tag{2.28}$$

である．なお，**熱力学の第三法則**(the third law of thermodynamics)によりエントロピーの絶対値をきめることができ，そのようなエントロピーを**絶対エントロピー** (absolute entropy)という．通常の応用ではその必要はないが，第 4 章では必要あって絶対エントロピーを使うので，下の[4]で絶対エントロピーの表の例を示す．

[例題 2.1]　比熱が温度によらない理想気体のモル Gibbs エネルギーは

$$g(\tau,\ p) = c_p\tau(1 - \ln \tau) + R\tau \ln p - s^*\tau + u^* \tag{2.29}$$

である．ただし，s^* と u^* はエントロピーや内部エネルギーの式に含まれる定数である．$(\tau,\ p)$ の関数として

(1) モル体積

(2) モルエントロピー

(3) モル内部エネルギー

(4) モルエンタルピー

(5) モル Helmholtz エネルギー

(6) 音速(velocity of sound, sonic velocity)

を導け．ただし，音速 a は無限小の等エントロピー変化による乱れが物質中を伝播する速度であり

$$a = \sqrt{\frac{v}{\overline{M}\beta_s}} \tag{2.30}$$

である．ここに v および $\overline{M}$ は，それぞれモル体積および分子量であり，β_s は次式で定義される等エントロピー圧縮係数(isentropic compressibility) である．

$$\beta_s = -\frac{1}{v}\left(\frac{\partial v}{\partial p}\right)_s \tag{2.31}$$

[解答] (1) モル体積：式(1.29)を純粋物質の単位物質量に適用して

$$v = \left(\frac{\partial g}{\partial p}\right)_\tau = \frac{R\tau}{p} \tag{2.32}$$

これは式(2.17)の状態方程式である．

(2) モルエントロピー：式(1.28)を純粋物質の単位物質量に適用して

$$\begin{aligned} s &= -\left(\frac{\partial g}{\partial \tau}\right)_p = -c_p(1 - \ln \tau) + c_p - R \ln p + s^* \\ &= c_p \ln \tau - R \ln p + s^* \end{aligned} \tag{2.33}$$

これは式(2.27)で定圧比熱 c_p を一定としたものである．

(3) モル内部エネルギー：式(1.26)を単位物質量に適用すれば

$$u = g - pv + \tau s \tag{a}$$

となる．これに，与えられている g と上で求めた v および s を代入する．

$$
\begin{aligned}
u &= c_p\tau\left(1 - \ln\tau\right) + R\tau\ln p - s^*\tau + u^* \\
&\quad - p\frac{R\tau}{p} + \tau\left(c_p\ln\tau - R\ln p + s^*\right) \\
&= \left(c_p - R\right)\tau + u^* = c_v\tau + u^*
\end{aligned}
\tag{2.34}
$$

ただし，周知の $c_p - c_v = R$ を使った．これは式(2.21)を定積比熱一定として積分したものである．

(4) モルエンタルピー：式(1.21)を単位物質量に適用した $h = u + pv$ に，式(2.32)による $pv = R\tau$ および式(2.34)を代入する．

$$
\begin{aligned}
h &= c_v\tau + u^* + R\tau = \left(c_v + R\right)\tau + u^* \\
&= c_p\tau + u^*
\end{aligned}
\tag{2.35}
$$

これは式(2.22)を定圧比熱一定として積分したものである．

(5) モル Helmholtz エネルギー：式(1.16)と(1.26)により

$$
f = g - pv \tag{2.36}
$$

である．これに，与えられている g と式(2.32)による $pv = R\tau$ を代入する．

$$
\begin{aligned}
f &= c_p\tau\left(1 - \ln\tau\right) + R\tau\ln p - s^*\tau + u^* - R\tau \\
&= c_p\tau\left(1 - \ln\tau\right) + R\tau\left(\ln p - 1\right) - s^*\tau + u^*
\end{aligned}
\tag{2.37}
$$

(6) 音速：まず，比熱一定の理想気体の等エントロピー変化に対しては，**比熱比**(ratio of specific heats) を κ として

$$
\kappa = \frac{c_p}{c_v} \tag{2.38}
$$

$$
pv^{\kappa} = \text{一定} \tag{2.39}
$$

が成り立つので，これを $v = Cp^{-\frac{1}{\kappa}}$ と書いておいて，式(2.31)の等エントロピー圧縮係数を計算する．

$$
\beta_s = -\frac{p^{\frac{1}{\kappa}}}{C}\left(-\frac{C}{\kappa\ p^{\frac{\kappa+1}{\kappa}}}\right) = \frac{1}{\kappa\ p} \tag{2.40}
$$

ついで，これを音速の式(2.30)に代入して，$pv = R\tau$ を使う．

$$
a = \sqrt{\frac{v\kappa p}{\underline{\underline{M}}}} = \sqrt{\frac{\kappa R\tau}{\underline{\underline{M}}}} = \sqrt{\kappa \underline{R}\tau} \tag{2.41}
$$
■

[3] *ガス表*　現在ガス表(gas table)と呼ばれているのは，Keenan, Chao & Kaye: Thermodynamic Properties of Air, Including Polytropic Functions, Wiley,

2nd.(SI units), 1983 であり，理想気体の性質の表と，理想気体の計算に便利な表が収録してある．

表に収録されているもので，本書に関係するのは，理想気体の定圧比熱，定積比熱，比熱比 κ，音速 a，内部エネルギー，エンタルピー，**相対体積**(relative volume) v_r

$$\ln\frac{v}{v^*} = \ln v_r = -\int_{\tau^*}^{\tau}\frac{c_v(\tau)/R}{\tau}\,d\tau \tag{2.42}$$

$$v_r = \frac{v}{v^*} \tag{2.43}$$

相対圧力(relative pressure) p_r

$$\ln\frac{p}{p^*} = \ln p_r = \int_{\tau^*}^{\tau}\frac{c_p(\tau)/R}{\tau}\,d\tau \tag{2.44}$$

$$p_r = \frac{p}{p^*} \tag{2.45}$$

および**エントロピー関数**(entropy function)

$$\underline{\phi}(\tau) = \int_{\tau^*}^{\tau}\frac{c_p(\tau)}{\tau}\,d\tau \tag{2.46}$$

などであるが，[kg]当たりの表と[mol]当たりの表が混ざっている．図 **2.5** の太い曲線は一つの等エントロピー線である．相対体積と相対圧力は，図の"*"の点と"なし"の点の体積比と圧力比である．なお，エントロピー関数という名称はあまり普及していない．**付表 6** はガス表の空気の部分を粗い間隔で抜粋したものである．元の表では 100K から 1999K の間は 1K 間隔で，2000K から 3595K の間は 5K 間隔，というようにたいへん細かく作表してある．実用の数表では，このように十分に細かい間隔を採用すべきであり，さもないと内挿して使う際の計算精度が不足する．

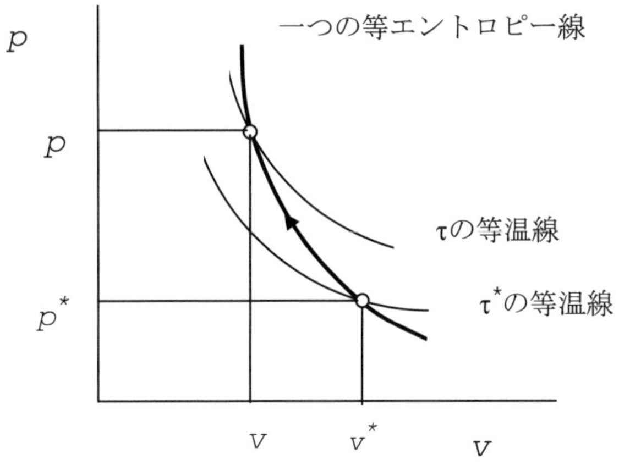

図 2.5　ガス表の相対体積と相対圧力

一方，付表 7 に著者が作成した"ガス表"であるが，元祖のガス表と紛らわしくなるので，"擬似ガス表"という名前にしてある．作成方法は表の冒頭に説明してある．なお，印刷スペースの関係で，温度間隔は十分に細かくはなっていない．以下では，ガス表の使い方を，説明する．

さて，式(2.27)と(2.46)により，"1"→"2"の任意の過程に対するエントロピー変化を

$$s(\tau_2) - s(\tau_1) = \phi(\tau_2) - \phi(\tau_1) - R \ln \frac{p_2}{p_1} \tag{2.47}$$

のように書き，右辺の始めの二項はガス表から引き，最後の項は電卓などで計算する．

つぎに，一つの等エントロピー線上の二つの点"1"と"2"に対しては，式(2.26)と(2.42)により，あるいは式(2.27)と(2.44)により

$$\left[\frac{v_r(\tau_2)}{v_r(\tau_1)} = \frac{v_{r2}}{v_{r1}} = \frac{v_2}{v_1}\right]_{s_2 = s_1} \tag{2.48}$$

および

$$\left[\frac{p_r(\tau_2)}{p_r(\tau_1)} = \frac{p_{r2}}{p_{r1}} = \frac{p_2}{p_1}\right]_{s_2 = s_1} \tag{2.49}$$

となる．式(2.48)により，$(\tau_1, \tau_2, v_1, v_2)$の内の三つを与え，残りの一つを求めることができ，式(2.49)により，$(\tau_1, \tau_2, p_1, p_2)$の内の三つを与え，残りの一つを求めることができる．

[例題 2.2] (1)　ノズル入り口"1"における空気の温度と圧力が 300K および 1MPa であり，等エントロピー的に膨張して出口"2"で 900kPa になる．付表 7 を使って，出口の温度を求めよ．

(2)　空気を比熱一定の理想気体とし，付表 5 の比熱比を使って(1)を解け．

[解答] (1)　式(2.49)において，$p_2 / p_1 = 0.2$，付表 7(h)により $p_{r1} = 1.3801$ であるから

$$p_r(\tau_2) = p_{r2} = \frac{p_2}{p_1} p_{r1} = 0.2 \times 1.3801 = 0.27602 \tag{a}$$

となる．この p_r になる温度を付表 7(h)から内挿する．

$$\tau_2 = 100 + \frac{200 - 100}{0.33476 - 0.029780} \times (0.27602 - 0.029780) = 180.7 \text{ K} \tag{b}$$

(2) 付表 5 により $\kappa = 1.402$．比熱一定の理想気体の等エントロピー変化の式により

$$\tau_2 = \left(\frac{p_2}{p_1}\right)^{\frac{\kappa-1}{\kappa}} \tau_1 \tag{2.50}$$

表 2.1　ガス表の抜粋

τ [K]	p_r [-]
189	0.27470
190	0.27981

であるから

$$\tau_2 = 0.2^{\frac{1.402-1}{1.402}} \times 300 = 0.6304 \times 300 = 189.1\ \mathrm{K} \qquad \text{(c)}$$

(考察)　(1)の答えの方が正確そうであるが，本来のガス表で(1)を計算しなおしてみることにより，実はそうでないことを示す．巻末収録の擬似ガス表の値は，300K のところで本来のガス表(付表 6 ではないが，付表 6 には本来のガス表の 300K のところの値がたまたま抜粋してある)の値に合わせてあるから，$p_{r1} = 1.3801$ はそのまま使ってよい．したがって，式(a)の $p_{r2} = 0.27602$ もそのまま使える．そこで，本来のガス表により内挿しなおしてみる．この付近の温度では p_r 等は 1K 間隔で作表してあり，$p_{r2} = 0.27602$ の近辺においては表 **2.1** のようになっている．これを使って，式(b)の内挿をしなおす．

$$\tau_2 = 189 + \frac{190 - 189}{0.27981 - 0.27470} \times (0.27602 - 0.27470) = 189.3\ \mathrm{K} \qquad \text{(d)}$$

これは(2)の答え(c)に大変近い．

以上によりわかることは，(1)この温度範囲では，比熱が変化する効果はほとんどない．(2)(b)と(d)がよく一致しないのは，巻末収録の擬似ガス表の作表間隔がおおむね 100K であり，内挿して使うには粗すぎるからである．　■

[4]　熱化学表　このような邦語の呼び方が定着しているわけではないが，つぎに紹介する二つの物性値表などには，理想気体の性質などが収録してある．JANAF 表はこの種の表のうちでは代表的なものであり，最新の版は Chase, Jr. et al.: JANAF Thermochemical Tables, 3rd ed., National Bureau of Standards, 1985 である．また，Barin 表の最新の版は Barin: Thermochemical Data of Pure Substances, 3rd ed., 1995, VCH である．

JANAF 表と Barin 表の概要を表 **2.2** に示す．

JANAF 表に収録してあるもののなかで，ここでの議論に関係するものは，定圧比熱 c_p，25°C に相対的なエンタルピー $h(\tau) - h(25°\mathrm{C})$，および絶対エントロピー $s_{abs}(\tau,\ 0.1\ \mathrm{MPa})$ である．ただし，0.1 MPa は熱化学表の標準圧力であり，本書では $p°$ と書く．

表 2.2　JANAF 表と Barin 表の概要

(a) JANAF 表の CO_2　　Chase, Jr. et al.: JANAF Thermochemical Tables, 3rd ed., National Bureau of Standards, 1985

J1	J2	J3	J4	J5	J6	J7	J8
T K	C_p° $JK^{-1}mol^{-1}$	S° $JK^{-1}mol^{-1}$	$-[G^\circ - H^\circ(T_r)]/T$ $JK^{-1}mol^{-1}$	$H^\circ - H^\circ(T_r)$ $kJmol^{-1}$	$\Delta_f H^\circ$ $kJmol^{-1}$	$\Delta_f G^\circ$ $kJmol^{-1}$	$LogK_f$ -
298.15	37.129	213.795	213.795	0	-393.522	-394.389	69.095
500	44.627	234.901	218.290	8.305	-393.666	-394.939	41.259
1000	54.308	269.299	235.901	33.397	-394.623	-395.886	20.679
2000	60.350	309.293	263.574	91.439	-394.784	-396.333	10.351
3000	62.229	334.169	283.218	152.852	-400.111	-395.461	6.886

(b) Barin 表の CO_2　　Barin: Thermochemical Data of Pure Substances, 3rd ed., 1995, VCH

B1	B2	B3	B4	B5	B6	B7	B8	B9	B10
T K	C_p J/(K mol)	S J/(K mol)	$-(G-H298)/T$ J/(K mol)	H kJ/mol	$H-H298$ kJ/mol	G kJ/mol	$\Delta_f H$ kJ/mol	$\Delta_f G$ kJ/mol	$logK_f$ -
298.15	37.132	213.770	213.770	-393.505	0	-457.240	-393.505	-394.364	69.091
500	44.625	234.880	218.266	-385.198	8.307	-502.638	-393.666	-394.903	41.255
1000	54.308	269.280	235.879	-360.105	33.400	-629.384	-394.626	-395.810	20.675
2000	60.349	309.275	263.553	-302.062	91.443	-920.612	-396.561	-396.223	10.348
3000	62.228	334.150	283.198	-240.649	152.856	-1243.100	-398.965	-395.578	6.888

(c) 欄の説明

欄	説　明	欄	説　明
J1/B1	温度	J5/B6	$H^\circ(T_r) = \Delta_f H^\circ(298)$, $H298 = \Delta_f H(298)$
J2/B2	定圧比熱	B7	$H-TS$=(B5)-(B1)×(B3)
J3/B3	絶対エントロピー	J6/B8	温度 T における標準生成エンタルピー
J4/B4	$-[H^\circ - TS^\circ - H^\circ(T_r)]/T$ = -J5/J1 + J3 $-(H - TS - H298)/T$ = -B6/B1 + B3	J7/B9	温度 T における標準生成 Gibbs エネルギー
B5	$H-H298+\Delta_f H(298)$=B6+B8(298)	J8/B10	温度 T における生成反応の平衡定数の常用対数 $LogK_f = -\Delta_f G^\circ / 2.30259R\tau$　2.30259 = ln 10 あるいは $logK_f = -\Delta_f G / 2.30259R\tau$

1) J1/B1 以外は 0.1MPa における値.　2) T_r, 298 および (298) はすべて 298.15 K=25°C

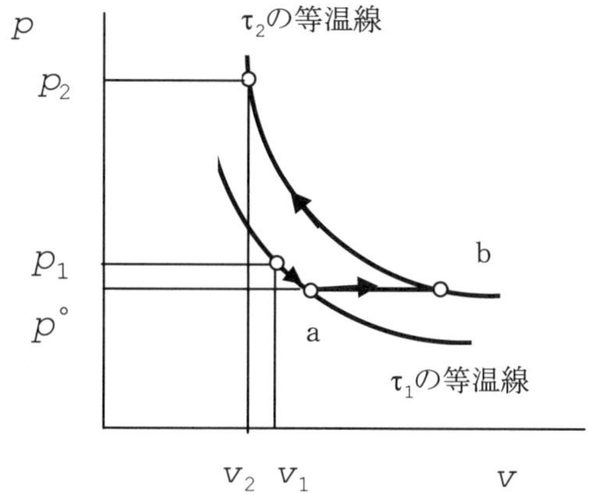

図 2.6　JANAF 表によるエントロピーの計算

さて，付表 8 はいくつかの理想気体に対する JANAF 表の抜粋であり，c_p は表の c_p の欄に，$h(\tau) - h(25°\mathrm{C})$ は表の $h - h^*$ の欄に，$s_{abs}(\tau,\ 0.1\ \mathrm{MPa})$ は表の s の欄に，小数第 2 位に丸めた値で示してある．元の表は小数第 3 位まで数値が与えてある．他の欄については第 4 章で説明する．なお，分子記号の右の $\overline{M}$ は分子量である．

$h(\tau) - h(25°\mathrm{C})$ の使い方は自明であるから，$s°(\tau) = s_{abs}(\tau,\ 0.1\ \mathrm{MPa})$ を使って，任意の"1"→"2"の状態変化に対するエントロピー変化の計算方法を示そう．**図 2.6** における，添え字 1 の点から添え字 2 の点への変化である．式(2.27)を図の→印の経路に対して適用する．1→a と b→2 は等温変化であり，a→b は 0.1MPa における等圧変化であるから

$$
\begin{aligned}
s(\tau_2,\ p_2) - s(\tau_1,\ p_1) &= -R\ln\frac{p°}{p_1} + s°(\tau_2) - s°(\tau_1) - R\ln\frac{p_2}{p°} \\
&= s°(\tau_2) - s°(\tau_1) - R\ln\frac{p_2}{p_1}
\end{aligned}
\tag{2.51}
$$

となる．これは，$(\tau,\ p)$ で状態を指定する形式の式(2.27)に対応する式である．$(\tau,\ v)$ で状態を指定する形式の式(2.26)に対応する式や，$(p,\ v)$ で状態を指定する形式の式(2.28)に対応する式は，上式に $pv = R\tau$ を適用して，それぞれつぎのように求めることができる．

$$
s(\tau_2,\ v_2) - s(\tau_1,\ v_1) = s°(\tau_2) - s°(\tau_1) - R\ln\frac{\tau_2 v_1}{\tau_1 v_2} \tag{2.52}
$$

$$
s(p_2,\ v_2) - s(p_1,\ v_1) = s°\left(\frac{p_2 v_2}{R}\right) - s°\left(\frac{p_1 v_1}{R}\right) - R\ln\frac{p_2}{p_1} \tag{2.53}
$$

さて，上三つの式によりエントロピーの等しい二つの状態"1"と"2"は次式を満足する．

$$s^\circ(\tau_2) - s^\circ(\tau_1) - R\ln\frac{p_2}{p_1} = 0 \tag{2.54}$$

$$s^\circ(\tau_2) - s^\circ(\tau_1) - R\ln\frac{\tau_2 v_1}{\tau_1 v_2} = 0 \tag{2.55}$$

$$s^\circ\left(\frac{p_2 v_2}{R}\right) - s^\circ\left(\frac{p_1 v_1}{R}\right) - R\ln\frac{p_2}{p_1} = 0 \tag{2.56}$$

式(2.54)により$(\tau_1, \tau_2, p_1, p_2)$のうちの 3 個から残りの一つを，式(2.55)により$(\tau_1, \tau_2, v_1, v_2)$のうちの 3 個から残りの一つを，式(2.56)により(p_1, p_2, v_1, v_2)のうちの 3 個から残りの一つを求めることができる．

[5] 比熱の式 式(2.26)から(2.28)のように，比熱のc_pやc_vあるいはこれらと温度の比c_p/τやc_v/τを，温度でしばしば積分する．したがって，理想気体の比熱を温度の関数として表現しておくと便利である．二つの比熱は $c_p - c_v = R$で関係しているから，いずれか一方の比熱の式があればよく，通常定圧比熱の式を準備する．$A + B\tau + C\tau^2 + ...$型の多項式が一般的であるが，ときには指数が負であったり分数や小数であったりする．一例として

$$\frac{c_p}{R} = \frac{\underline{c}_p}{\underline{R}} = A + B\tau + C\tau^2 + D\tau^3 + e\tau^{-2} \tag{2.57}$$

$$\underline{c_p} = \frac{\underline{c}_p}{M} \tag{2.58}$$

形式の多項式に対する係数を付表 9 に収録する．

[例題 2.3] 低圧の空気 1kmol を等圧的に 100°C から 600°C にするに要する熱を次の五つの方法により計算せよ．

(1) 一定の定圧モル比熱(付表 5)

(2) ガス表(付表 6)

(3) 擬似ガス表(付表 7)

(4) JANAF 表(付表 8)

(5) 定圧比熱の多項式(付表 9)

また，300K，0.1MPa の窒素を等エントロピー的に加圧して 600 K にする．終わりの圧力を次の四つの方法で計算せよ．

(6) 一定の比熱比(付表 5)

(7) 次の表 **2.3** に示す窒素のガス表の抜粋

(8) 擬似ガス表(付表 7)

(9) JANAF 表(付表 8)

[解答] (1) 付表 5 により c_p = 29.05 kJ/(kmol·K) であるから

$$q_{12} = c_p(\tau_2 - \tau_1) = 29.05 \times (600 - 100) = 14525 \text{ kJ/kmol} \tag{a}$$

(2) 付表 6 から，$\underline{h_1}$ に対しては 350K と 375K の間で内挿して $\underline{h_1}$ = 374.09 kJ/kg と求め，$\underline{h_2}$ に対しては 850K と 900K の間で内挿して $\underline{h_2}$ = 903.16 kJ/kg と求める．また，同表の下辺に記入してある $\overline{M}$ = 28.964 kg/kmol により

$$q_{12} = \overline{M}(\underline{h_2} - \underline{h_1}) = 28.964 \times (903.16 - 374.09) = 15324 \text{ kJ/kmol} \tag{b}$$

(3) 付表 7(h) を使う．h_1 に対しては 300K と 400K の間で内挿して，h_1 = 10838.4 kJ/kmol，h_2 に対しては 800K と 900K の間で内挿して h_2 = 24686.3 kJ/kmol と求める．この二つにより

$$q_{12} = h_2 - h_1 = 24686.3 - 10838.4 = 13848 \text{ kJ/kmol} \tag{c}$$

(4) 混合物である空気の値は収録されていない．空気を，物質量比が y_{O_2} = 0.2095 の酸素と，y_{N_2} = 0.7905 の窒素の理想気体混合物と見なし，周知のつぎの式で計算する．

$$q_{12} = y_{O_2}(h_2 - h_1)_{O_2} + y_{N_2}(h_2 - h_1)_{N_2} \tag{d}$$

上式の四つのモルエンタルピーを，**付表 8** から下の**表 2.4** のように内挿しておいて計算する．なお，$h(25°\text{C}) = h^*$ の部分は相殺する．

$$q_{12} = 0.2095 \times (18330 - 2230) + 0.7905 \times (17370 - 2190) = 15341 \text{ kJ/kmol} \tag{e}$$

表 2.3　窒素のガスの抜粋

τ [K]	300	600
p_r [-]	1.0243	11.984

表 2.4　JANAF 表(付表 8)からの内挿

τ [°C]	$(h - h^*)_{O_2}$ [kJ/kmol]	$(h - h^*)_{N_2}$ [kJ/kmol]
100	2230	2190
600	18330	17370

(5) 付表 9 の空気の係数を使って式(2.22)の積分を実行する.

$$\frac{h_2 - h_1}{R} = A(\tau_2 - \tau_1) + \frac{B}{2}(\tau_2^2 - \tau_1^2) + \frac{C}{3}(\tau_2^3 - \tau_1^3)$$
$$= 3.300 \times (600 - 100) + \frac{0.7433 \times 10^{-3}}{2}$$
$$\times (873.15^2 - 373.15^2) + \frac{-0.1081 \times 10^{-6}}{3}$$
$$\times (873.15^3 - 373.15^3) = 1859.5\ \mathrm{K} \tag{f}$$

$$q_{12} = h_2 - h_1 = 1859.5\ \mathrm{K} \times 8.31451\ \mathrm{kJ/(kmol\cdot K)}$$
$$= 15461\ \mathrm{kJ/kmol} \tag{g}$$

(6) 付表 5 により $\kappa = 1.400$. 比熱一定の理想気体の等エントロピー変化の式により

$$p_2 = \left(\frac{\tau_2}{\tau_1}\right)^{\frac{\kappa}{\kappa-1}} p_1 \tag{2.59}$$

により

$$p_2 = 11.31 \times 0.1 = 1.131\ \mathrm{MPa} \tag{h}$$

(7) 式 (2.28)により

$$p_2 = \frac{p_r(\tau_2)}{p_r(\tau_1)} p_1 \tag{i}$$

p_r は与えてあるから

$$p_2 = \frac{11.894}{1.0243} \times 0.1 = 1.161\ \mathrm{MPa} \tag{j}$$

(8) 付表 7(c)により $p_{r1} = 1.0243$ および $p_{r2} = 11.847$. 式(i)を使い次のように計算する.

$$p_2 = \frac{11.847}{1.0243} \times 0.1 = 1.157\ \mathrm{MPa} \tag{k}$$

表 2.5 空気の等圧加熱のいろいろな計算法

問題の番号	(1)	(2)	(3)	(4)	(5)
q_{12} [MJ/kmol]	14.53	15.32	13.85	15.34	15.46

表 2.6 窒素の等エントロピー圧縮のいろいろな計算法

問題の番号	(6)	(7)	(8)	(9)
p_2 [MPa]	1.131	1.161	1.157	1.162

(9) 式 (2.51)により

$$p_2 = p_1 \exp \frac{s^\circ(\tau_2) - s^\circ(\tau_1)}{R} \tag{2.60}$$

であり，付表 8 により $s^\circ(300\ \mathrm{K}) = 191.79\ \mathrm{kJ/(kmol\cdot K)}$ および $s^\circ(600\ \mathrm{K}) = 212.18\ \mathrm{kJ/(kmol\cdot K)}$ であるから

$$p_2 = 0.1 \times \exp \frac{212.18 - 191.79}{8.31451} = 1.162\ \mathrm{MPa} \tag{1}$$

以上の答えを，**表 2.5** と**表 2.6** にまとめて示す． ■

2.2.2 理想定体積物質

固体や臨界点にあまり近くない液体の体積は温度・圧力の変化に対して鈍感であり，等圧**膨張係数**(isobaric expansion coefficient) α

$$\alpha = \frac{1}{v}\left(\frac{\partial v}{\partial \tau}\right)_p \tag{2.61}$$

や式(1.109)の等温圧縮係数 β_τ が小さく，温度や圧力に対する体積の小さい変化を無視することがある．このような近似が妥当であることを示すために，**表 2.7** にいくつかの物質の β_τ と α を，**表 2.8** に 0.1 MPa の水の β_τ と α などを示す．体積を不変とする理想化を，通常は**非圧縮性**(incompressible)近似というが，圧力効果のみに言及しているように誤解されやすい．

表 2.7 等温圧縮係数 β_τ と等圧膨張係数 α の例

物　質	β_τ $\left[\frac{1}{\mathrm{MPa}}\right]$	α $\left[10^{-3}\ \frac{1}{\mathrm{K}}\right]$
理想定体積物質 1)	0	0
20˚Cの軟鉄	5.9×10^{-6}	0.0035
20˚Cの液体の水 2)	0.46×10^{-3}	0.21
理想気体	10 3)	3.4 4)

1) 理想定体積物質の定義 v =一定 による．
2) 0.1 MPa における値．著者らの"流体の熱物性値プログラム･パッケージ PROPATH"により計算した．
3) 等温圧縮係数 β は温度によらず $1/p$ であり，0.1 MPa における値は $\beta_\tau = 1/p = 1/(0.1\ \mathrm{MPa}) = 10\ \ 1/\mathrm{MPa}$ となる．
4) 等圧膨張係数 α は圧力によらず $1/\tau$ であり，20˚C における値は $\alpha = 1/\tau = 1/(293.05\ \mathrm{K}) = 3.41\times10^{-3}\ \ 1/\mathrm{K}$ となる．

表 2.8　0.1MPa における水のいくつかの性質

τ [°C]	v $\left[\frac{m^3}{kmol}\right]$	β_τ $\left[\frac{1}{MPa}\right]$	α $\left[10^{-3}\frac{1}{K}\right]$	c_p $\left[\frac{kJ}{kmol\cdot K}\right]$	$c_p - c_v$ $\left[\frac{kJ}{kmol\cdot K}\right]$	$\frac{c_p - c_v}{c_p}$ [%]	$\frac{\alpha^2 v\tau}{c_p\beta_\tau}$ [2) [%]
0	0.0180	0.000510	-0.0802[3)]	76.2	0.0621	0.0815	0.0815
10	0.0180	0.000478	0.0874	75.4	0.0817	0.108	0.108
99.5	0.0188	0.000490	0.747	76.0	7.98	10.5	10.5
100 [4)]	30.6	10.2	2.88	36.8	9.32	25.3	25.3
200	39.1	10.1	2.16	35.6	8.59	24.1	24.1
300	47.5	10.0	1.76	36.3	8.43	23.3	23.3

1) 著者らの"流体の熱物性値プログラム・パッケージ PROPATH"により計算した.

2) 本文に説明してあるように，最後の二欄の数値は一致すべきである.

3) 等圧膨張係数は通常正であるが，常に正であるとはかぎらない. 融点(氷点)の近傍の液体において$\alpha < 0$であることは，水の著しい特徴である. つまり，暖めると縮む.

4) 1 bar においては，飽和温度の 99.63°C以上では過熱蒸気，それ以下では圧縮水の状態である.

さて，二つの比熱に対して $c_p - c_v > 0$ であるが. その差は **Mayer の関係**(Mayer relation)により次式となる.

$$c_p - c_v = \frac{\alpha^2 v\tau}{\beta_\tau} \tag{2.62}$$

表 2.8 には 0.1 MPa の水の $(c_p - c_v)/c_p = \alpha^2 v\tau / c_p\beta_\tau$ の値が示してある. 飽和状態に近くない**圧縮液**(compressed liquid)においては，この値は小さい. 以上により，本書では

$$v = 一定 \quad および \quad c_p = c_v = c \tag{2.63}$$

を**理想定体積近似**と呼び，その近似を許す物質を**理想定体積物質**あるいは**理想定体積流体**と名付けることにする.

以下，理想定体積物質における性質の変化の関係を導くことにする.

一般的には，内部エネルギー，エンタルピーおよびエントロピーの変化は，それぞれ

$$\begin{aligned} du &= c_v d\tau + \left[\tau\left(\frac{\partial p}{\partial \tau}\right)_v - p\right]dv \\ &= c_v d\tau + \left(\frac{\alpha\tau}{\beta_\tau} - p\right)dv \end{aligned} \tag{2.64}$$

$$\begin{aligned} dh &= c_p d\tau - \left[\tau\left(\frac{\partial v}{\partial \tau}\right)_p - v\right]dp \\ &= c_p d\tau + (1 - \alpha\tau)\, v dp \end{aligned} \tag{2.65}$$

$$ds = \frac{c_v}{\tau}d\tau + \left(\frac{\partial p}{\partial \tau}\right)_v dv \\ = \frac{c_v}{\tau}d\tau + \frac{\alpha}{\beta_\tau}dv \tag{2.66}$$

であるが，これらをそれぞれ次のように近似する．

$$du = c d\tau \quad \text{理想定体積近似} \tag{2.67}$$

$$dh = c d\tau + v dp \quad \text{理想定体積近似} \tag{2.68}$$

$$ds = \frac{c}{\tau}d\tau \quad \text{理想定体積近似} \tag{2.69}$$

ただし，式(2.63)により二つの比熱の差は小さいので，比熱を単に c と書いた．

さらに，理想化をすすめて比熱 c を一定とすれば，上の三式を任意の(τ^*, p^*)から別の任意の(τ, p)まで積分することができて

$$u - u^* = c(\tau - \tau^*) \quad \text{理想定体積近似，比熱一定} \tag{2.70}$$

$$h - h^* = c(\tau - \tau^*) + v(p - p^*) \quad \text{理想定体積近似，比熱一定} \tag{2.71}$$

$$s - s^* = c \ln \frac{\tau}{\tau^*} \quad \text{理想定体積近似，比熱一定} \tag{2.72}$$

$$h^* = u^* + vp^* \tag{2.73}$$

ただし，u^*，h^* および s^* は，(τ^*, p^*)における内部エネルギー，エンタルピーおよびエントロピー値である．また，式(2.73)は $h = u + pv$ と整合させるための関係である．

[例題 2.4] (1) [例題 2.1]において，比熱一定の理想気体の音速を式(2.41)のように導いた．比熱が温度の関数である理想気体の音速を求め，同じ式が使えるかどうか検討せよ．

(2) 理想定体積物質中の音速を求めよ．

(3) 等エントロピー圧縮係数 β_s を比熱比 κ と等温圧縮係数 β_τ で表現せよ．

(4) (3)の結果と表2.8を使って，0.1 MPaで10℃における液体の水と，100℃における気体の水の音速を求めよ．

[解答] (1) [例題2.1]において等エントロピー圧縮係数を求めるために使った式(2.39)は，ここでは使えない．そこで，式(2.25)を使って，等エントロピー圧縮係数を求めることにする．同式で $ds = 0$ として変形する．

$$\left(0 = c_v \frac{dp}{p} + c_p \frac{dv}{v}\right)_s \tag{2.74}$$

ただし，この式に含まれる二つの比熱は，$\tau = pv / R$ の関係を介して圧力とモル体積の関数である．さらに，変形して式(2.31)の等エントロピー圧縮係数を作る．

$$\left(-\frac{1}{v}\frac{dv}{dp} = \frac{1}{p}\frac{c_v}{c_p} = \frac{1}{pc_p / c_v}\right)_s \tag{2.75}$$

上式において，$ds = 0$におけるdv / dpは$\left(\partial v/\partial p\right)_s$である．また，$c_p / c_v$は局所的な温度における比熱比$\kappa(\tau)$である．したがって，上式により式(2.31)の等エントロピー圧縮係数は

$$\beta_s = \frac{1}{\kappa(\tau)p} \tag{2.76}$$

となる．これは比熱一定の場合の式(2.40)と同形式である．

以上により，比熱一定の理想気体に対する音速の式(2.41)は，比熱が温度の関数である場合にも使えるが，局所的な温度における比熱比を代入しなければならない，という結論になる．このことは，音速が無限小の等エントロピー変化にかかわるものであり，有限の温度変化に対する比熱の変化の効果が，顕在化しないことによるものである．

(2)　式(2.31)を

$$\beta_s = -\frac{1}{v}\left(\frac{\partial v}{\partial p}\right)_s = -\left(\frac{\partial \ln v}{\partial p}\right)_s \tag{2.77}$$

と書く．定体積であるから$\ln v$も変化しない．したがって

$$\beta_s = 0 \qquad \text{理想定体積物質} \tag{2.78}$$

となり，式(2.41)による音速は無限大である．

$$a = \infty \qquad \text{理想定体積物質} \tag{2.79}$$

(3)　定積比熱は式(1.108)により$c_v = \tau\left(\partial s/\partial \tau\right)_v$であり，定圧比熱$c_p$は

$$c_p = \left(\frac{\partial h}{\partial \tau}\right)_p = \left(\frac{\partial h}{\partial s}\right)_p\left(\frac{\partial s}{\partial \tau}\right)_p = \tau\left(\frac{\partial s}{\partial \tau}\right)_p \tag{2.80}$$

である．これらにより比熱比κは

$$\kappa = \frac{c_p}{c_v} = \left(\frac{\partial s}{\partial \tau}\right)_p\left(\frac{\partial \tau}{\partial s}\right)_v \tag{2.81}$$

となる．さらに，周知の**連鎖微分**(chain derivative)の関係

$$\left(\frac{\partial X}{\partial Y}\right)_Z\left(\frac{\partial Y}{\partial Z}\right)_X\left(\frac{\partial Z}{\partial X}\right)_Y = -1 \tag{2.82}$$

を使って変形すれば，つぎのような求める関係に到達する．

$$\kappa = \left(\frac{\partial s}{\partial \tau}\right)_p \left(\frac{\partial \tau}{\partial s}\right)_v = \left[-\left(\frac{\partial s}{\partial p}\right)_\tau \left(\frac{\partial p}{\partial \tau}\right)_s\right]\left[-\left(\frac{\partial \tau}{\partial v}\right)_s \left(\frac{\partial v}{\partial s}\right)_\tau\right]$$
$$= \left[\left(\frac{\partial v}{\partial s}\right)_\tau \left(\frac{\partial s}{\partial p}\right)_\tau\right]\left[\left(\frac{\partial p}{\partial \tau}\right)_s \left(\frac{\partial \tau}{\partial v}\right)_s\right] = \left(\frac{\partial v}{\partial p}\right)_\tau \left(\frac{\partial p}{\partial v}\right)_s \tag{2.83}$$
$$= \left[-\frac{1}{v}\left(\frac{\partial v}{\partial p}\right)_\tau\right] \Big/ \left[-\frac{1}{v}\left(\frac{\partial v}{\partial p}\right)_s\right] = \frac{\beta_\tau}{\beta_s}$$

ただし，式 (1.109) の等温圧縮係数 β_τ の定義式，式 (2.31) の等エントロピー圧縮係数 β_s の定義式を使った.

(4) 音速を式(2.41)により計算するにはモル体積 v，等エントロピー圧縮係数 β_s および分子量 $\overline{M}$ が必要である. v は表に出ている. β_s は式(2.83)により次式で計算する.

$$\beta_s = \frac{\beta_\tau}{\kappa} \tag{2.84}$$

β_τ は表に出ているが，κ は表の $(c_p - c_v)/c_p$ を仮りに χ として

$$\chi = \frac{c_p - c_v}{c_p} = 1 - \frac{1}{\kappa} \tag{2.85}$$

$$\kappa = \frac{1}{1-\chi} \tag{2.86}$$

のようにして求める.

以上により，下の表 **2.9** のように計算する．なお，付表 3 により，水の分子量は $\overline{M}$ = 18.02 kg/kmol である．通常は定体積の近似をする 10°C の水(圧縮水)においては，比熱比がほとんど 1 で，等エントロピー圧縮係数が大変に小さく，音速は無限大ではないが，大変に大きい，ことなどに注意せよ. ■

[例題 2.5] (1) τ_{m1} = 1200 K の N_m=0.1 kmol の金属片(純鉄として約 6 kg)を炉から取り出して，τ_{w1} = 300 K の N_w=10 kmol の水(約 180 kg)が入っている水槽に入れて平衡に達するまで放置する. (i) 平衡する温度 τ_2，(ii) エントロピーの変化 ΔS，はいくらか. ただし，金属片の比熱は c_m = 230 kJ/(kmol·K)，水のそれは c_w = 76 kJ/(kmol·K) とする.

表 2.9　0.1MPa における水の音速

τ [°C]	v $\left[\frac{m^3}{kmol}\right]$	κ [-]	α $\left[\frac{1}{K}\right]$	β_τ $\left[\frac{1}{MPa}\right]$	β_s $\left[\frac{1}{MPa}\right]$	a $\left[\frac{m}{s}\right]$
10 (圧縮液)	0.0180	1.001	0.0000874	0.000478	0.000478	1446
100 (過熱蒸気)	30.6	1.339	0.00288	10.2	7.62	472.1

(2)　p_1 = 1 MPa で τ_1=25°Cの水(圧縮水)を p_2 = 0.1 MPa まで断熱膨張させたところ，エンタルピーが 15 kJ/kmol 減少した．(i)温度上昇 $\Delta\tau$，(ii)エントロピーの変化 Δs，を計算せよ．ただし，水のモル体積は v = 0.018 m^3 / kmol，モル比熱は c_w=76KJ/(kmol·K) とする．

[解答] (1)　(i)断熱的で，仕事相互作用がない系とみなし，金属片も水も理想定体積とする．内部エネルギーは変化しないから

$$N_m c_m(\tau_2 - \tau_{m1}) + N_w c_w(\tau_2 - \tau_{w1}) = 0 \qquad \text{(a)}$$

となる．ただし，内部エネルギーは理想定体積の仮定により式(2.70)で計算した．τ_2 について解き，数値を代入する．

$$\tau_2 = \frac{N_m c_m \tau_{m1} + N_w c_w \tau_{w1}}{N_m c_m + N_w c_w}$$

$$= \frac{0.1 \times 230 \times 1200 + 10 \times 76 \times 300}{0.1 \times 230 + 10 \times 76} \qquad \text{(b)}$$

$$= \frac{(27.6 + 228) \times 10^3}{23 + 760} = 326.4 \text{ K}$$

(ii)　エントロピーの変化は式(2.72)で計算する．

$$\Delta S = N_m c_m \ln\frac{\tau_2}{\tau_{m1}} + N_w c_w \ln\frac{\tau_2}{\tau_{w1}}$$

$$= 0.1 \times 230 \times \ln\frac{326.4}{1200} + 10 \times 76 \times \ln\frac{326.4}{300} \qquad \text{(c)}$$

$$= -29.94 + 64.10 = 36.16 \text{ kJ/K}$$

これは有限温度差の伝熱の不可逆性(irreversibility)によるエントロピーの生成(entropy generation)である．

(2) (i)　式(2.71)をつぎのように変形して，数値を代入する．

$$\Delta\tau = \frac{\Delta h}{c_w} - \frac{v\Delta p}{c_w} = \frac{-15}{76} - \frac{0.018 \times (-9) \times 10^2}{76} \qquad \text{(d)}$$

$$= -0.197 + 0.213 = 0.016 \text{ K}$$

(ii) 式(2.72)により

$$\Delta s = c_w \ln\frac{\tau_2}{\tau_1} = 76 \times \ln\frac{25 + 273.15 + 0.016}{25 + 273.15} \qquad \text{(e)}$$

$$= 4.08 \times 10^{-3} \text{ kJ/(kmol·K)} = 4.08 \text{ J/(kmol·K)}$$

(考察) (2)の問題は，消火用ノズルにおける水の断熱膨張のような過程を扱っている．理想定体積物質の断熱変化の特徴を検討してみよう．可逆的断熱的であれば，式(2.69)において $ds = 0$ であるから，$d\tau = 0$ となる．これは，理想定体積物質のエントロピーが温度のみの関数であることによる顕著な結果であり，標語的には

理想定体積物質の可逆的断熱変化においては，温度は変化しない．

である．上の式(d)において $\Delta\tau \neq 0$ であるのは，不可逆性の効果であり，断熱変化であるにもかかわらず，式(e)のようにエントロピーが増加しているのはそのためである． ■

2.2.3 理想気体からの偏倚とフュガシティ

[1] 圧縮因子 現実の物質の $p-v-\tau$ 関係が，理想気体の $pv = R\tau$ からの偏倚する様子を

$$z = \frac{pv}{R\tau} \tag{2.87}$$

で定義する**圧縮因子**(compressibility factor)あるいは**圧縮係数**で端的に示すことができる．理想気体では $z = 1$ であるから，圧縮因子の 1 からの隔たりは，理想気体的挙動からの隔たりの目安の一つであり，$z < 1$ $(z > 1)$ は理想気体の密度 $p / R\tau$ より大きい(小さい)密度を意味する．

図 **2.7**(a)は水の圧縮因子の等温線の概略である．飽和蒸気と飽和液の限界線で作られる半島状の飽和領域の外側では，水は単相状態であり，臨界点を通る水平線の上側でおおむね気体状態，下側でおおむね液体状態である．図から気体領域ではいかなる温度においても低圧極限 $p \to 0$ では $z \to 1$ であり，$p-v-\tau$ の挙動は $pv = R\tau$ に近づく．また，温度が高くなるにつれて，$\tau > 1273.15$ K = 1000℃程度の温度と，p<100 MPa 程度の圧力では圧縮因子はほとんど 1 であり，この領域の水に対して $pv = R\tau$ がよい精度で成り立っていることがわかる．20 から 100 MPa 程度の圧力において，温度を 1000 °C から下げていくと密度が増加し，急激に圧縮因子は 1 から小さくなっていく．また，200 MPa 程度以上の高圧では圧縮因子は 1 より大きい．以上のような観察は他の物質についても定性的には当てはまる．

[2] 理想気体からの偏倚の尺度としての残留量とフュガシティ 純粋物質のフュガシティ(fugasity)は Gibbs エネルギーの別の表現であり，混合物中の成分のフュガシティはその成分の化学ポテンシャルの別の表現，である．しかし，純粋物質のフュガシティを理想気体か

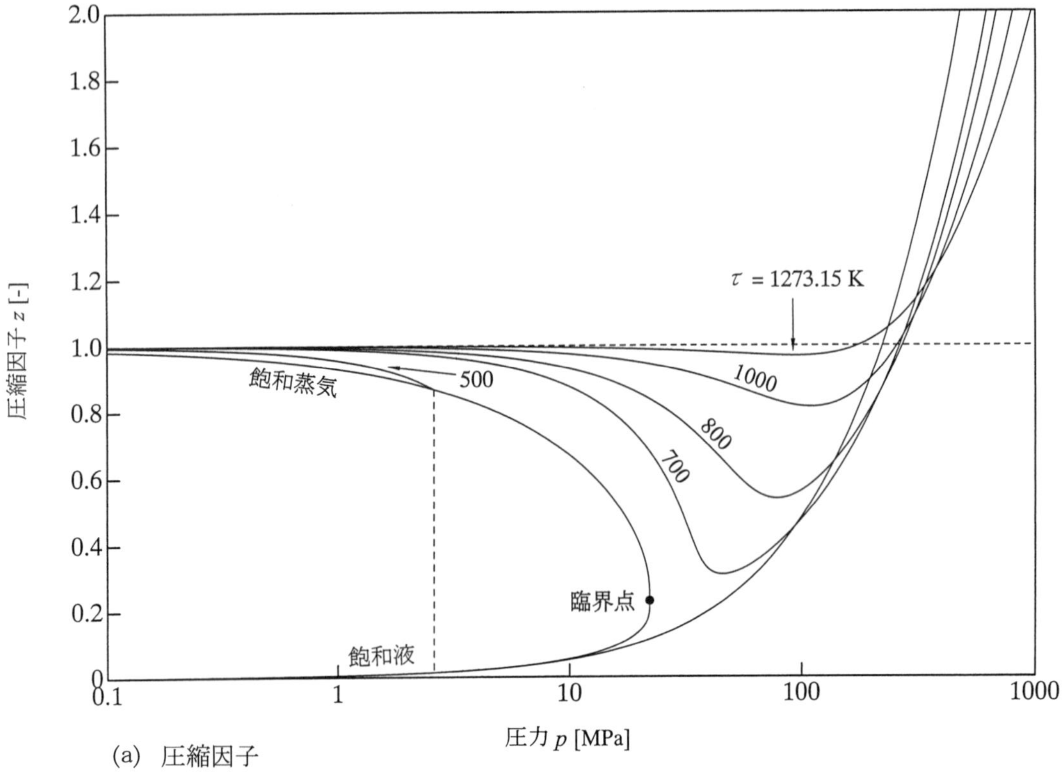

(a) 圧縮因子

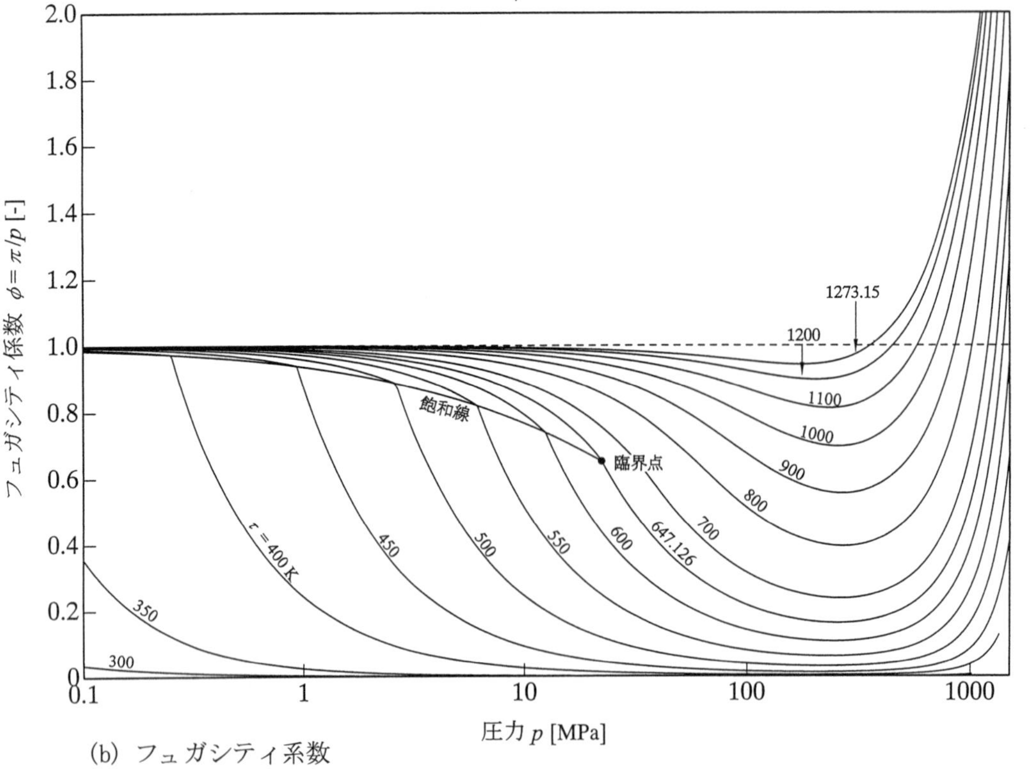

(b) フュガシティ係数

図 2.7 水の圧縮因子とフュガシティ

らの偏倚の一つの尺度，混合物の成分のフュガシティをその成分の理想気体混合物中における挙動からの偏倚の一つの尺度，とみなすこともできる．

本書の残りの章においてフュガシティは重要な役割を演じ，したがって多くの議論を予定している．しかし，ここでは純粋物質のフュガシティを，理想気体からの偏倚の一つの尺度とみて，水のフュガシティ線図を吟味してみよう．後の[4]で導くが，純粋物質のフュガシティ π は

$$\pi(\tau,\, p) = p \exp\left[\frac{1}{R\tau}\int_{0,\,\tau}^{p,\,\tau}\left(v - \frac{R\tau}{p}\right)dp\right] \tag{2.88}$$

である．ただし，積分の上下限の", τ"は，一定温度で積分することを示す．右辺の被積分関数に含まれる $R\tau\,/\,p$ は $(\tau,\,p)$ における仮想的な理想気体の体積 v^{IG} であり，被積分関数の

$$\Delta v^{res} = v - \frac{R\tau}{p} = v - v^{IG} \tag{2.89}$$

を**残留体積**(residual volume)という．

一般に任意の ξ に対する

$$\Delta\xi^{res}(\tau,\, p) = \xi(\tau,\, p) - \xi^{IG}(\tau,\, p) \tag{2.90}$$

を ξ の**残留量**(residual property)といい，$\Delta\xi^{res}$ のように Δ と上付きの res で示すことにする．$\Xi = N\xi$ の Ξ や，Ξ や ξ に属する部分量 $\bar{\xi}_i$ に対する残留量も同様にして定義する．残留量は，[1]で導入した圧縮因子，すぐに導入するフュガシティ係数などとともに，現実の物質の理想気体的挙動からの偏倚の一つの尺度である．なお，上式のように，共通の $(\tau,\, p)$ において比較の引き算をすることになっているが，引き算の順序を上式とは逆にすることもあるし，また，まれに共通の $(\tau,\, v)$ で計算することがある．

さて，物質の $p - v - \tau$ 関係が理想気体的になり $\Delta v^{res} \to 0$ であるか，あるいは低圧極限 $p \to 0$ においては式(2.88)の exp の引数はゼロになり，フュガシティは圧力に近づく，$\pi \to p$．したがって，フュガシティの圧力からの隔たりは，理想気体的挙動からの偏倚の一つの尺度である．

図 2.7(b)に水のフュガシティの等温線を示す．ただし，フュガシティそのものでなく

$$\phi(\tau,\, p) = \frac{\pi(\tau,\, p)}{p} \tag{2.91}$$

で定義する**フュガシティ係数**(fugasity coefficient) ϕ の値を示した．圧力で無次元化してあるので，フュガシティ係数の 1 からの隔たり理想気体的挙動からの偏倚となる．当然のことながら，図 2.7(a) で $z \to 1$ である領域では，図 1.9(b)では $\phi \to 1$ となる．図 2.7 の(a)と(b)の形状は全体的にはよく似ているが，飽和領域ではまったく異なる．すなわ

ち，圧縮因子は蒸発に際して不連続的に変化するが，フュガシティ係数においては勾配は不連続であるものの，値そのものは連続的である．このことは後で説明する．

[3]　Gibbs エネルギーの圧力依存性　応用においてフュガシティが賞用される理由を知るために，Gibbs エネルギーの圧力依存性を検討しよう．

さて，Gibbs エネルギーの微分に対する周知の関係式(1.105)

$$dg = -sd\tau + vdp \qquad (2.92)[1.105]$$

の温度を一定の τ に固定する．

$$(dg = vdp)_\tau \qquad (2.93)$$

これを一定の温度 τ において，勝手な基準圧力 p^* から p まで p に関して積分する．

$$(g)_\tau - (g)_\tau^* = \int_{p^*,\tau}^{p,\tau} v(\tau, p)\, dp + C(\tau) \qquad (2.94)$$

ただし，左辺の*は p^* における値であることを示す．また，$C(\tau)$ は積分定数で高々温度のみの関数である．上の二式が Gibbs エネルギーの圧力依存性を与えるものである．

ついで，理想気体近似や低圧極限 $\lim_{p\to 0}$ における Gibbs エネルギーの圧力依存性を検討する．

この場合，物質は理想気体のように振る舞い，体積 v は理想気体の $R\tau / p$ になるから，これを上二式に代入する．

$$\left(dg^{IG} = \frac{R\tau}{p}dp = R\tau d\ln p\right)_\tau \qquad (2.95)$$

$$\left(g^{IG}\right)_\tau - \left(g^{IG}\right)_\tau^* = R\tau \ln p + C(\tau) \qquad (2.96)$$

ただし，上付きの IG は理想気体を意味するものとする．式(2.96) によれば，g は低圧極限において

$$\lim_{p\to 0}(g)_\tau = \lim_{p\to 0}\left(g^{IG}\right)_\tau = \lim_{p\to 0} R\tau \ln p = -\infty \qquad (2.97)$$

のように振る舞い，$\to -\infty$ の対数発散をする．これは，理想気体のエントロピーが式(2.27)により低圧極限において，$\to \infty$ の対数発散をすることによるものであるが，実用的には好ましいことではない．

[4]　純粋物質のフュガシティ　実用で純粋物質のフュガシティが登場することはほとんどない．したがって，純粋物質のフュガシティはあまり重要ではないが，3.3 で混合物の成分のフュガシティを導入するための準備の一つとして，つまりそこでの議論を理解しやすくするために，ここで純粋物質のフュガシティを導入しておこう．

一定の温度 τ におけるモル Gibbs エネルギーの圧力依存性は式(2.93)のようになり，理想気体の場合には式(2.95) のようになる．これら二式の差を作ると

$$
\begin{aligned}
[dg - dg^{IG} &= d\left(g - g^{IG}\right) = d\Delta g^{res} \\
&= \left(v - v^{IG}\right) dp = \left(v - \frac{R\tau}{p}\right)dp = \Delta v^{res} dp \\
&= R\tau\left(\frac{pv}{R\tau} - 1\right)\frac{dp}{p} \\
&= R\tau(z - 1)\frac{dp}{p} = R\tau\Delta z^{res}\frac{dp}{p}]_{\tau}
\end{aligned}
\tag{2.98}
$$

のようになる．ただし

$$\Delta g^{res} = g - g^{IG} \tag{2.99}$$

$$\Delta z^{res} = z - z^{IG} = z - 1 \tag{2.100}$$

であり，Δv^{res} は式(2.89)で定義してある．また，z は式(2.87)の圧縮因子であり，$z^{IG} = 1$ であることに注意せよ．

さて，式(2.98)を圧力に関して $(0, p)$ で積分し，$p \to 0$ では $g \to g^{IG}$ であることを考慮する．

$$\Delta g^{res}(\tau, p) = \int_{0,\tau}^{p,\tau} \Delta v^{res} dp = R\tau\int_{0,\tau}^{p,\tau} \Delta z^{res}\frac{dp}{p} \tag{2.101}$$

ここで辺々 $R\tau$ で割り exp をとって

$$
\begin{aligned}
\frac{\pi(\tau, p)}{p} &= \exp\frac{\Delta g^{res}(\tau, p)}{R\tau} \\
&= \exp\left[\frac{1}{R\tau}\int_{0,\tau}^{p,\tau} \Delta v^{res} dp\right] = \exp\left[\int_{0,\tau}^{p,\tau} \Delta z^{res}\frac{dp}{p}\right]
\end{aligned}
\tag{2.102} \quad [2.88]
$$

あるいは

$$\ln\phi = \ln\frac{\pi}{p} = \frac{\Delta g^{res}}{R\tau} \tag{2.103} \quad [2.91]$$

によりフュガシティ $\pi(\tau, p)$ およびフュガシティ係数 $\phi(\tau, p)$ を定義する．上二式は，それぞれ[2]で示した式(2.88)と(2.91)である．また，式(2.103)は $R\tau\ln\phi$ が Gibbs エネルギーの残留量であることを示している．

さて，一定の温度におけるモル Gibbs エネルギーの変化の仕方を検討するために，式(2.103)の 中辺=右辺 の関係を，一定の温度において微分した結果

$$\left(dg - dg^{IG} = R\tau d\ln\pi - R\tau d\ln p\right)_{\tau} \tag{2.104}$$

に式(2.95)を代入すると

$$\left(dg = R\tau d\ln\pi\right)_{\tau} \tag{2.105}$$

のようになる．この式を出発点としてフュガシティを定義する流儀もあるが，微分方程式の形をしているので，これのみでは積分因子の任意性がまだ残っている．

なお，後出の**表 3.5** には，純粋物質のフュガシティと混合物中の成分のフュガシティの定義に関するいくつかの関係式を対比して示してある．

[例題 2.6] 式(2.102)と(2.103)でフュガシティやフュガシティ係数を計算するには，$v(\tau, p)$形の $p-v-\tau$ 関係が必要である．$p(\tau, v)$形の $p-v-\tau$ 関係が与えられる場合の計算式を導け．

[解答] 式(2.102)における dp は一定温度におけるものである．この dp を他の形に変形することを考える．

まず，恒等的な関係

$$d(pv) = vdp + pdv \tag{2.106}$$

と，一定温度における圧縮因子 z の微分

$$\left[dz = \frac{1}{R\tau} d(pv)\right]_\tau \tag{2.107}$$

の二式から，$d(pv)$を消去して dp について解く．

$$\left[dp = \frac{1}{v} d(pv) - \frac{p}{v} dv = \frac{p}{z} dz - \frac{p}{v} dv\right]_\tau \tag{2.108}$$

ついで，上式の dp と式(2.102)の被積分関数 $\Delta v^{res}/R\tau$ との積を計算する．

$$\begin{aligned}\frac{1}{R\tau}\left(v - \frac{R\tau}{p}\right)dp &= \frac{1}{R\tau}\left(v - \frac{R\tau}{p}\right)\left(\frac{p}{z} dz - \frac{p}{v} dv\right) \\ &= dz - \frac{1}{z} dz - \frac{1}{R\tau}\left(p - \frac{R\tau}{v}\right)dv\end{aligned} \tag{2.109}$$

最後に，上式を式(2.102)の ln をとったものに代入するのであるが，その際に圧力範囲の$(0, p)$が圧縮因子の範囲では$(1, z)$に対応し，モル体積の範囲では(∞, v)に対応することに注意する．

$$\begin{aligned}\ln\frac{\pi}{p} &= \frac{1}{R\tau}\int_{0,\tau}^{p,\tau}\left(v - \frac{R\tau}{p}\right)dp \\ &= \frac{1}{R\tau}\int_{v,\tau}^{\infty,\tau}\left(p - \frac{R\tau}{v}\right)dv - \ln z + z - 1\end{aligned} \tag{2.110}$$

これが求める結果である．■

[5] 純粋物質のフュガシティの特性

a. フュガシティの変化とモル Gibbs エネルギーの変化 まず，式(2.95)を一定の温度において圧力に関して(p^*, p)にわたり積分する．

$$g^{IG}(\tau, p) - g^{IG}(\tau, p^*) = R\tau \ln \frac{p}{p^*} \tag{2.111}$$

一方，式(2.103)を p と p^*に対して適用してそれらの差を作ると

$$\begin{aligned} & g(\tau, p) - g(\tau, p^*) - \left[g^{IG}(\tau, p) - g^{IG}(\tau, p^*) \right] \\ & = R\tau\left(\ln \frac{\pi}{\pi^*} - \ln \frac{p}{p^*} \right) \end{aligned} \tag{2.112}$$

のようになる．ただし，$\pi^* = \pi(\tau, p^*)$である．上の二式により次式となる．

$$g(\tau, p) - g(\tau, p^*) = R\tau \ln \frac{\pi}{\pi^*} \tag{2.113}$$

式(2.111)と式(2.113)を比較すれば，圧力をフュガシティに置き換えることにより，等温における Gibbs エネルギーの変化を，理想気体の場合と同形式の式で計算できることになる．このこととフュガシティが圧力と同じ次元であることにより，フュガシティを擬圧力と解釈する傾向がある．しかし，フュガシティは式(2.102) や(2.103)の定義式が示すように，Gibbs エネルギーの代理という物理的意味を持つものであり，Gibbs エネルギーの別の表現と見る方がよい．フュガシティは"逃げる"という意味のラテン語から由来している．

b. 低圧における挙動 式(2.102)と(2.103)において $p \to 0$ とすれば，$g \to g^{IG}$，$\Delta g^{res} \to 0$，$\pi \to p$，$\phi \to 1$ となるから，フュガシティの p からの隔たりや，フュガシティ係数の 1 からの隔たりは，理想気体からの偏倚の一つの尺度である．

フュガシティは Gibbs エネルギーと同等のものとみなしてもよいが，Gibbs エネルギーが低圧において式(2.97)のような発散をするのに対して，フュガシティは圧力に近づくのみであるという著しい相違がある．この理由で，応用では，特に混合物の熱力学においては Gibbs エネルギーよりもフュガシティが好まれる．

c. 異なる圧力におけるフュガシティ 小さい圧力変化によるフュガシティの変化を，式(2.93)と(2.113)により

$$R\tau\left(\frac{\partial \ln \pi}{\partial p} \right)_\tau = v = \left(\frac{\partial g}{\partial p} \right)_\tau \tag{2.114}$$

のように表現することができる．この式の 左辺=中辺 を，一定の温度において圧力に関して

$(p^*,\ p)$の範囲で積分する．

$$\ln\left[\frac{\pi(\tau,\ p)}{\pi(\tau,\ p^*)}\right] = \int_{p^*,\tau}^{p,\tau}\frac{V}{R\tau}\,dp \qquad (2.115)$$

これは，一定の温度における有限の圧力変化に対するフュガシティの変化を与える．あるいは両辺の exp をとれば次式になる．

$$\pi(\tau,\ p) = \pi(\tau,\ p^*)\exp\left(\int_{p^*,\tau}^{p,\tau}\frac{V}{R\tau}\,dp\right) \qquad (2.116)$$

とくに，定体積で v=一定であるならば

$$\pi(\tau,\ p) = \pi(\tau,\ p^*)\exp\left[\frac{v(p-p^*)}{R\tau}\right] \qquad (2.117)$$

となる．上二式の exp( )の部分を **Poynting** の圧力因子(Poynting pressure factor)といい，フュガシティの圧力変化を与える乗算因子である．

[例題 2.7] 350°C の飽和水の圧力は 16.54 MPa，モル体積 0.03137 m^3/kmol である．一定温度でこの水の圧力を 1 MPa だけ上昇させると，フュガシティは比率でどれだけ増加するか．

[解答] 理想定体積に対する式(2.117)を適用する．同式において $\tau = 350 + 273.15 = 623.2\mathrm{K}$，$v = 0.03137\ \mathrm{m^3/kmol}$，$p^* = 16.54\times10^6\ \mathrm{Pa}$，$p = 17.54\times10^6\ \mathrm{Pa}$ および $R = 8314.5\ \mathrm{J/(kmol\cdot K)}$ であるから

$$\ln\frac{\pi(\tau,\ p)}{\pi(\tau,\ p^*)} = \frac{v(p-p^*)}{R\tau} = \frac{0.03137\times10^6}{8314.5\times623.2} = 6.1\times10^{-3} \qquad (2.118)$$

と計算して

$$\frac{\pi(\tau,\ p)}{\pi(\tau,\ p^*)} = \exp(6.1\times10^{-3}) = 1.0061 \qquad (a)$$

となるから，1 MPa の圧力上昇に対して 0.6%程度の増加である． ■

d．フュガシティの微分　フュガシティとフュガシティ係数の温度微分，圧力微分および$(\tau,\ p)$全微分を計算しよう．

まず温度微分を計算するために，式(2.102)の 第 1 辺=第 2 辺 をつぎのように書く．

$$\ln\pi = \frac{g}{R\tau} - \frac{g^{IG}}{R\tau} + \ln p \qquad (2.119)$$

ついで，これの両辺を一定圧力の下で微分する．

$$\left(\frac{\partial \ln \pi}{\partial \tau}\right)_p = \left[\frac{\partial\left(g/R\tau\right)}{\partial \tau}\right]_p - \left[\frac{\partial\left(g^{IG}/R\tau\right)}{\partial \tau}\right]_p \tag{2.120}$$

右辺の微分を計算をするために式(1.149)のGibbs-Helmholtzの関係を使う．

$$\left(\frac{\partial \ln \pi}{\partial \tau}\right)_p = -\frac{h}{R\tau^2} + \frac{h^{IG}}{R\tau^2} = -\frac{\Delta h^{res}}{R\tau^2} \tag{2.121}$$

これが求める温度微分である．ただし，Δh^{res} は残留エンタルピーである．なお，$\ln\phi = \ln(\pi/p) = \ln\pi - \ln p$ であるから，これを上式に適用すれば同じ形式の次式になる．

$$\left(\frac{\partial \ln \phi}{\partial \tau}\right)_p = -\frac{\Delta h^{res}}{R\tau^2} \tag{2.122}$$

ついで圧力微分を検討するのであるが，式 (2.114)が小さい圧力変化に対するフュガシティの変化を与えているから，これを変形すれば

$$\left(\frac{\partial \ln \pi}{\partial p}\right)_\tau = \frac{v}{R\tau} \tag{2.123}$$

のようなフュガシティの一定温度における圧力微分となる．ついでながら，これは式(2.117)の微分表現である．

ついで，フュガシティ係数に移るために $\ln\phi = \ln\pi - \ln p$ を上式に代入する．

$$\begin{aligned}\left(\frac{\partial \ln \phi}{\partial p}\right)_\tau &= \frac{v}{R\tau} - \frac{d\ln p}{dp} = \frac{v}{R\tau} - \frac{1}{p}\\ &= \frac{1}{R\tau}\left(v - \frac{R\tau}{p}\right) = \frac{v - v^{IG}}{R\tau} = \frac{\Delta v^{res}}{R\tau}\end{aligned} \tag{2.124}$$

これで全微分を計算する準備ができた．まず，フュガシティについては，温度微分を与える式(2.121)と圧力微分を与える式(2.123)により

$$d\ln\pi = -\frac{\Delta h^{res}}{R\tau^2}d\tau + \frac{v}{R\tau}dp \tag{2.125}$$

となる．ついで，フュガシティ係数については，温度微分を与える式(2.122)と圧力微分を与える式(2.124)により

$$d\ln\phi = -\frac{\Delta h^{res}}{R\tau^2}d\tau + \frac{\Delta v^{res}}{R\tau}dp \tag{2.126}$$

となる．

e.　相平衡とフュガシティ　式(1.180)を純粋物質の二相平衡に適用すれば，与えられた温度と圧力における平衡条件は

$$g^{\alpha}(\tau, p) = g^{\beta}(\tau, p) \tag{2.127}$$

となる．ただし，平衡する二相を α 相と β 相とし，純粋物質の化学ポテンシャルはモル Gibbs エネルギーであることを使った．

上式をフュガシティで表現するために，まず式(2.102)を g について解く．

$$g(\tau, p) = g^{IG}(\tau, p) + R\tau \ln \frac{\pi(\tau, p)}{p} \tag{2.128}$$

ついで上式を α 相と β 相に適用する．

$$g^{\alpha}(\tau, p) = g^{IG}(\tau, p) + R\tau \ln \frac{\pi^{\alpha}(\tau, p)}{p} \tag{2.129}$$

$$g^{\beta}(\tau, p) = g^{IG}(\tau, p) + R\tau \ln \frac{\pi^{\beta}(\tau, p)}{p} \tag{2.130}$$

ただし，α と β の両相で温度と圧力は共通であること，$g^{IG}(\tau, p)$ は理想気体状態に対する値であるから両相の式において同じ値であることに注意せよ．

最後に，式(2.127)，(2.129)および (2.130)により

$$\ln \frac{\pi^{\alpha}(\tau, p)}{p} = \ln \frac{\pi^{\beta}(\tau, p)}{p} \tag{2.131}$$

を導く．あきらかに

$$\pi^{\alpha}(\tau, p) = \pi^{\beta}(\tau, p) \tag{2.132}$$

である．これは Gibbs エネルギーによる平衡条件式(1.180)が，フュガシティによる平衡条件式(2.132)に置きかえられることを示すものであり，蒸発や融解に際してフュガシティは変化しないことを主張している．図 2.7(b)におけるフュガシティの等温線が飽和線のところで連続的であるのはそのためである．

3. 混 合 物

3.1 混合物

化学反応等による分子構造の変化をしない，二つ以上の成分からなる簡単な系の安定平衡状態の概念を学習する．大抵の物質は純粋物質ではなく，多かれ少なかれ混合状態の物質である．このような系を伝統的に混合物と呼んでいる．系を付して呼ぶ場合には多成分系という．

3.1.1 組成

すでに第 1 章において，組成の物質量比による表現法を学習しているが，復習の意味でもう一度整理しておこう．

ある混合物が r 個の成分"1"，"2"，"3"，...，"r"の $N_1, N_2, N_3, \ldots, N_r$ 物質量からなっていることを，組成が $\boldsymbol{N}\{N_1, N_2, N_3, \ldots, N_r\}$ であると書く．それぞれの成分の物質量の比，すなわち物質量比 $\boldsymbol{y}\{y_1, y_2, y_3, \ldots, y_r\}$ を

$$N = \sum_{i=1}^{r} N_i \qquad (3.1)[1.78]$$

$$\boldsymbol{y} = \frac{\boldsymbol{N}}{N} \qquad (3.2)[1.82]$$

$$y_i = \frac{N_i}{N} \qquad i = 1,2,3,\ldots,r \qquad (3.3)[1.83]$$

$$\sum_{i=1}^{r} y_i = \sum_{i=1}^{r} \frac{N_i}{N} = \frac{1}{N}\sum_{i=1}^{r} N_i = \frac{N}{N} = 1 \qquad (3.4)[1.84]$$

のように定義する．物質量比は示強変数である．気相と液相の両方が現れるような議論では，液相に対しては $\boldsymbol{x}$ を，気相に対しては $\boldsymbol{y}$ を使う習慣があり，本書もそれにしたがうが，凝集状

態にかかわらない場合には $\boldsymbol{y}$ を使う．なお，式(3.1)の N は，ベクトルのような記号が使ってある $\boldsymbol{N}$ のベクトル的な絶対値ではない．この $\boldsymbol{N}$ の ベクトル的な絶対値 $|\boldsymbol{N}| = \sqrt{\sum_i N_i^2}$ は格別な物理的意味を持たない．

なお，成分の質量が $\boldsymbol{M}\{M_1, M_2, M_3, \ldots, M_r\}$ であるときの，質量比 $\boldsymbol{g}$ は

$$M = \sum_{i=1}^{r} M_i \tag{3.5}$$

$$\boldsymbol{g} = \frac{\boldsymbol{M}}{M} \tag{3.6}$$

$$g_i = \frac{M_i}{M} \qquad i = 1,2,3,\ldots,r \tag{3.7}$$

$$\sum_{i=1}^{r} g_i = \sum_{i=1}^{r} \frac{M_i}{M} = \frac{1}{M}\sum_{i=1}^{r} M_i = \frac{M}{M} = 1 \tag{3.8}$$

であったが，$\boldsymbol{g}$ と $\boldsymbol{y}$ の関係を示しておく．

$$g_i = \frac{y_i \bar{M}_i}{\bar{M}} \tag{3.9}$$

$$\bar{M} = \sum_{i=1}^{r} y_i \bar{M}_i = \frac{1}{\sum_{i=1}^{r} g_i / \bar{M}_i} \tag{3.10}$$

$$y_i = \frac{g_i / \bar{M}_i}{\sum_{i=1}^{r} g_i / \bar{M}_i} \qquad i = 1,2,3,\ldots,r \tag{3.11}$$

ただし，$\bar{M}$ は混合物の分子量，$\bar{M}_i$ は第 i 成分の分子量である．なお，質量比の記号 g_i は第 i 成分のモル Gibbs エネルギーのように読めるが，以下では質量比は使わない．

3.1.2 混合物の相図と状態曲面

[1] 立体表示 共存する相やそれに近接する相の存在の仕方を相図を使って示すために，典型的な二成分系を例にとって説明しよう．以下では，二つの成分を"1"および"2"とし，組成は成分"1"の物質量比で表示する．

さて，Gibbs の相律により二成分単相系の示強自由度は 3 であるから，二成分系が一つの相で存在する場合の相図は三次元的になる．そして，通常気相では (τ, p, y_1) により状態を指定し，液相では (τ, p, x_1) により状態を指定する．そして，そのような状態を $\tau - p - y_1$ 空間や $\tau - p - x_1$ 空間に表示することになる．

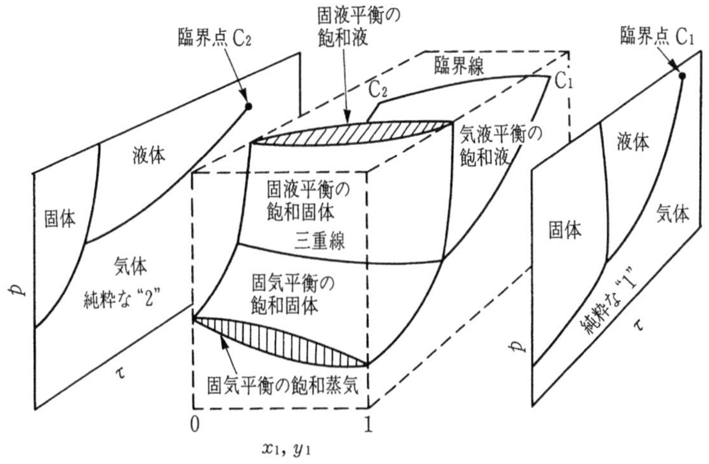

図 3.1　二成分混合物の τ, p − x, y 図

二成分二相になると系の示強自由度は一つ減少して 2 になり，状態は上述の空間内の曲面上の一点になる．たとえば，温度と圧力 (τ, p) を指定すると，**気液平衡** (vapor-liquid equilibrium) の (x_1, y_1) は確定する．

したがって，成分"1"と"2"の二成分系の相図を図的に表現しようとすると，**図 3.1** のような三次元図になる．箱状の図の右奥方向に温度 ，上方に圧力 p，左右方向に一方の成分の物質量比 (x_1, y_1) を選定する．以下，この図の性状を検討することにする．

(性状 1)　二つの温度で切断してある．一つは，純粋な"1"と"2"の臨界温度をそれぞれ τ_{c1} および τ_{c2} として，これらのいずれよりも高い温度であり，それは破線で描いた直方体の後ろ側面の温度である．手前の面はもう一つの温度の等温面であり，その面に現れている三日月状の図は，その温度の**等温固気平衡** (isothermal vopor-solid equilibrium) の相図である．

(性状 2)　圧力に対しては，一つの圧力のところで切断してある．純粋な"1"と"2"の臨界圧力をそれぞれ p_{c1} および p_{c2} として，これらのいずれよりも高い圧力で切断してあり，それは破線で描いた直方体の上側の面の圧力に相当する．またその面に現れている三日月状の図は，その圧力における**等圧固液平衡** (isobric liquid-solid equilibrium) の相図である．箱の下側の面は $p \to 0$ の理想気体状態に相当する．

(性状 3)　物質量比は 0 より小さくなく，1 より大きくないので，状態曲面はこの範囲に

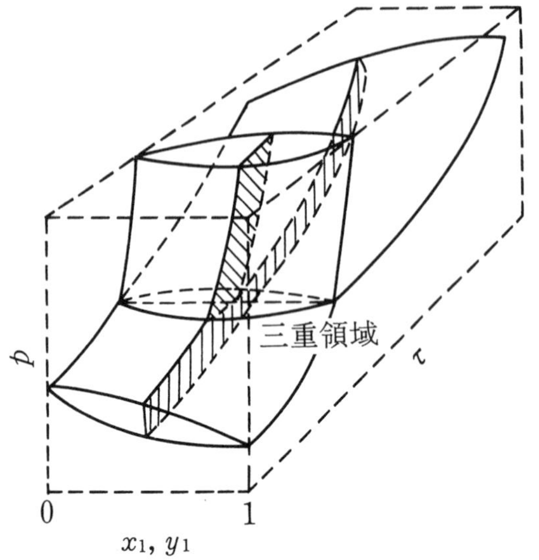

図 3.2　τp − xy 図の一定組成切断面

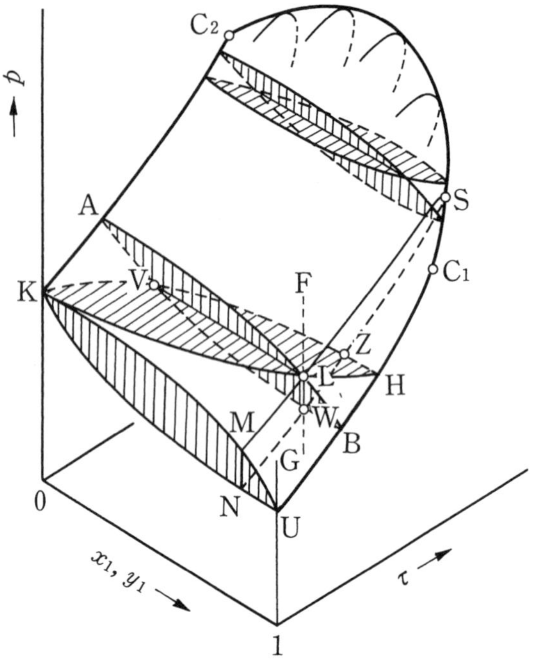

図 3.3　二成分混合物の気液平衡

しか存在しない．左右に衝立のように示してある図は，純粋な"1"と"2"の相図であり，破線で描いた直方体の左右の面に相当する．一成分二相系の示強自由度は 1 であることにより，相図の平面表示ができる．

（性状 4）　図では見えないが，気液平衡の飽和液の曲面の裏側（下側）には飽和蒸気の曲面がある．これを説明するために図 3.1 を組成一定の面で切断すると，**図 3.2** のようになる．右奥上方に延びる舌状の領域の上面が，図 3.1 の気液平衡の飽和液の曲面であり，その下側に気液平衡の飽和蒸気の曲面が張りついている．

右奥上方でこれら 2 つの曲面は**臨界線**（critical line）で接している．舌状領域の先端は上方向に張り出すように描いてあるが，下方向へ凹む場合もある．しかし，混合物の臨界線が τ_{c1} あるいは τ_{c2} のいずれよりも高温であるような方向に張り出すことはない．この臨界線と上述の組成一定の切断面との接点は，その組成の混合物の臨界点である．図 3.1 にも臨界線が示してあるが，鳥瞰する角度によっては臨界線の一部分あるいは全体が見えなくなる．なお，図 3.2 中程の三日月状の平曲は，固気液三相共存の領域である．

さて気液平衡領域の近辺を拡大して**図 3.3** に示す．図において，$x_1 = y_1 = 1$ の手前側の τp "1"面が純粋な"1"の気液平衡を含む相図であり，$x_1 = y_1 = 0$ の奥側の τp "2"面が純粋な"2"の気液平衡を含む相図である．舌状に突き出た曲面の上側の面は**飽和液面**（$\tau p x_1$ 面）であり，下側の面は**飽和蒸気面**($\tau p y_1$ 面)である．これら二つの面は τp "1"と τp "2"面で合流し，純粋な"1"の蒸気圧曲線 $UBHC_1$ と純粋な"2"の**蒸気圧曲線**(voper pressure curve)KAC_2 となる．純粋な"1"の臨界点 C_1 と純粋な"2"の臨界点 C_2 間の舌状に突き出た曲面の先端は丸くなっている．混合物の臨界点と気液の組成が等しくなる($x_1 = y_1$)点であるが，これらの点は $C_1(\tau_{c1}, p_{c1})$ と $C_2(\tau_{c2}, p_{c2})$ 間の曲面の先端部に一つの線，臨界線を作る．

飽和液面の上側の空間の点では混合物は圧縮液あるいは**不飽和液**(unsaturated liquid)の状態にあり，飽和蒸気面の下側の空間の点では**過熱蒸気**(superheated vopor)の状態にある．二つの面の間の空間の点においては，気液共存の状態にある．

(性状 5) 図 3.3 の空間内での状態変化を検討しよう．始め圧縮液の状態で F 点にある液体を，一定の温度と組成の下で F→G 方向に減圧する過程を考える．飽和液面上の L 点に到達したとき"最初の気泡"が発生する．その意味で飽和液面上の点を**気泡点**(bubble point)といい，飽和液面を**気泡点面**ともいう．気泡の状態は L 点の温度と圧力を持ち，飽和蒸気面上にあるから V 点となる．線分 VL は(τ,p)で気液平衡状態にある気相と液相の状態点を結んでおり**平衡連結線**(tie line)という．さらに圧力を下げて蒸発させると W 点に達して，蒸発は終了し，引き続き減圧すると過熱蒸気 G となる．W 点は飽和蒸気面上にあり，過熱蒸気を G→F 方向に加圧するとき"最初の液滴"が現れる点であるから**露点**(dew point)という．この意味で飽和蒸気面を**露点面**ともいう． なお，わかり易くするために，"気泡"とか"液滴"のような伝熱過程の用語を使って記述をしたが，相図は平衡状態を述べているのであるから，このような動的な記述は正しくない．

以上のように，混合物の一定の温度と組成における蒸発や凝縮に際しては，始めから終わりの間で圧力が連続的に変化する．同様に，混合物の一定の圧力と組成における蒸発や凝縮に際しては，始めから終わりの間で温度が連続的に変化する．これは図の τ 軸方向の変化である．このような圧力変化や温度変化は，混合物の相変化の著しい特徴であり，純粋物質では気泡点と露点は一致しており，それを沸点と呼んでいる．

(性状 6) 立体表示の相図は平衡関係の全容を把握するにはふさわしいが，相の存在形式や平衡関係を手早く表現したり，線図として量的な関係を示す目的には適わない．そのために立体図をいろいろな面で切断した図を好んで使用する．これを以下の[2]，[3]および [4]で検討しよう．

[2]　等温表示　温度軸に垂直な面，すなわち等温面で図 3.3 を切断すると，二つの気液飽和面は AFBWA のような切り口を見せる．以下の[2]，[3]および [4]においては，二つの成分の臨界定数(τ_{c1}, p_{c1})と(τ_{c2}, p_{c2})の関係が$\tau_{c1} > \tau_{c2}$，$p_{c1} < p_{c2}$のようになっているとして作図する．

$\tau_a < \tau_{c2}$，$\tau_{c2} < \tau_b < \tau_{c1}$および$\tau_{c1} < \tau_c$であるような三つの温度$\tau_a$，$\tau_b$および$\tau_c$を選定して，これらの温度の等温面で切断すると図 **3.4**(a)のような px_1y_1 面になる．$x_1 = y_1 = 0, \tau = \tau_a$ の A 点は純粋な"2"の気液平衡を表現しているので，この点の圧力は純粋な"2"の$\tau = \tau_a$における蒸気圧$p = p^{sat}_{\bullet 2}(\tau_a)$になる．同様に，$x_1 = y_1 = 1, \tau = \tau_a$ の A 点は純粋な"1"の気液平衡を表現しているので，この点の圧力は純粋な"1"の$\tau = \tau_a$における蒸気圧

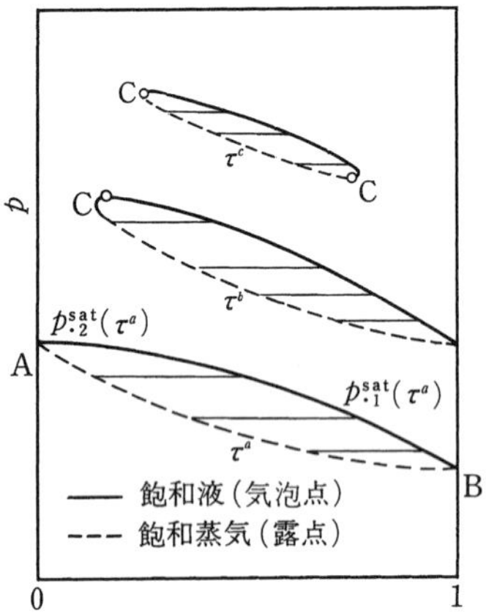

(a)　等温表示

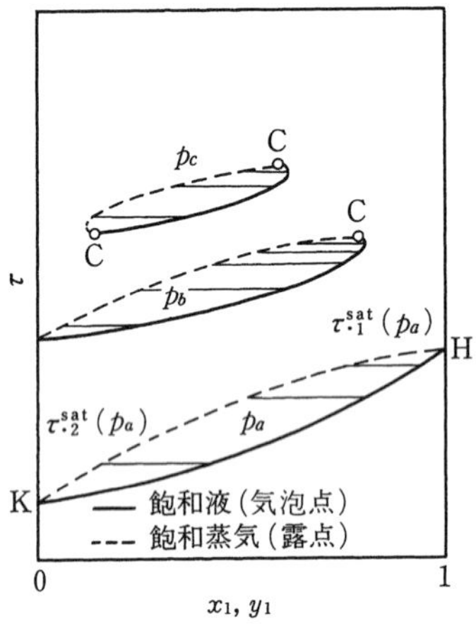

(b)　等圧表示

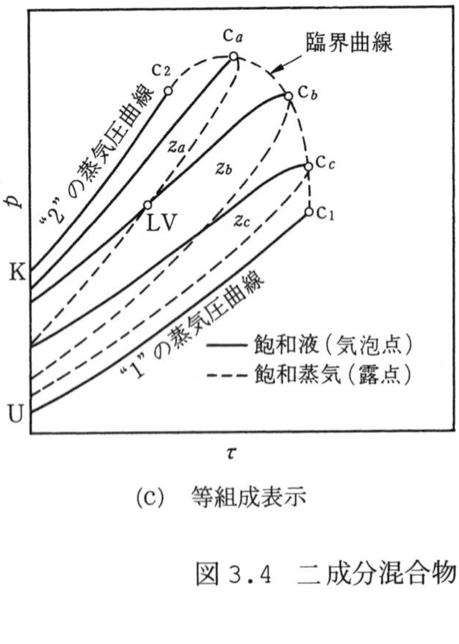

(c)　等組成表示

図 3.4　二成分混合物の気液平衡のいろいろな平面表示

$p = p_{\bullet 1}^{sat}(\tau_a)$になる．下つき添え字の"•1"や"•2"は，それぞれ純粋な"1"および"2"に対する値であることを示す．

さて，τ_bおよびτ_cに対する等温面では，気液平衡の飽和領域の切り口は$0 \leq x_1, y_1 \leq 1$の全範囲にはわたらない．τ_bの場合には$\tau_{c2} < \tau_b < \tau_{c1}$であるために，飽和領域は純粋な"2"まではのびることができないが，純粋な"1"まではのびることができる．一方，τ_cの場合には$\tau_{c1} < \tau_c$であるために，飽和領域は純粋な"1"と純粋な"2"いずれにも至ることができない．

ついで，τ_bおよびτ_cに対する切り口に示されているC点はその点の組成に対する臨界点である．飽和領域内の等圧線(平衡連結線)は，これらの点において切り口に接する．なぜなら平衡状態にある二つの相を結ぶ平衡連結線は(圧力が等しいので)水平であり，臨界点を通る平衡連結線は，切り口を最後に切るからである．なお飽和液線は実線，飽和蒸気線は破線で示してある．

等温表示の気液平衡のいくつかの例を図**3.5**に示す．図中の破線は後出Raoultの法則によるpx線(気泡点の線)であり，px線がこれより下に現れるとき，**負の偏倚**(negative departure)をする，上に現れるとき，**正の偏倚**(positive departure)をするという．したがって，図の(a)と(b)は負の偏倚をしており，残りのものは正の偏倚をしている．

このような偏倚が大きくなると，図の(b)や(d)のようにpx線上に最小の点や最大の点が現れる．このような場合には，py線(露点の線)上にも最小の点や最大の点が現れ，$x=y$，すなわち気液相の物質量比が等しく，px線やpy線への接線は水平になる．また，気泡点と露点は一致している．これが[5]で述べる**共沸**(azeotrope)の状態である．圧力に最大が現れる共沸を**最大圧力共沸**(maximum-pressure azeotrope)，圧力に最小が現れる共沸を**最小圧力共沸**(minimum-pressure azeotrope)という．

[3]　等圧表示　圧力軸に垂直な面で図3.3を切断すると，二つの気液飽和面はHVKLHのような切り口を見せる．

$p_a < p_{c1}$，$p_{c1} < p_b < p_{c2}$および$p_{c2} < p_c$であるような三つの圧力p_a，p_bおよびp_cを選定して，これらに対して切断すると，図**3.4**(b)のような$\tau x_1 y_1$面になる．$x_1 = y_1 = 0, p = p_a$のK点は純粋な"2"の気液平衡を表現しているので，この点の温度は純粋な"2"の$p = p_a$における飽和温度$\tau = \tau_{\bullet 2}^{sat}(p_a)$になる．同様に，$x_1 = y_1 = 1, p = p_a$のH点は純粋な"1"の気液平衡を表現しているので，この点の温度は純粋な"1"の$p = p_a$における飽和温度$\tau = \tau_{\bullet 1}^{sat}(p_a)$になる．

さて，p_bおよびp_cに対する等圧面では，気液平衡の飽和領域の切り口は$0 \leq x_1, y_1 \leq 1$の全範囲にはわたらない．また，p_bおよびp_cに対する切り口に示されているC点はその点の組成に対する臨界点である．これらの理由は，上の[2]の場合と同じである．

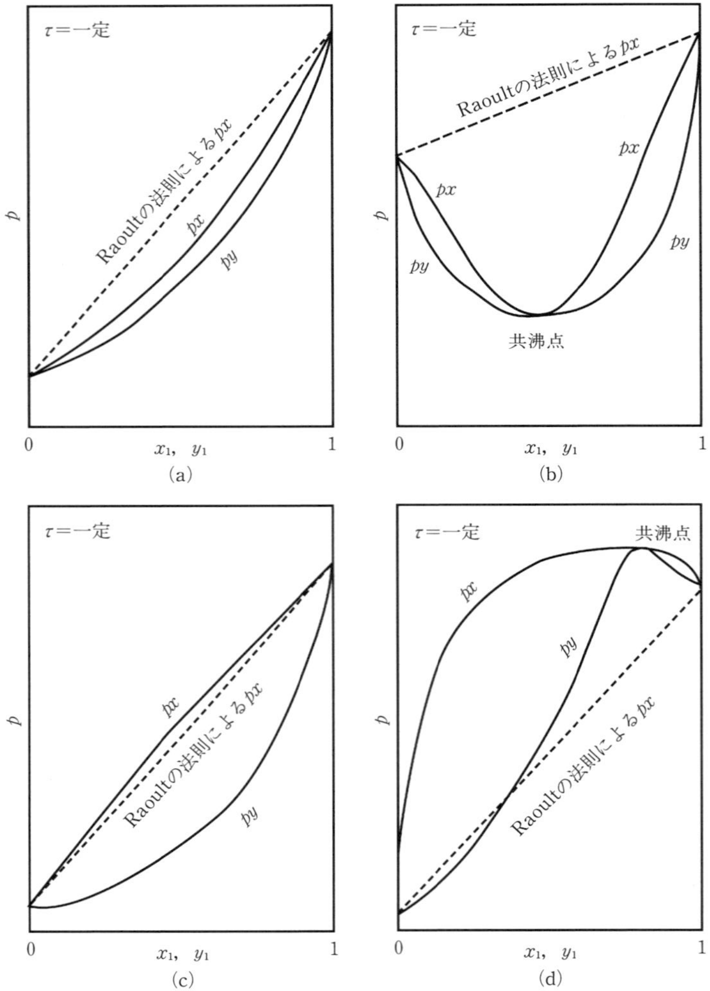

図 3.5　等温気液平衡の例

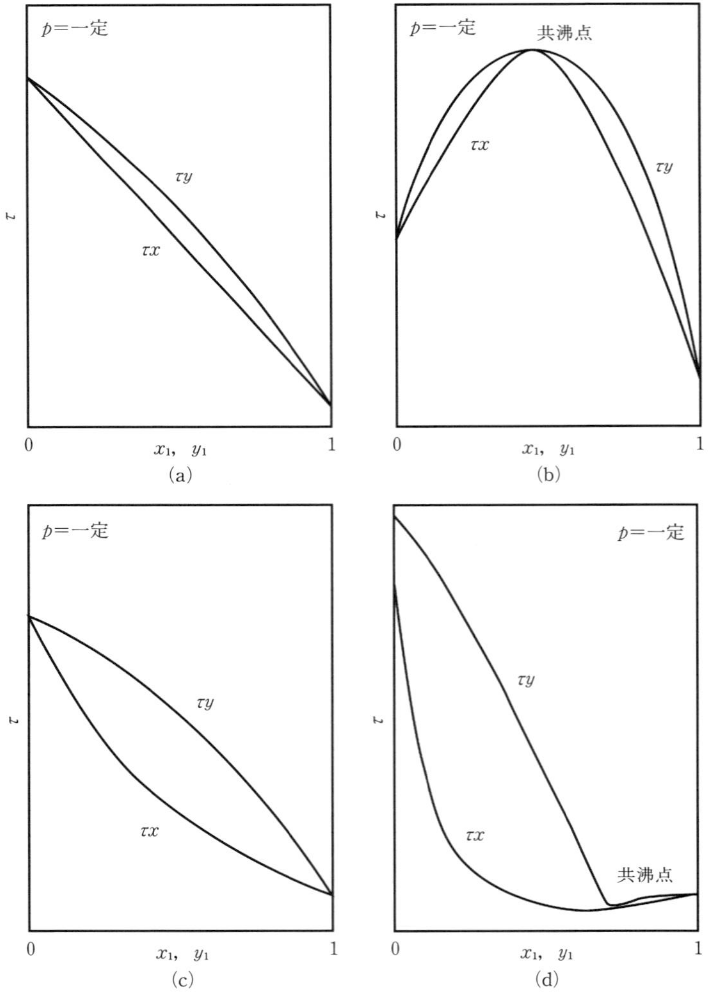

図 3.6　等圧気液平衡の例

等圧表示の気液平衡のいくつかの例を図 **3.6** に示す．混合物の気液平衡にかかわる多くの工業過程は，等圧に近い条件でおこなわれる．したがって，応用ではこの形式の表示が好まれる．

図 3.5 の等温表示の気液平衡図においては，px 線の方が py 線より上に現れるのに対して，等圧表示の気液平衡図においては，τy 線の方が τx 線より上に現れることに注意せよ．また，図 3.5(b) の最小圧力共沸は，図 3.6(b) の**最大温度共沸**(maximum-temperature azeotrope)に対応しており，図 3.5(d)の最大圧力共沸は，図 3.6(d) 図 3.6(b)の**最小温度共沸**(minimum-temperature azeotrope)に対応している．

[4] 等組成表示　組成軸に垂直な面で図 3.3 を切断すると，二つの気液飽和面は MLSWN のような切り口を見せる．

三つの異なる組成 $z_a(x_1 = z_a \text{ or } y_1 = z_a)$，$z_b(x_1 = z_b \text{ or } y_1 = z_b)$ および $z_c(x_1 = z_c \text{ or } y_1 = z_a)$に対する切断面を図 3.4(c)に示す．ただし，$z_a < z_b < z_c$とする．これらは $p\tau$ 図であり，飽和液線(気泡点)を実線で，飽和蒸気線(露点)を破線で示す．また，図中の Uc_1 は純粋な"1"の蒸気圧曲線，Kc_2 は純粋な"2"の蒸気圧曲線である．

さて，純粋物質に対する Uc_1 および Kc_2 の蒸気圧曲線は，飽和液線と飽和蒸気線が重なったものである．しかし，混合物においては，同一の組成に対する飽和液と飽和蒸気の $\tau - p$ 関係が一致しない．

ついで，図の LV 点では組成 $x_1 = z_b$ の飽和液(実線上)と，組成 $y_1 = z_a$ の飽和蒸気(破線上)が共通の温度と圧力を持っている．したがってこれらは平衡連結線の両端の点であり，図 3.3 の L 点と V 点に相当する．

[5] 共沸混合物　共存状態にある気液二相の組成は，図 3.4 の(a)あるいは(b)の平衡連結線の両端の値のように一般的には異なる．しかし，図 3.5 の(b)や(d)，あるいは図 3.6 の(b)や(d)に示したように，特定の二成分混合物は特定の(τ, p)においては，二つの相は同じ組成で異なる凝集状態を示す．このとき平衡連結線の長さはゼロになっている．このような混合物を共沸になる混合物，あるいは単に**共沸混合物**(azeotropic mixture)という．"共沸"は蒸発に際して組成を変えないという意味である．

なお，固液平衡の場合には**共融混合物**あるいは**共晶混合物**(eutectic mixture)という．

3.1.3　化学ポテンシャルの測定

混合物の性質を決定する上で，基本的役割を演じる化学ポテンシャルの測定法を検討しよう．ただし，成分物質の純粋状態の性質は既知とする．

図 **3.7** の横長の容器には混合物"A"が$(\tau, p, \boldsymbol{y}, \boldsymbol{\mu})$の状態で入っている．この図を使って，

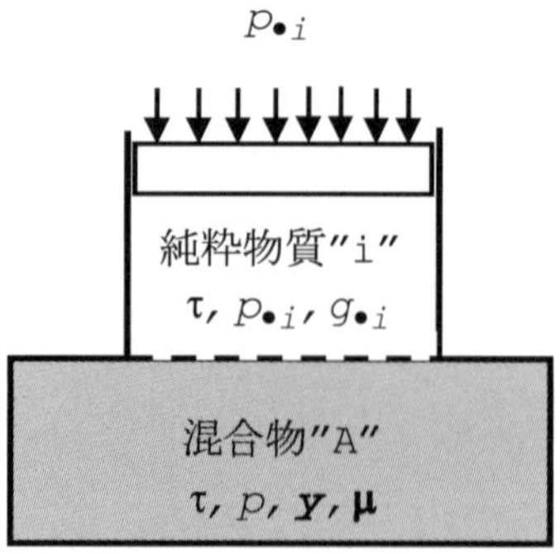

図 3.7　化学ポテンシャルの測定

"A"の成分"i"の化学ポテンシャル μ_i を測定する方法を考える．容器の上方にシリンダを取り付け，シリンダの上方の端にはピストン機構を，シリンダ下方端の容器との間には変形しない，成分"i"のみを透過させるような**半透膜**(semipermeble membrane)を施工する．シリンダには"i"のみを入れておく．ただし，すでに説明したように，"$\bullet i$"は純粋な"i"に対する値であることを示す．

さて，ピストンに働く圧力 $p_{\bullet i}$ を調整して，シリンダ内の"i"と横長容器内の"A"の間に，拘束相互安定平衡状態を達成させる．すなわち，二つの空間を占める物質は，共通の温度 τ と共通の化学ポテンシャル

$$\mu_i(\tau,\ p,\ \boldsymbol{y}) = g_{\bullet i}(\tau,\ p_{\bullet i}) \qquad i = 1,2,3,\ldots,r \qquad (3.12)$$

を持っているが，圧力は異なる．これが拘束相互安定平衡状態の意味であり，"i"以外の成分は膜を通過できないように拘束してある．

シリンダ内の $(\tau,\ p_{\bullet i})$ を測定すれば，上式右辺のシリンダ内の"i"の Gibbs エネルギー $g_{\bullet i}(\tau,\ p_{\bullet i})$ がわかるはずであるから，同式を通して，容器内にある"A"混合物中の成分"i"の化学ポテンシャル μ_i が決まる．さらに，容器内における $(p,\ \boldsymbol{y})$ を測定するならば，μ_i が $\mu_i(\tau,\ p,\ \boldsymbol{y})$ の形で確定することになる．今の場合の $p_{\bullet i}$ を**一般分圧**(generalized partial pressure)といい，上式により

$$p_{\bullet i} = p_{\bullet i}(\tau,\ p,\ \boldsymbol{y}) \qquad i = 1,2,3,\ldots,r \qquad (3.13)$$

のような関数構造を持つ"A"混合物の性質である．

さて，純粋物質に対しては式(1.29)により $(\partial g/\partial p)_\tau = v$ であるから，これにより式(3.12)の右辺を変形する．

$$\mu_i(\tau,\ p,\ \boldsymbol{y}) = g_{\bullet i}(\tau,\ p^*) + \int_{p^*,\tau}^{p_{\bullet i},\tau} v_{\bullet i}(\tau,\ p')\ dp' \qquad i = 1,2,3,\ldots,r \qquad (3.14)$$

ただし，p^*は適当な基準圧力であり，右辺の積分記号の上下限に付したτは，温度一定の積分を意味する．μ_iを，$p_{\bullet i}$を介して式(3.14)のように書いてみても，さして有用にも見えないが，特別な場合には便利なことがある．たとえば，"A"が理想気体混合物であるならば，周知のように$v_{\bullet i} = R\tau / p'$および$p_{\bullet i} = y_i p$であるから，$p^* = p$として

$$\mu_i(\tau, p, \boldsymbol{y}) = g_{\bullet i}(\tau, p) + \int_{p,\tau}^{y_i p,\tau} \frac{R\tau}{p'} dp' \qquad i = 1,2,3,\ldots,r \qquad (3.15)$$
$$= g_{\bullet i}(\tau, p) + R\tau \ln y_i$$

のようになる．また，純粋な"i"を理想定体積と近似できるならば，式(3.14)の被積分関数が一定になり，$p^* = p$とすれば次式が成り立つ．

$$\mu_i(\tau, p, \boldsymbol{y}) = g_{\bullet i}(\tau, p) + v_{\bullet i}(p_{\bullet i} - p) \qquad i = 1,2,3,\ldots,r \qquad (3.16)$$

3.2 理想混合物

第 2 章では純粋物質の挙動を理想気体や理想定体積物質で近似し，熱力学的性質を陽的に表現したり，性質の間の関係を数式で表現した．いろいろな意味で理想化された混合物を**理想混合物**(ideal mixture)と総称し，そのような混合物は理想的にふるまうという．しかし，2.2 でも注意したように，"理想"は式が簡単で計算が容易であることを意味するにすぎず，文字通りに理想的であるとか，好ましいとかいう意味ではない．

理想的ではない混合物を，**非理想混合物**(non-ideal mixture)という．**非理想混合物**の性質は，しばしば理想混合物のそれからの偏倚として記述されるので，理想混合物の概念は重要である．

3.2.1 理想気体混合物

2.2 において，理想気体という理想化モデルを学んだ．それは，直接的には低圧・高温における純粋物質の熱力学的性質を近似する効用をもつものであるが，現実の物質の挙動を理想気体からの偏倚として表現する際の基準となるのであった．

この項では，理想混合物の一つである**理想気体混合物**(ideal-gas mixture)について学習する．純粋物質の理想気体と同様に，理想気体混合物は，直接的には低圧・高温における気体混合物の熱力学的性質を近似するという効用をもつものであるが，現実の混合物の挙動を理想気体混合物からの偏倚として表現する際の基準にもなるのである．また，次項で導入する，理想混合物の他の例である**理想溶液**(ideal solution)への橋渡しの役目もする．

低圧湿り空気の性質の計算などの例を通して，読者はすでに理想気体混合物については周知のはずである．しかし，混合物の理論のなかでの役割と位置付けの理解を促すという趣旨で，

理想気体混合部の概要を，混合物の理論の言葉で整理しておくことにする.

[1]　理想気体混合物の定義　″1″, ″2″, ″3″, . . . ,″r″の理想気体の $N_1, N_2, N_3, \ldots, N_r$ 物質量が混合して，温度 τ において体積 V を占めている．全部の物質量 N は式(3.1)による和であり，物質量比 $\boldsymbol{y}\{y_1, y_2, y_3, \ldots, y_r\}$ については式(3.2)から(3.4)が成り立つ.

このような理想気体の混合物に対する **Gibbs-Dalton** の法則(Gibbs-Dalton law)は

理想気体混合物の圧力，内部エネルギーおよびエントロピーは，それぞれの成分気体が単独で，混合気体と同じ温度で同じ体積を占める場合の値の総和に等しい.

である．図 **3.8**(a)はこれを二成分の場合について説明しているものであり，第 1 行に示してある混合状態の圧力，内部エネルギーおよびエントロピーは，(a)の分離状態の各値を総和することによって与えられる．(a)の分離状態における各成分気体の圧力 p_i を分圧(partial pressure)という．以下，Gibbs-Dalton の法則から導かれるさまざまな関係を論究しよう.

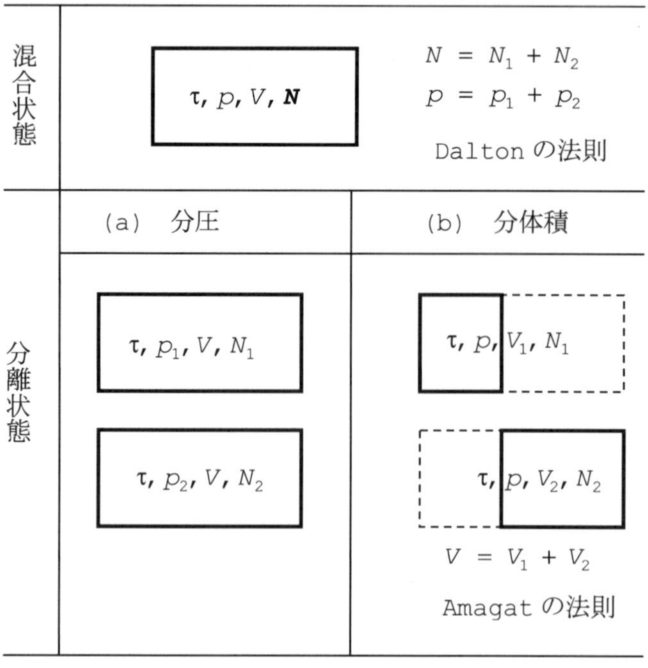

図 3.8　理想気体混合物の二つの分離状態による分圧と分体積の定義

a. 圧力，Daltonの法則およびAmagatの法則　i 番目の成分気体の，図 3.8 (a)の分離状態に対する状態方程式は

$$p_i V = N_i R\tau, \quad i = 1,2,3,\ldots,r \tag{3.17}$$

となる．この両辺を i について総和する．

$$pV = NR\tau \tag{3.18}$$

ただし，Gibbs-Daltonの法則による

$$p = \sum_{i=1}^{r} p_i \tag{3.19}$$

と，式(3.1)を使った．式(3.18)により，理想気体混合物の状態方程式は理想気体のそれと同じである．分圧の和は混合物の圧力 p であるが，これを分圧と積極的に区別する場合には全圧(total pressure)という．また，式(3.19)を**Daltonの法則**(Dalton law)という．

さて，式(3.17)と(3.18)の辺々の比を取ると，y_i を物質量比として次式になる．

$$\frac{p_i}{p} = \frac{N_i}{N} = y_i \qquad i = 1,2,3,\ldots,r \tag{3.20}$$

上式により，分圧の全圧に対する比は，その成分の物質量比に等しい．

さて，図 3.8(b)の分離状態，すなわち，混合状態と同じ温度と圧力を持つような分離状態を考えてみよう．状態方程式は

$$pV_i = N_i R\tau, \quad i = 1,2,3,\ldots,r \tag{3.21}$$

となる．この両辺を i について総和し，式(3.1)を使う．

$$p\sum_{i=1}^{r} V_i = NR\tau \tag{3.22}$$

これを式(3.18)と比較すれば次式となり，**Amagatの法則**(Amagat law)に到達した．

$$V = \sum_{i=1}^{r} V_i \tag{3.23}$$

理想気体混合物の体積 V は，それぞれの成分気体が単独で，混合気体と同じ温度で同じ圧力を持つ場合の体積 V_i の総和に等しい．

式(3.21)により定義される i 番目の成分気体の体積 V_i は，**分体積**とでもいうべきものであるが，定着した用語ではない．

なお，式(3.18)と(3.21)の辺々の比を取れば，$V_i/V = N_i/N = y_i$ となるから，式(3.20)により次式となる．

$$\frac{p_i}{p} = \frac{V_i}{V} = \frac{N_i}{N} = y_i \tag{3.24}$$

b. **内部エネルギー**　i 番目の成分気体の，図 3.8(a) の分離状態に対しては，式(2.21)により次式のようになる．

$$\begin{aligned} u_{\bullet i}^{IG}(\tau, p_i) &= \int_{\tau_i^*}^{\tau} c_{v\bullet i}^{IG}(\tau)\, d\tau + u_{\bullet i}^{IG}(\tau_i^*, p_i) \\ &= u_{\bullet i}^{IG}(\tau, p) \end{aligned} \qquad i = 1,2,3,\ldots,r \tag{3.25}$$

ただし，τ_i^* は i 番目の成分気体の内部エネルギーの基準温度であり，$u_{\bullet i}^{IG}(\tau_i^*, p_i)$ はその温度における内部エネルギーである．また，左辺と中辺で引数に入っている分圧 p_i は Gibbs-Dalton の法則に合わせて形式的に入れたものであり，実際には理想気体の内部エネルギーは圧力に無関係で，温度のみの関数である．右辺で引数に入っている圧力 p についても同様で，このように書いてもよい，ということであるが，後で具合がよいことがある．なお，比熱が一定の場合には上式中辺の第 1 項は，$c_{v\bullet i}^{IG}(\tau - \tau_i^*)$ のように積分できる．

さて，理想気体混合物の内部エネルギー $U^{IGM}(\tau, p, \boldsymbol{N})$ は，Gibbs-Dalton の法則と式(3.25)により，次の二式となる．

$$U^{IGM}(\tau, p, \boldsymbol{N}) = Nu^{IGM}(\tau, p, \boldsymbol{y}) = \sum_{i=1}^{r} N_i u_{\bullet i}^{IG}(\tau, p_i) \tag{3.26}$$

$$u^{IGM}(\tau, p, \boldsymbol{y}) = \sum_{i=1}^{r} y_i u_{\bullet i}^{IG}(\tau, p_i) \tag{3.27}$$

ただし，y_i は式(3.3)の物質量比である．また，これらの式が p や p_i を含んでいるのは，式(3.25)のところで述べたと同じ理由である．以下では，このことのただし書きは省略する．

c. **エントロピー**　i 番目の成分気体の，図 3.8(a) の分離状態に対しては，式(2.27)により

$$\begin{aligned} s_{\bullet i}^{IG}(\tau, p_i) &= \int_{\tau_i^*}^{\tau} \frac{c_{p\bullet i}^{IG}(\tau)}{\tau}\, d\tau - R\ln\frac{p_i}{p_i^*} + s_{\bullet i}^{IG}(\tau_i^*, p_i^*) \\ &= \int_{\tau_i^*}^{\tau} \frac{c_{p\bullet i}^{IG}(\tau)}{\tau}\, d\tau - R\ln\frac{p}{p_i^*} + s_{\bullet i}^{IG}(\tau_i^*, p_i^*) - R\ln\frac{p_i}{p} \\ &= s_{\bullet i}^{IG}(\tau, p) - R\ln y_i \end{aligned} \qquad i = 1,2,3,\ldots,r \tag{3.28}$$

である．ただし，τ_i^* と p_i^* は i 番目の成分気体のエントロピーの基準温度と基準圧力であり，$s_{\bullet i}^{IG}(\tau_i^*, p_i^*)$ はその温度と圧力における基準のエントロピーである．上式の最右辺は，ある成分気体の図 3.8(a) の (τ, p_i) 分離状態におけるエントロピーは，その成分の (τ, p) 純粋状態のエントロピーよりも $-R\ln y_i$ だけ大きいことを物語っている．なお，比熱が一定の場合には上式に含まれている積分の項は，$c_{p\bullet i}^{IG}\ln(\tau/\tau_i^*)$ のように積分できる．

さて，理想気体混合物のエントロピー$S^{IGM}(\tau, p, \boldsymbol{N})$は，Gibbs-Dalton の法則と式(3.28)により

$$
\begin{aligned}
S^{IGM}(\tau, p, \boldsymbol{N}) &= Ns^{IGM}(\tau, p, \boldsymbol{y}) = \sum_{i=1}^{r} N_i s_{\bullet i}^{IG}(\tau, p_i) \\
&= \sum_{i=1}^{r} N_i \left[s_{\bullet i}^{IG}(\tau, p) - R \ln y_i \right] = \sum_{i=1}^{r} N_i s_{\bullet i}^{IG}(\tau, p) - R \sum_{i=1}^{r} N_i \ln y_i
\end{aligned}
\tag{3.29}
$$

$$
s^{IGM}(\tau, p, \boldsymbol{y}) = \sum_{i=1}^{r} y_i s_{\bullet i}^{IG}(\tau, p) - R \sum_{i=1}^{r} y_i \ln y_i \tag{3.30}
$$

となる．ただし，y_iは式(3.3)の物質量比である．

式(3.29)の内容を図 **3.9**(a)で説明する．すなわち，理想気体混合物のエントロピー$S^{IGM}(\tau, p, \boldsymbol{N})$は，各単独の成分気体が$(\tau, p)$で持つエントロピー$N_i s_{\bullet i}^{IG}(\tau, p)$の総和に，付加的な項$\left(-R\sum_i N_i \ln y_i\right)$を加えたものに等しい．次の二つ

$$
\Delta S^{mix} = -R \sum_{i=1}^{r} N_i \ln y_i = N\left(- R \sum_{i=1}^{r} y_i \ln y_i \right) = N \Delta s^{mix} \tag{3.31}
$$

$$
\Delta s^{mix} = -R \sum_{i=1}^{r} y_i \ln y_i \tag{3.32}
$$

を**混合のエントロピー**(entropy of mixing)という．式(3.32)の混合のエントロピーは式(3.30)の右辺の第 2 項である．すべての i に対して$y_i < 1$であるから，$\ln y_i < 0$となり混合のエントロピーは常に正，すなわち正定値である．また，混合のエントロピーは物質量比のみの関数であり，混合される気体の種類や，混合気体の温度や圧力にはよらない．

[例題 3.1] (1)　式(3.32)を使って，二成分理想気体混合物の混合のエントロピーが最大になる混合比を決定し，その際の混合のエントロピーの値を求めよ．

(2)　式(3.31)において，特定のN_iが$N_i \to 0$であれば，ΔS^{mix}は発散するか？

(3)　図 3.8(a)の"分離状態"における成分"i"のモル内部エネルギーは式(3.25)により$u_{\bullet i}^{IG}(\tau, p)$，モルエントロピーは式(3.28)により$s_{\bullet i}^{IG}(\tau, p) - R \ln y_i$である．モルエンタルピー，モル Gibbs エネルギーおよびモル Helmholtz エネルギーを求めよ．

(4)　図 3.9(a)の"分離状態"の図に示してある二つの実線の箱を貼りあわせ，周囲に対して断熱する．ついで，二つの箱の間の隔壁を取り去り，両方の箱の気体を"自由に"膨張させる．この過程は，図の"分離状態から混合状態への変化"のところに示してある．この過程により図の"混合状態"が実現されることを示せ．

(5)　図 3.9(a)の"分離状態"の図に示してある二つの実線の箱の中にある気体を，上の(3)のような過程ではなく，それぞれ体積がVになるまで周囲に対して仕事をさせながら準静的に

状　態		エントロピーの計算
混合状態	$\tau, p, V, \boldsymbol{N}$	混合状態の値 $S^{IGM}(\tau, p, \boldsymbol{N})$ $= Ns^{IGM}(\tau, p, \boldsymbol{y})$ 理想気体混合物のエントロピー
分離状態	τ, p, V_1, N_1 τ, p, V_2, N_2	分離状態の値 $= \sum_{i=1}^{r} N_i s_i^{IG}(\tau, p)$ 成分気体の(τ, p)における エントロピーの総和
分離状態から混合状態への変化	$\tau, p, V, \boldsymbol{N}$ 断熱	付加的な項 $+ \left(- R\sum_{i=1}^{r} N_i \ln y_i\right)$ 混合のエントロピー

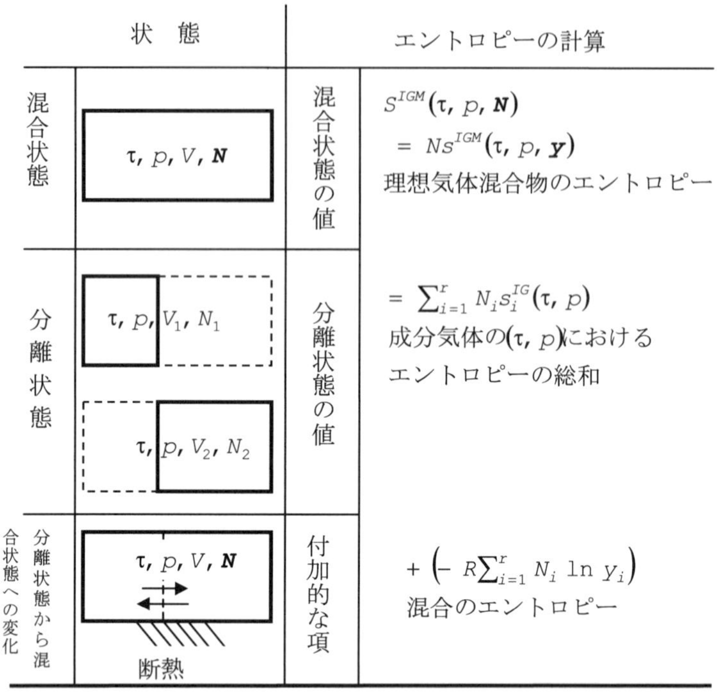

(a) 理想気体混合物のエントロピーの計算式(3.29)の意味

$\tau, p, V_1, N_1 \rightarrow \tau, p_1, V, N_1$　　$\tau, p_2, V, N_2 \leftarrow \tau, p, V_2, N_2$

温度 τ の恒温槽　　　温度 τ の恒温槽

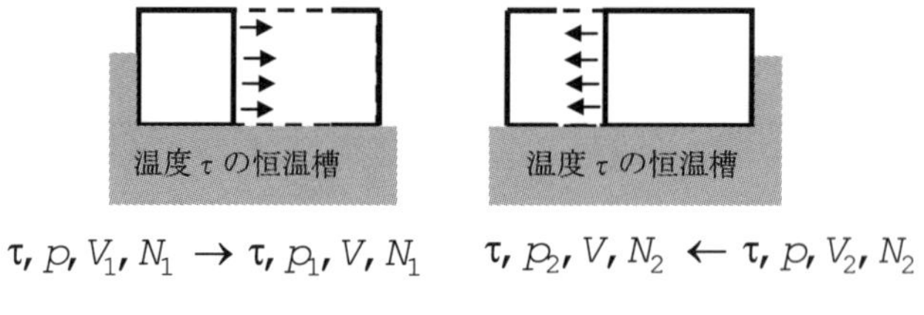

(b) [例題 3.1] (5) の過程

図 3.9　理想気体混合物のエントロピーの計算式(3.24)の意味と[例題 3.1](4)の過程

等温膨張させる．この過程を図 3.9(b)に示す．この際得られる仕事をΔWとすると，この仕事は混合のエントロピーΔS^{mix}と

$$\Delta W = \tau \Delta S^{mix} \tag{a}$$

のように関係していることを示せ．

なお，このような等温膨張により到達される状態は，図 3.8(a)の分離状態であることに注意せよ．

[解答](1) 二成分の場合には $y_2 = 1 - y_1$ であるから，式(3.32)は

$$-\Delta s^{mix}/R = y_1 \ln y_1 + (1 - y_1)\ln(1 - y_1) \tag{3.33}$$

となる．これをy_1で微分する．

$$\begin{aligned}\frac{d(-\Delta s^{mix}/R)}{dy_1} &= \ln y_1 + y_1 \cdot \frac{1}{y_1} \\ &+ \ln(1 - y_1) + (1 - y_1) \cdot \frac{-1}{1 - y_1} \\ &= \ln \frac{y_1}{1 - y_1}\end{aligned} \tag{b}$$

上式は$y_1 = 1/2$のときゼロになり，式(3.32)のΔs^{mix}は最大になる．最大値は

$$\begin{aligned}\Delta s^{mix} &= -2R\frac{1}{2}\ln\frac{1}{2} = R\ln 2 \\ &= 8.315 \times 0.6931 = 5.764\ \mathrm{kJ/(kmol \cdot K)}\end{aligned} \tag{c}$$

(2) 式(3.31)を変形する．

$$\begin{aligned}-\Delta S^{mix}/R &= N_i \ln \frac{N_i}{N} + \sum_{j=1, j\neq i}^{r} N_j \ln \frac{N_j}{N} \\ &= N_i \ln N_i - \left(N_i \ln N - \sum_{j=1, j\neq i}^{r} N_j \ln \frac{N_j}{N}\right)\end{aligned} \tag{d}$$

上式の最右辺において，発散の恐れのあるものは第 1 項のみである．したがって，$\lim_{N_i \to 0}(N_i \ln N_i)$の挙動を検討すればよい．解析学によりこの極限値はゼロであり，ΔS^{mix}が発散することはない．

なお，上式を二成分の場合に適用し，$i = 1$，残りは"2"として，$N_1 \to 0$とすれば，$\Delta S^{mix} \to 0$となることを確かめよ．これは，系が純粋な"2"であれば，混合のエントロピーはゼロ，あるいは混合のエントロピーなど存在しないことを示している．

(3)　モルエンタルピー：$h = u + pv$により

$$h_{\bullet i}^{IG}(\tau, p_i) = u_{\bullet i}^{IG}(\tau, p) + p_i(V / N_i) = u_{\bullet i}^{IG}(\tau, p) + R\tau = h_{\bullet i}^{IG}(\tau, p) \qquad i = 1,2,3,\ldots,r \tag{e}$$

ただし，式(3.17)を使った．

モルHelmholtzエネルギー：$f = u - \tau s$により

$$\begin{aligned} f_{\bullet i}^{IG}(\tau, p_i) &= u_{\bullet i}^{IG}(\tau, p) - \tau\left[s_{\bullet i}^{IG}(\tau, p) - R\ln y_i\right] \\ &= \left[u_{\bullet i}^{IG}(\tau, p) - \tau s_{\bullet i}^{IG}(\tau, p)\right] + R\tau \ln y_i \qquad i = 1,2,3,\ldots,r \\ &= f_{\bullet i}^{IG}(\tau, p) + R\tau \ln y_i \end{aligned} \tag{f}$$

モルGibbsエネルギー：$g = h - \tau s$により

$$\begin{aligned} g_{\bullet i}^{IG}(\tau, p_i) &= h_{\bullet i}^{IG}(\tau, p) - \tau\left[s_{\bullet i}^{IG}(\tau, p) - R\ln y_i\right] \\ &= \left[h_{\bullet i}^{IG}(\tau, p) - \tau s_{\bullet i}^{IG}(\tau, p)\right] + R\tau \ln y_i \qquad i = 1,2,3,\ldots,r \\ &= g_{\bullet i}^{IG}(\tau, p) + R\tau \ln y_i \end{aligned} \tag{g}$$

(4)　式(1.61)よりもっと原始的で，閉じた系に対して常に成り立つ熱力学の第一法則

$$Q = U_{final} - U_{initial} + W \tag{3.34}$$

を適用する．状態"initial"が図 3.9(a)の"分離状態"であり，状態"final"は"自由"膨張後の平衡状態である．

この過程は断熱的であり，周囲との仕事相互作用もないから

$$U_{final} - U_{initial} = 0 \tag{h}$$

であり，内部エネルギーは変化しない．始めの状態における内部エネルギーは式(3.25)により

$$U_{initial} = N_1 u_{\bullet 1}^{IG}(\tau) + N_2 u_{\bullet 2}^{IG}(\tau) \tag{i}$$

となるが，これは二つの純粋状態の内部エネルギーを加算したものである．ただし，無関係な圧力は省略して書いた．

さて，状態"final"における温度をτ'としよう．この状態に対しては式(3.26)がGibbs-Daltonの法則により成り立ち

$$U_{final} = N_1 u_{\bullet 1}^{IG}(\tau') + N_2 u_{\bullet 2}^{IG}(\tau') \tag{j}$$

となる．ここでも，無関係な圧力は省略して書いた．

以上の，式(h)から(j)により

$$N_1 u_{\bullet 1}^{IG}(\tau') + N_2 u_{\bullet 2}^{IG}(\tau') = N_1 u_{\bullet 1}^{IG}(\tau) + N_2 u_{\bullet 2}^{IG}(\tau) \tag{k}$$

あるいは

$$N_1\left[u_{\bullet 1}^{IG}(\tau') - u_{\bullet 1}^{IG}(\tau)\right] + N_2\left[u_{\bullet 2}^{IG}(\tau') - u_{\bullet 2}^{IG}(\tau)\right] = 0 \tag{l}$$

となる．これが勝手なN_1とN_2に対して成り立つためには$\tau' = \tau$であるから，自由膨張後の温度は始めの温度と同じである．

以上により，自由膨張後は，図 3.9(a)の"混合状態"と同様に温度τ，体積V，物質量$N = N_1 + N_2$となる．さらに，a.で検証したように，その状態の混合気体は理想気体の方程式を満足するから，自由膨張後の圧力は図 3.9(a)の"混合状態"と同様にpとなる．したがって，自由膨張により図 3.9(a)の"混合状態"が実現される．

(5)　図 3.9(b)の左側の図の過程による仕事ΔW_Lを計算する．状態方程式$pV = N_1R\tau$と等温変化であることにより

$$\Delta W_L = \int_{V_1}^{V} p dV = N_1R\tau\int_{V_1}^{V} \frac{1}{V}\, dV = N_1R\tau \ln \frac{V}{V_1} = -N_1R\tau \ln y_1 \tag{m}$$

となる．ただし，式(3.24)を使った．

図 3.9(b)の右側の図の過程による仕事ΔW_Rも同様にして計算して次式となる．

$$\begin{aligned}\Delta W &= \Delta W_L + \Delta W_R \\ &= \tau(- N_1R \ln y_1 - N_1R \ln y_1) = \tau\ \Delta S^{mix}\end{aligned} \tag{n}$$ ■

[2]　熱力学的ポテンシャル　内部エネルギーは式(3.26)である．

a.　エンタルピー　式(3.26)の内部エネルギーと状態方程式$pV = NR\tau$から導く．

$$\begin{aligned}H^{IGM}(\tau, p, \boldsymbol{N}) &= Nh^{IGM}(\tau, p, \boldsymbol{y}) = U^{IGM}(\tau, p, \boldsymbol{N}) + PV \\ &= \sum_{i=1}^{r} N_i u_{\bullet}^{IG}(\tau, p_i) + NR\tau = \sum_{i=1}^{r} N_i u_{\bullet i}^{IG}(\tau, p_i) + R\tau\sum_{i=1}^{r} N_i \\ &= \sum_{i=1}^{r} N_i\left[u_{\bullet i}^{IG}(\tau, p_i) + R\tau\right] = \sum_{i=1}^{r} N_i h_{\bullet i}^{IG}(\tau, p_i)\end{aligned} \tag{3.35}$$

$$h^{IGM}(\tau, p, \boldsymbol{y}) = \sum_{i=1}^{r} y_i h_{\bullet i}^{IG}(\tau, p_i) \tag{3.36}$$

b.　Helmholtz エネルギー　$F = U - \tau S$，式(3.26)の内部エネルギーおよび式(3.29)のエントロピーから導く．

$$\begin{aligned}F^{IGM}(\tau, p, \boldsymbol{N}) &= Nf^{IGM}(\tau, p, \boldsymbol{y}) \\ &= U^{IGM}(\tau, p, \boldsymbol{N}) - \tau S^{IGM}(\tau, p, \boldsymbol{N}) \\ &= \sum_{i=1}^{r} N_i u_{\bullet i}^{IG}(\tau, p_i) - \tau\sum_{i=1}^{r} N_i s_{\bullet i}^{IG}(\tau, p_i) \\ &= \sum_{i=1}^{r} N_i\left[u_{\bullet i}^{IG}(\tau, p_i) - \tau s_{\bullet i}^{IG}(\tau, p_i)\right] = \sum_{i=1}^{r} N_i f_{\bullet i}^{IG}(\tau, p_i)\end{aligned}$$

$$= \sum_{i=1}^{r} N_i u_{\bullet i}^{IG}(\tau, p) - \tau\left[\sum_{i=1}^{r} N_i s_{\bullet i}^{IG}(\tau, p) - R\sum_{i=1}^{r} N_i \ln y_i\right]$$

$$= \sum_{i=1}^{r} N_i\left[u_{\bullet i}^{IG}(\tau, p) - \tau s_{\bullet i}^{IG}(\tau, p)\right] + R\tau\sum_{i=1}^{r} N_i \ln y_i \qquad (3.37)$$

$$= \sum_{i=1}^{r} N_i f_{\bullet i}^{IG}(\tau, p) + R\tau\sum_{i=1}^{r} N_i \ln y_i = \sum_{i=1}^{r} N_i\left[f_{\bullet i}^{IG}(\tau, p) + R\tau \ln y_i\right]$$

$$f^{IGM}(\tau, p, \boldsymbol{y}) = \sum_{i=1}^{r} y_i f_{\bullet i}^{IG}(\tau, p_i) = \sum_{i=1}^{r} y_i f_{\bullet i}^{IG}(\tau, p) + R\tau\sum_{i=1}^{r} y_i \ln y_i$$
$$= \sum_{i=1}^{r} y_i\left[f_{\bullet i}^{IG}(\tau, p) + R\tau \ln y_i\right] \qquad (3.38)$$

c.　Gibbs エネルギー　$G = H - \tau S$，式(3.35)のエンタルピーおよび式(3.29)のエントロピーから導く．

$$G^{IGM}(\tau, p, \boldsymbol{N}) = Ng^{IGM}(\tau, p, \boldsymbol{y}) = H^{IGM}(\tau, p, \boldsymbol{N}) - \tau S^{IGM}(\tau, p, \boldsymbol{N})$$

$$= \sum_{i=1}^{r} N_i h_{\bullet i}^{IG}(\tau, p_i) - \tau\sum_{i=1}^{r} N_i s_{\bullet i}^{IG}(\tau, p_i)$$

$$= \sum_{i=1}^{r} N_i\left[h_{\bullet i}^{IG}(\tau, p_i) - \tau s_{\bullet i}^{IG}(\tau, p)\right] = \sum_{i=1}^{r} N_i g_{\bullet i}^{IG}(\tau, p_i)$$

$$= \sum_{i=1}^{r} N_i h_{\bullet i}^{IG}(\tau) - \tau\left[\sum_{i=1}^{r} N_i s_{\bullet i}^{IG}(\tau, p) - R\sum_{i=1}^{r} N_i \ln y_i\right] \qquad (3.39)$$

$$= \sum_{i=1}^{r} N_i\left[h_{\bullet i}^{IG}(\tau) - \tau s_{\bullet i}^{IG}(\tau, p)\right] + R\tau\sum_{i=1}^{r} N_i \ln y_i$$

$$= \sum_{i=1}^{r} N_i g_{\bullet i}^{IG}(\tau, p) + R\tau\sum_{i=1}^{r} N_i \ln y_i = \sum_{i=1}^{r} N_i\left[g_{\bullet i}^{IG}(\tau, p) + R\tau \ln y_i\right]$$

$$g^{IGM}(\tau, p, \boldsymbol{y}) = \sum_{i=1}^{r} y_i g_{\bullet i}^{IG}(\tau, p_i) = \sum_{i=1}^{r} y_i g_{\bullet i}^{IG}(\tau, p) + R\tau\sum_{i=1}^{r} y_i \ln y_i$$
$$= \sum_{i=1}^{r} y_i\left[g_{\bullet i}^{IG}(\tau, p) + R\tau \ln y_i\right] \qquad (3.40)$$

[3]　部分量　任意の示量性質Ξの部分量$\bar{\xi}_i$を式(1.115)で計算する．

a.　部分体積と部分エントロピー　**部分体積**(partial volume)は，式(3.18)と(1.115)により

$$V^{IGM} = \frac{NR\tau}{p} = \frac{R\tau}{p}\sum_{k=1}^{r} N_k \qquad (3.41)$$

$$\bar{v}_i^{IGM}(\tau, p, \boldsymbol{y}) = \left(\frac{\partial V^{IGM}}{\partial N_i}\right)_{\tau, p, N_j, j\neq i}$$
$$= \left(\frac{\partial}{\partial N_i}\frac{R\tau}{p}\sum_{k=1}^{r} N_k\right)_{\tau, p, N_j, j\neq i} = \frac{R\tau}{p} = v_{i,\ \text{any "}i\text{"}} \qquad i = 1, 2, 3, \ldots, r \qquad (3.42)$$

と計算する．最右辺の any "i"は，"i"でもよいが，特定の"i"にはよらないという意味である．すなわち，各成分気体が，混合気体の体積に対してする寄与は，どの成分でも同じである．

部分エントロピー(partial entropy)は，式(3.29)の第 3 辺により $s^{IG}_{\bullet i}(\tau,\ p_i)$ であるはずであり，実際そうである．別の方法で部分エントロピーを求めるために，式(3.29)を

$$S^{IGM}(\tau,\ p,\ \boldsymbol{N}) = \sum_{k=1}^{r} N_k s^{IG}_{\bullet k}(\tau,\ p) - R\sum_{k=1}^{r} N_k \ln\frac{N_k}{N} \tag{3.43}$$

と書いておいて，式(1.115)を適用するのであるが，まず上式右辺の 2 番目の Σ の項に対する式(1.115)の微分を計算する．

$$\begin{aligned}
&\left(\frac{\partial}{\partial N_i}\sum_{k=1}^{r} N_k \ln\frac{N_k}{N}\right)_{\tau,\ p,\ N_k,\ k\neq i} \\
&= \frac{\partial}{\partial N_i} N_i \ln\frac{N_i}{N} + \left(\frac{\partial}{\partial N_i}\sum_{k=1,\ k\neq i}^{r} N_k \ln\frac{N_k}{N}\right)_{N_k,\ k\neq i} \\
&= \ln\frac{N_i}{N} + N_i\left(\frac{1}{N_i} - \frac{1}{N}\right) + \sum_{k=1,\ K=i}^{r} N_k\left(-\frac{1}{N}\right) \\
&= \ln y_i + 1 - \frac{\sum_{k=1}^{r} N_k}{N} = \ln y_i
\end{aligned} \qquad i = 1,2,3,\ ...,\ r \tag{3.44}$$

これと式(3.28)を使って次のように計算する．

$$\begin{aligned}
&\bar{s}_i^{IGM}(\tau,\ p,\ \boldsymbol{y}) = \left(\frac{\partial S^{IGM}}{\partial N_i}\right)_{\tau,\ p,\ N_j,\ j\neq i} \\
&= \left[\frac{\partial \sum_{k=1}^{r} N_k s^{IG}_{\bullet i}(\tau,\ p)}{\partial N_i}\right]_{\tau,\ p,\ N_j,\ j\neq i} - R\left(\frac{\partial \sum_{k=1}^{r} N_k \ln\frac{N_k}{N}}{\partial N_i}\right)_{\tau,\ p,\ N_j,\ j\neq i} \\
&= s^{IG}_{\bullet i}(\tau,\ p) - R\ln y_i = s^{IG}_{\bullet i}(\tau,\ p_i)
\end{aligned}$$

$$i = 1,2,3,\ ...,\ r \tag{3.45}$$

b．熱力学的ポテンシャルの部分量　部分内部エネルギー(partial internal energy)，**部分エンタルピー**(partial enthalpy)，**部分 Helmholtz エネルギー**(partial Helmholtz energy)，部分 Gibbs エネルギー，を求める．

まず，部分内部エネルギーを計算するために，式(3.26)に式(1.115)を適用する．

$$\bar{u}_i^{IGM}(\tau,\ p,\ \boldsymbol{y}) = \left[\frac{\partial \sum_{k=1}^{r} N_k u^{IG}_{\bullet k}(\tau,\ p_k)}{\partial N_i}\right]_{\tau,\ p,\ N_j,\ j\neq i} = u^{IG}_{\bullet i}(\tau,\ p_i)$$

$$i = 1,2,3,\ ...,\ r \tag{3.46}$$

中辺において微分される $u^{IG}_{\bullet k}(\tau,\ p_k)$ は，形としては $u^{IG}_{\bullet k}[\tau,\ (N_k/N)p]$ であるから，大変複雑な微

分のように見えるが，すでに注意したように，$u_{\bullet k}^{IG}(\tau, p_k)$の$p_k$は形式的に入っているのであるから，これを無視して，$u_{\bullet k}^{IG}(\tau, p_k)$は温度のみの関数と考えてよい．

式(3.46)の最右辺は，理想気体混合物の部分内部エネルギーが，混合物の温度における純粋な"i"のモル内部エネルギーに等しいことを示している．

次に，部分エンタルピーを計算するために，式(3.35)に式(1.115)を適用する．

$$\bar{h}_i^{IGM}(\tau, p, \boldsymbol{y}) = \left[\frac{\partial \sum_{k=1}^{r} N_k h_{\bullet k}^{IG}(\tau, p_k)}{\partial N_i}\right]_{\tau, p, N_j, j \neq i} = h_{\bullet i}^{IG}(\tau, p_i)$$

$$i = 1,2,3, \ldots, r \qquad (3.47)$$

中辺において微分される$h_{\bullet k}^{IG}(\tau, p_k)$についても，部分内部エネルギーの場合と同じ注意をせよ．

式(3.47)の最右辺は，理想気体混合物の部分エンタルピーが，混合物の温度における純粋な"i"のモルエンタルピーに等しいことを示している．

次に，部分Helmholtzエネルギーを計算するために，式(3.37)に式(1.115)を適用する．

$$\bar{f}_i^{IGM}(\tau, p, \boldsymbol{y}) = \left(\frac{\partial F^{IGM}}{\partial N_i}\right)_{\tau, p, N_j, j \neq i}$$

$$= \left[\frac{\partial \sum_{k=1}^{r} N_k f_{\bullet i}^{IG}(\tau, p)}{\partial N_i}\right]_{\tau, p, N_j, j \neq i} + R\tau \left(\frac{\partial \sum_{k=1}^{r} N_k \ln \frac{N_k}{N}}{\partial N_i}\right)_{\tau, p, N_j, j \neq i}$$

$$= f_{\bullet i}^{IG}(\tau, p) + R\tau \ln y_i = f_{\bullet i}^{IG}(\tau, p_i)$$

$$i = 1,2,3, \ldots, r \qquad (3.48)$$

ただし，式(3.44)も使った．また，最右辺は[例題3.1]の式(f)による．

式(3.48) の最右辺は，理想気体混合物の部分 Helmholtz エネルギーが，混合物の温度と"i"の分圧における純粋な"i"のモル Helmholtz エネルギーに等しいことを示している．

最後に，部分Gibbsエネルギーを計算するために，式(3.39)に式(1.115)を適用する．

$$\bar{g}_i^{IGM}(\tau, p, \boldsymbol{y}) = \mu_i^{IGM}(\tau, p, \boldsymbol{y}) = \left(\frac{\partial G^{IGM}}{\partial N_i}\right)_{\tau, p, N_j, j \neq i}$$

$$= \left[\frac{\partial \sum_{k=1}^{r} N_k g_{\bullet i}^{IG}(\tau, p)}{\partial N_i}\right]_{\tau, p, N_j, j \neq i} + R\tau \left(\frac{\partial \sum_{k=1}^{r} N_k \ln \frac{N_k}{N}}{\partial N_i}\right)_{\tau, p, N_j, j \neq i}$$

$$= g_{\bullet i}^{IG}(\tau, p) + R\tau \ln y_i = g_{\bullet i}^{IG}(\tau, p_i)$$

$$i = 1,2,3, \ldots, r \qquad (3.49)$$

ただし，式(3.44)も使った．また，最右辺は[例題 3.1]の式(g)による． 式(3.49) の最右辺は，理想気体混合物の部分 Gibbs エネルギー，すなわち化学ポテンシャルが，混合物の温度と"i"の分圧における純粋な"i"のモル Gibbs エネルギーに等しいことを示している．

[4] 混合量 混合物の任意の示量性質に対して，現実の値 $\Xi(\tau, p, \boldsymbol{N}) = N\xi(\tau, p, \boldsymbol{y})$ と $\sum_{i=1}^{r} N_i \xi_{\bullet i}(\tau, p)$ の差，すなわち

$$\begin{aligned}\Delta\Xi^{mix} &= N\Delta\xi^{mix} = N\xi(\tau, p, \boldsymbol{y}) - \sum_{i=1}^{r} N_i \xi_{\bullet i}(\tau, p)\\ &= \sum_{i=1}^{r} N_i \bar{\xi}_i(\tau, p, \boldsymbol{y}) - \sum_{i=1}^{r} N_i \xi_{\bullet i}(\tau, p)\\ &= \sum_{i=1}^{r} N_i \left[\bar{\xi}_i(\tau, p, \boldsymbol{y}) - \xi_{\bullet i}(\tau, p)\right]\\ &= \sum_{i=1}^{r} N_i \overline{\Delta\xi^{mix}}_i(\tau, p, \boldsymbol{y})\end{aligned} \tag{3.50}$$

$$\begin{aligned}\Delta\xi^{mix} &= \xi(\tau, p, \boldsymbol{y}) - \sum_{i=1}^{r} y_i \xi_{\bullet i}(\tau, p)\\ &= \sum_{i=1}^{r} y_i \bar{\xi}_i(\tau, p, \boldsymbol{y}) - \sum_{i=1}^{r} y_i \xi_{\bullet i}(\tau, p)\\ &= \sum_{i=1}^{r} y_i \left[\bar{\xi}_i(\tau, p, \boldsymbol{y}) - \xi_{\bullet i}(\tau, p)\right]\\ &= \sum_{i=1}^{r} y_i \overline{\Delta\xi^{mix}}_i(\tau, p, \boldsymbol{y})\end{aligned} \tag{3.51}$$

を**混合量**(mixing property)という．ただし

$$\overline{\Delta\xi^{mix}}_i(\tau, p, \boldsymbol{y}) = \bar{\xi}_i(\tau, p, \boldsymbol{y}) - \xi_{\bullet i}(\tau, p) \qquad i = 1,2,3,\ldots,r \tag{3.52}$$

であり，これは**混合量の部分量**(partial mixing property)になっている．

定義式からあきらかなように，$(\tau, p, \boldsymbol{N})$ あるいは $(\tau, p, \boldsymbol{y})$ における現実の混合物の値と，各成分の純粋物質を，(τ, p) において $N_1, N_2, N_3, \ldots, N_r$ 物質量だけ，あるいは $y_1, y_2, y_3, \ldots, y_r$ 物質量だけ集めたものとの差が混合量である．

理想気体混合物のエントロピーの混合量を計算してみよう．混合量の定義式(3.50)と式(3.29)により

$$\begin{aligned}\Delta S^{mix} &= N\Delta s^{mix}\\ &= \sum_{i=1}^{r} N_i\left[s_{\bullet i}(\tau, p) - R\ln y_i\right] - \sum_{i=1}^{r} N_i s_{\bullet i}(\tau, p)\\ &= -R\sum_{i=1}^{r} N_i \ln y_i\\ &= \sum_{i=1}^{r} N_i \overline{\Delta s^{mix}}_i(\tau, p, \boldsymbol{y})\end{aligned} \tag{3.53}$$

表 3.1　理想気体混合物の部分量，混合量および混合量の部分量

性質 ξ	部分量 $\bar{\xi}_i$	混合量 $\Delta\xi^{mix}$	混合量の部分量 $\overline{\Delta\xi^{mix}}_i$
モル体積 v	$v_{\bullet i}^{IG}(\tau, p) = R\tau/p$ 1)	0	0
モルエントロピー s	$s_{\bullet i}^{IG}(\tau, p) - R\ln y_i$	$-R\sum_{i=1}^{r} y_i \ln y_i$	$-R\ln y_i$
モル内部エネルギー u	$u_{\bullet i}^{IG}(\tau, p)$ 2)	0	0
モルエンタルピー h	$h_{\bullet i}^{IG}(\tau, p)$ 2)	0	0
モル Helmholtz エネルギー f	$f_{\bullet i}^{IG}(\tau, p) + R\tau\ln y_i$	$R\tau\sum_{i=1}^{r} y_i \ln y_i$	$R\tau\ln y_i$
モル Gibbs エネルギー g	$g_{\bullet i}^{IG}(\tau, p) + R\tau\ln y_i$	$R\tau\sum_{i=1}^{r} y_i \ln y_i$	$R\tau\ln y_i$

1) すべての"i"について同じ値である．左辺の引数の圧力は分圧 p_i ではなく，全圧 p であることに注意．式(3.24)を使って $v_{\bullet i}^{IG}(\tau, p_i)$ を変形すると，$v_{\bullet i}^{IG}(\tau, p_i) = R\tau/p_i = NR\tau/(N_i p) = V/N_i$ となる．これは混合状態における"i"のモル体積である．
2) 形式的に引数に p_i や p を入れて書いてあるが，実際は圧力には無関係であるから，いずれの圧力を入れておいてもよい．

ただし

$$\overline{\Delta s^{mix}}_i(\tau, p, \boldsymbol{y}) = -R\ln y_i \qquad i = 1,2,3,\ldots,r \tag{3.54}$$

である．式(3.31)と(3.53)の比較により，理想気体混合物のエントロピーの混合量は，混合のエントロピーに等しい．

部分量や，エントロピー以外の性質について混合量と混合量の部分量を計算した結果を表 3.1 に示す．

3.2.2　理想溶液

理想気体混合物のモデルは低圧の混合気体に対して成り立つことにより，実用的にも役立つ一方，かつ混合物の一つの基準としても重要である．この項で学習する理想溶液は，混合物の性質に対するもう一つの理想化であり，性質の組成依存性の一つの基準を与える．後でわかるように，理想溶液のモデルは物質量比がほとんど 1 の成分に対しては厳密に成り立つ．

さて，理想溶液の概念は凝集状態にかかわりなく定義・適用できるものであり，液体混合物を連想させる"溶液" という用語は適当でない．しかし，これは定着した用語であるから本書でも使う．

用語をいくつか定義する．まず，成分"i"の物質量比が，ほかの成分の全体"z"よりも多ければ，その混合物を"z"の"i"**溶液**(solution)という．たとえば，"z"アルコールの"i"**水溶液**(aqueous solution)などである．"z"を**溶質**(solute)，"i"を**溶媒**(solvent)といい，溶媒の物質量比が十分に大きければ溶液は**希薄**(dilute)であるといい，その溶液を**希薄溶液**(dilute solution)という．

[1]　理想溶液の定義　理想溶液の概念は，理想気体混合物中の成分"i"の化学ポテンシャルの式(3.49)からの連想に基づいている．現実の混合物のモデルとしては，同式の最後から 2 番の辺に含まれている $g_{\bullet i}^{IG}(\tau, p)$ は気体混合物でない限り基準として好ましくないので，それを混合物の温度･圧力 (τ, p) において混合物と同じ凝集状態にある純粋な"i"の化学ポテンシャル $g_{\bullet i}(\tau, p)$ と置き換えたのである．すなわち

$$\overline{g}_i^{IS}(\tau, p, \boldsymbol{y}) = \mu_i^{IS}(\tau, p, \boldsymbol{y}) = \left(\frac{\partial G^{IS}}{\partial N_i}\right)_{\tau, p, N_j, j \neq i} = g_{\bullet i}(\tau, p) + R\tau \ln y_i \qquad i = 1,2,3, \ldots, r \tag{3.55}$$

が成り立つ混合物を理想溶液と定義する．ただし，上付き添え字の"IS"は理想溶液を示す．

この定義式において $y_i \to 1$，すなわち純粋な"i"に移行するならば，次式が成り立つ．

$$\lim_{y_i \to 1} \mu_i^{IS}(\tau, p, \boldsymbol{y}) = g_{\bullet i}(\tau, p) \qquad i = 1,2,3, \ldots, r \tag{3.56}$$

したがって，理想溶液の理想化は，$y_i \to 1$ の成分については現実的である．しかし，理想溶液の定義として，式(3.55)が問題の $(\tau, p, \boldsymbol{y})$ の範囲で，すべての成分に対して成り立つことを仮定することもあるが，これは過度の理想化である．本書では，理想溶液を" $y_i \to 1$ の成分に対して" の意味と，" $(\tau, p, \boldsymbol{y})$ の範囲で，すべての成分に対して" の意味の両方で使う．

実際，現実の混合物はほとんど**非理想溶液**(non-ideal solution)であるが，それでも理想溶液の概念が重要であるのは

(効用 1)　希薄溶液の溶媒は理想溶液として挙動する．

(効用 2)　非理想溶液の性質はしばしば理想溶液からの偏倚として表現される．

(効用 3)　混合物の特質の定性的理解を助ける．

のような効用がある．なお理想気体混合物に対する式(3.49)は，式(3.55)の特別の場合である．すなわち，理想気体混合物においては，$y_i \to 1$，すなわち純粋な"i"に近づけば"i"の理想気体になるという，さらに高度の理想化がされている．

[2]　部分量　式 (3.55) の化学ポテンシャルから導かれるいくつかの部分量を求める．

まず，部分体積を式 (3.55) と(1.137)により

$$\overline{v_i}^{IS}(\tau, p, \boldsymbol{y}) = \left[\frac{\partial \mu_i^{IS}(\tau, p, \boldsymbol{y})}{\partial p}\right]_{\tau, \boldsymbol{y}} = \left[\frac{\partial g_{\bullet i}(\tau, p)}{\partial p}\right]_{\tau} = v_{\bullet i}(\tau, p) \qquad i = 1,2,3, \ldots, r \tag{3.57}$$

と計算する．ただし，式(1.29)を使った．

ついで，部分エントロピーを式（3.55）と(1.136)により

$$\overline{s_i}^{IS}(\tau, p, \boldsymbol{y}) = -\left[\frac{\partial \mu_i^{IS}(\tau, p, \boldsymbol{y})}{\partial \tau}\right]_{p, \boldsymbol{y}} = -\left[\frac{\partial g_{\bullet i}(\tau, p)}{\partial \tau}\right]_{p} - R \ln y_i = s_{\bullet i}(\tau, p) - R \ln y_i \qquad i = 1,2,3, \ldots, r \tag{3.58}$$

と計算する．ただし，式(1.28)を使った．

ついで部分エンタルピーを，式（3.55）と$\bar{g}_i = \bar{h}_i - \tau \bar{s}_i$ により次のように計算する．

$$\overline{h_i}^{IS}(\tau, p, \boldsymbol{y}) = \mu_i^{IS}(\tau, p, \boldsymbol{y}) + \tau \overline{s_i}^{IS}(\tau, p, \boldsymbol{y}) = g_{\bullet i}(\tau, p) + R\tau \ln y_i + \tau\left[s_{\bullet i}(\tau, p) - R \ln y_i\right] = h_{\bullet i}(\tau, p) \qquad i = 1,2,3, \ldots, r \tag{3.59}$$

ついで部分内部エネルギーを，$\bar{h}_i = \bar{u}_i + p\,\bar{v}_i$により次のように計算する．

$$\overline{u_i}^{IS}(\tau, p, \boldsymbol{y}) = \overline{h_i}^{IS}(\tau, p, \boldsymbol{y}) - p\overline{v_i}^{IS}(\tau, p, \boldsymbol{y}) = h_{\bullet i_i}(\tau, p) - pv_{\bullet i}(\tau, p) = u_{\bullet i}(\tau, p) \qquad i = 1,2,3, \ldots, r \tag{3.60}$$

最後に，部分Helmholtzエネルギーを$\bar{f}_i = \bar{u}_i - \tau\,\bar{v}_i$により

$$\overline{f_i}^{IS}(\tau, p, \boldsymbol{y}) = \overline{u_i}^{IS}(\tau, p, \boldsymbol{y}) - \tau\overline{s_i}^{IS}(\tau, p, \boldsymbol{y}) = u_{\bullet i}(\tau, p) - \tau\left[s_{\bullet i}(\tau, p) - R \ln y_i\right] = f_{\bullet i}(\tau, p) + R\tau \ln y_i \qquad i = 1,2,3, \ldots, r \tag{3.61}$$

のように計算する．

$\overline{g_i}^{IS}(\tau, p, \boldsymbol{y})$は，もちろん式(3.55）の化学ポテンシャルそのものである．

[3]　その他の性質　上の[2]において，一揃いの部分量が導いてあるので，その他の性質の計算は機械的にできる．エントロピーのみについて導出の仕方を示そう．

まず，エントロピーそのものについては，式(1.116)，(1.117）および(3.58）により

$$
\begin{aligned}
S^{IS}(\tau, p, \boldsymbol{N}) &= Ns^{IS}(\tau, p, \boldsymbol{y}) \\
&= \sum_{i=1}^{r} N_i \, \bar{s}_i^{IS}(\tau, p, \boldsymbol{y}) \qquad (3.62) \\
&= \sum_{i=1}^{r} N_i s_{\bullet i}(\tau, p) - R\sum_{i=1}^{r} N_i \ln y_i
\end{aligned}
$$

$$
\begin{aligned}
s^{IS}(\tau, p, \boldsymbol{y}) &= \sum_{i=1}^{r} y_i \overline{s_i}^{IS}(\tau, p, \boldsymbol{y}) \qquad (3.63) \\
&= \sum_{i=1}^{r} y_i s_{\bullet i}(\tau, p) - R\sum_{i=1}^{r} y_i \ln y_i
\end{aligned}
$$

のようになる．

混合量は，式(3.50)から(3.52)に，式(3.62)を適用して，次のようになる．

$$
\begin{aligned}
\Delta S^{mix} &= N\Delta s^{mix} \\
&= Ns(\tau, p, \boldsymbol{y}) - \sum_{i=1}^{r} N_i s_{\bullet i}(\tau, p) \\
&= \sum_{i=1}^{r} N_i \, \bar{s}_i(\tau, p, \boldsymbol{y}) - \sum_{i=1}^{r} N_i s_{\bullet i}(\tau, p) \\
&= \sum_{i=1}^{r} N_i \left[s_{\bullet i}(\tau, p) - R \ln y_i - s_{\bullet i}(\tau, p)\right] \\
&= -R\sum_{i=1}^{r} N_i \ln y_i \qquad (3.64) \\
&= \sum_{i=1}^{r} N_i \, \overline{\Delta s^{mix}}_i(\tau, p, \boldsymbol{y})
\end{aligned}
$$

$$
\begin{aligned}
\Delta s^{mix} &= s(\tau, p, \boldsymbol{y}) - \sum_{i=1}^{r} y_i s_{\bullet i}(\tau, p) \\
&= \sum_{i=1}^{r} y_i \, \bar{s}_i(\tau, p, \boldsymbol{y}) - \sum_{i=1}^{r} y_i s_{\bullet i}(\tau, p) \qquad (3.65) \\
&= \sum_{i=1}^{r} y_i \left[s_{\bullet i}(\tau, p) - R \ln y_i - s_{\bullet i}(\tau, p)\right] \\
&= -R\sum_{i=1}^{r} y_i \ln y_i = \sum_{i=1}^{r} y_i \, \overline{\Delta s^{mix}}_i(\tau, p, \boldsymbol{y})
\end{aligned}
$$

$$
\overline{\Delta s^{mix}}_i(\tau, p, \boldsymbol{y}) = -R \ln y_i \qquad i = 1,2,3, \ldots, r \qquad (3.66)
$$

表 3.2　理想溶液の部分量，混合量および混合量の部分量

性質 ξ	部分量 $\bar{\xi}_i$	混合量 $\Delta\xi^{mix}$	混合量の部分量 $\overline{\Delta\xi^{mix}}_i$
モル体積 v	$v_{\bullet i}(\tau, p)$	0	0
モルエントロピー s	$s_{\bullet i}(\tau, p) - R \ln y_i$	$-R\sum_{i=1}^{r} y_i \ln y_i$	$-R \ln y_i$
モル内部エネルギー u	$u_{\bullet i}(\tau, p)$	0	0
モルエンタルピー h	$h_{\bullet i}(\tau, p)$	0	0
モル Helmholtz エネルギー f	$f_{\bullet i}(\tau, p) + R\tau \ln y_i$	$R\tau\sum_{i=1}^{r} y_i \ln y_i$	$R\tau \ln y_i$
モル Gibbs エネルギー g	$g_{\bullet i}(\tau, p) + R\tau \ln y_i$	$R\tau\sum_{i=1}^{r} y_i \ln y_i$	$R\tau \ln y_i$

その他の性質に対する計算結果は表 **3.2** に示してある．表 3.1 の部分量の欄の上付き添え字″*IG*″を削除すれば，表 3.2 になることを確認せよ．

[4] 浸透圧　図 3.7 の″i″を溶媒としたとき，シリンダーには純粋な″i″が，横長の容器には″i″を溶媒とする溶液が入っていることになる．圧力差 $p - p_{\bullet i}$ を**浸透圧**(osmotic pressure)という．これは半透膜に溶液側から溶媒の方向に働く正味の圧力である．溶媒″i″以外の成分の化学ポテンシャルは膜の両側で異なっているが，膜が耐えているこの力が″i″以外の成分の流出を阻止している．

浸透圧の問題では溶質が希薄であり，溶媒に対して理想溶液の仮定が現実的である．また，大抵の溶媒の純粋状態を理想定体積とみなしてよい．これらの仮定･条件の下において浸透圧の計算式を導く．

このような問題の設定においては，横長容器内の溶液中の溶媒″i″は式(3.55)の理想溶液の化学ポテンシャルを持ち

$$\mu_i(\tau, p, \boldsymbol{x}) = g_{\bullet i}(\tau, p) + R\tau \ln x_i \tag{3.67}$$

が成り立つ．ただし，浸透圧は通常液体の系で論ずるので，以下では物質量比に x を使う．

一方，溶媒″i″の純粋状態を理想定体積と仮定しているから式(3.16) が成り立ち

$$\mu_i(\tau, p, \boldsymbol{x}) = g_{\bullet i}(\tau, p) + v_{\bullet i}(p_{\bullet i} - p) \tag{3.68}$$

である．上二式により次式となり，圧力差 $p - p_{\bullet i}$ が″i″の浸透圧である．

$$v_{\bullet i}(p - p_{\bullet i}) = -R\tau \ln x_i \ > 0 \tag{3.69}$$

浸透圧の問題では，溶媒″i″以外の成分は希薄であり，$\sum_{j=1, j\neq i}^{r} x_j \ll 1$ である．x_i がほとんど 1 であるならば，$\ln x_i = \ln\left(1 - \sum_{j=1, j\neq i}^{r} x_j\right) = -\sum_{j=1, j\neq i}^{r} x_j$，と近似することができる．これを式(3.69)に代入すると，次の **van′t Hoff の関係**(van′t Hoff relation)になる．

$$p - p_{\bullet i} = \frac{R\tau}{v_{\bullet i}} \sum_{j=1, j\neq i}^{r} x_j \tag{3.70}$$

浸透圧は温度，溶媒のモル体積および溶質の物質量比によるが，溶質の種類にはよらないので，溶媒の特性である．浸透圧は生理現象でも重要な役割を演じており，高い樹木に水分が供給･保持されるのは浸透圧によっている．また，海水の淡水化に利用される逆浸透法では，溶液に浸透圧より大きい圧力を与えて溶媒を押し出す．

[例題 3.2] (1)　海水を質量比で NaCl が 3.5%の水溶液とみなす．10°C の海水の浸透圧はいくらか？

(2) 20°C において，水 1 kg に蔗糖 $C_{12}H_{22}O_{11}$ を 10 g 含む水溶液を作り，浸透圧を測定したところ 0.73 bar であった．i) 蔗糖の分子量は 342.30 kg/kmol である．van't Hoff の関係による浸透圧はいくらか．ii) 蔗糖の分子量を未知とし，浸透圧の測定値から分子量を求めよ．

[解答] (1) 下付の"w"と"s"を，それぞれ水および NaCl として，海水 1 kg で考えよう．水の分子量は $\bar{M}_w$=18.02 kg/kmol，NaCl の分子量は $\bar{M}_s$=58.44 kg/kmol，であることにより

$$N_w = \frac{M_w}{\bar{M}_w} = \frac{0.965}{18.02} = 0.05355\ \text{kmol} \tag{a}$$

$$N_s = \frac{M_s}{\bar{M}_s} = \frac{0.035}{58.44} = 0.05989\ \text{kmol} \tag{b}$$

$$\begin{aligned} x_s &= \frac{N_s}{N_s + N_w} \\ &= \frac{0.0005989}{0.0005989 + 0.05355} = 0.01106 \end{aligned} \tag{c}$$

水の比体積が ≈ 10^{-3}m^3 / kg であることにより，水のモル体積 $v_{\bullet w}$ を 18.02×10^{-3}m^3/kmol として，式(3.70)の計算をする．

$$\begin{aligned} p - p_{\bullet w} &= \frac{R\tau x_s}{v_{\bullet w}} \\ &= \frac{8314.5 \times (273.15 + 10) \times 0.01106}{18.02 \times 10^{-3}} \\ &= 1.445 \times 10^6\ \text{Pa} = 1.445\ \text{MPa} \end{aligned} \tag{d}$$

(2) 下付の"w"と"s"を，それぞれ水および蔗糖とする．

i) 水の分子量が $\bar{M}_w$=18.02 kg/kmol であることなどにより

$$N_w = \frac{M_w}{\bar{M}_w} = \frac{1}{18.02} = 0.05549\ \text{kmol} \tag{e}$$

$$N_s = \frac{M_s}{\bar{M}_s} = \frac{0.01}{342.30} = 29.21 \times 10^{-6}\ \text{kmol} \tag{f}$$

$$\begin{aligned} x_s &= \frac{N_s}{N_s + N_w} \\ &= \frac{29.21}{29.21 + 55490} = 0.5261 \times 10^{-3} \end{aligned} \tag{g}$$

である．x_s を $v_{\bullet w} \approx 18.02 \times 10^{-3}$ m^3 / kmol とともに式(3.70)に代入する．

$$p - p_{\bullet w} = \frac{R\tau x_s}{v_{\bullet w}}$$
$$= \frac{8314.5 \times (273.15 + 20) \times 0.5261 \times 10^{-3}}{18.02 \times 10^{-3}} \quad \text{(h)}$$
$$= 71.04 \times 10^3 \text{ Pa} = 0.7104 \text{ bar}$$

ii) 式(3.70)を$\sum_{j=1, j\neq w}^{r} x_j$について解いた式

$$\sum_{j=1, j\neq w}^{r} x_j = \frac{(p - p_{\bullet w})\, v_{\bullet w}}{R\tau} \quad (3.71)$$

によりx_sを求める.

$$x_s = \frac{(p - p_{\bullet w})\, v_{\bullet w}}{R\tau}$$
$$= \frac{0.73 \times 10^5 \times 18.02 \times 10^{-3}}{8314.5 \times (273.15 + 20)} = 0.5406 \times 10^{-3} \quad \text{(i)}$$

式(g)の第1行をN_sについて解いた式により

$$N_s = \frac{x_s}{1 - x_s} N_w = \frac{0.5406 \times 10^{-3} \times 55.49 \times 10^{-3}}{1 - 0.5406 \times 10^{-3}} \quad \text{(j)}$$
$$= 30.01 \times 10^{-6} \text{ kmol}$$

式(f)の第1辺=第2辺の関係により

$$\bar{M}_s = \frac{M_s}{N_s} = \frac{0.01}{30.01 \times 10^{-6}} = 333.2 \text{ kg/kmol} \quad \text{(k)}$$

浸透圧は以外に大きいものである. 浸透圧は分子量の測定にも使用されるが, 実際の測定においては, 実験的に y(溶質) → 0 の操作を行う. ■

[5] 希釈 溶液に溶媒を添加する操作を**希釈**(dilution)という. 希釈の過程により, 理想溶液の特性を検討するために, 溶媒"i"が理想溶液として挙動する溶液に溶媒を加えて希釈する過程を図 **3.10** により考察しよう. 断熱されたシリンダーが二つのピストンにより(a)のように仕切られており, 上のピストンには一定の圧力 p が上から働いており, このピストンは断熱的で物質移動に対して不透過である. シリンダー内の上の空間には($\tau, p, N_1, \ldots, N_i, \ldots, N_r$)の溶液が入っている. また, 下のピストンは透熱的であるが, 物質移動に対しては不透過である. 下の空間には, 純粋な溶媒"i"が(τ, p, dN_i)の状態で入っている. 希釈前の拘束相互安定平衡状態(a)において二つの空間にある物質の(τ, p)は等しい.

さて, 下のピストンを除去して, 再び安定平衡状態が達成された状態(b)においては, 圧力は依然としてpであるが, 温度, 全体積あるいはエントロピーなどは変化するかもしれない.

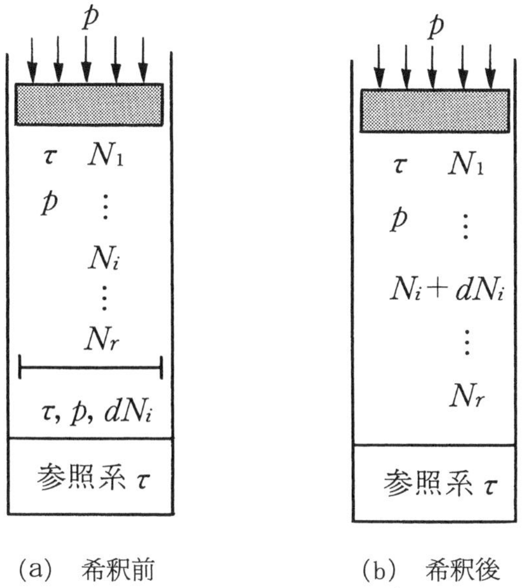

図 3.10　理想溶液の希釈

これらを順次検討する．

a．　温度　断熱的で圧力が一定の閉じた系であるから，希釈の前後でエンタルピーは変化しない．

$$\begin{aligned}&H(\tau + d\tau, p, N_1, \ldots, N_i + dN_i, \ldots, N_r)\\&- \left[H(\tau, p, N_1, \ldots, N_i, \ldots, N_r) + h_{\bullet i}(\tau, p)dN_i\right] = 0\end{aligned} \tag{3.72}$$

ただし，左辺の第 1 項は希釈後のエンタルピー，第 2 項は希釈前のエンタルピー，である．上式において，dN_i が小さければ $d\tau$ も小さいので，左辺の第 1 項を dN_i と $d\tau$ のそれぞれ第 1 次の項まで展開する．

$$\left(\frac{\partial H}{\partial \tau}\right)_{p,\boldsymbol{N}} d\tau + \left(\frac{\partial H}{\partial N_i}\right)_{\tau, p, N_j, j\neq i} dN_i - h_{\bullet i}(\tau, p)dN_i = 0 \tag{3.73}$$

左辺の第 2 項に含まれる微分項は溶媒"i"の部分エンタルピー $\bar{h}_i(\tau, p, \boldsymbol{y})$ であり，理想溶液においては，式(3.59)により $h_{\bullet i}(\tau, p)$ に等しい．したがって，第 2 項と第 3 項は相殺する．第 1 項の微分は混合物の定圧比熱であるからゼロではない．

以上により $d\tau = 0$ となり，次のような結論に到達した．

希釈に際して，理想溶液の温度は変化しない．

b.　体積　次に，上で得た$d\tau = 0$を考慮して，体積変化を求める．

$$dV = V(\tau, p, N_1, \ldots, N_i + dN_i, \ldots, N_r) - \left[V(\tau, p, N_1, \ldots, N_i, \ldots, N_r) + v_{\bullet i}(\tau, p)dN_i\right] \tag{3.74}$$

ただし，右辺の第 1 項は希釈後の体積，第 2 項は希釈前の体積，である．上式において，dN_i は小さいので，右辺の第 1 項を dN_i の第 1 次の項まで展開する．

$$dV = \left(\frac{\partial V}{\partial N_i}\right)_{\tau, p, N_j, j \neq i} dN_i - v_{\bullet i}(\tau, p)dN_i \tag{3.75}$$

右辺の第 1 項に含まれる微分項は溶媒"i"の部分体積$\bar{v}_i(\tau, p, \boldsymbol{y})$であり，理想溶液においては，式(3.57)により$v_{\bullet i}(\tau, p)$に等しい．したがって，第 1 項と第 2 項は相殺する．

以上により $dV = 0$ となり，次のような結論に到達した．

希釈に際して，理想溶液の体積は変化しない．

a.と併せて述べるならば，理想溶液の温度と体積は希釈に際して変化しない，ということになる．混合は希釈の累積であるから，この結論を連続的に適用すれば，つぎのようになる．すなわち，理想溶液においては，$(\tau, p, N_1, \ldots, N_i = 0, \ldots, N_r)$の溶液と$(\tau, p, N_i)$の溶媒を等圧で混合させても，温度も体積も変化しない．

c.　エントロピー　最後にエントロピーの変化を考える．断熱系であるから，エントロピーの変化が認められるならば，変化は不可逆性に基づく増加である．それをdS_{irr}と書き，$d\tau = 0$を考慮して，体積の変化と同様な計算をする．

$$dS_{irr} = S(\tau, p, N_1, \ldots, N_i + dN_i, \ldots, N_r) - \left[S(\tau, p, N_1, \ldots, N_i, \ldots, N_r) + s_{\bullet i}(\tau, p)dN_i\right] \tag{3.76}$$

ただし，右辺の第 1 項は希釈後のエントロピー，第 2 項は希釈前のエントロピー，である．dN_i は小さいので，右辺の第 1 項を dN_i の第 1 次の項まで展開する．

$$dS_{irr} = \left(\frac{\partial S}{\partial N_i}\right)_{\tau, p, N_j, j \neq i} dN_i - s_{\bullet i}(\tau, p)dN_i \tag{3.77}$$

右辺の第 1 項に含まれる微分項は溶媒"i"の部分エントロピー$\bar{s}_i(\tau, p, \boldsymbol{y})$であり，理想溶液においては，式(3.58)により$s_{\bullet i}(\tau, p) - R \ln y_i$に等しい．したがって

$$dS_{irr} = \left[s_{\bullet i}(\tau, p) - R\ln y_i - s_{\bullet i}(\tau, p)\right]dN_i$$
$$= \left(-R\ln y_i\right) dN_i \approx R\left(\sum_{j=1, j\neq i}^{r} y_j\right) > 0 \tag{3.78}$$

ただし，最後の辺に移る際には，式(3.70)を導く際と同じ近似を使った．$\left(-R\ln y_i\right) \approx R\left(\sum_{j=1, j\neq i}^{r} y_j\right)$を**希釈のエントロピー**(entropy of dilution)といい，混合のエントロピーの一種である．これは表 3.2 に示してある理想溶液に対する混合のエントロピーの部分量に等しい．これはまた，表 3.1 に示してある理想気体混合物に対する混合のエントロピーの部分量にも等しい．

さて，温度τ^{ER}の環境において，不可逆性に基づいてエントロピーがdS_{irr}だけ増加するならば，$\tau^{ER}dS_{irr}$だけの**有効エネルギー**(available energy，**エクセルギー** exergy)の損失が発生する．

したがって，希釈により$\tau^{ER}dS_{irr}$だけの仕事が失われたことになる．すなわち，希釈前の状態に戻すには，最低限これだけ仕事が必要である． これは**分離の最小仕事**(minimum work of separation)の一種である．

3.2.3 理想混合物の相平衡

[1] Raoult の法則 理想気体混合物としてふるまう$(\tau, p, \boldsymbol{y})$状態の気相と，理想溶液としてふるまう$(\tau, p, \boldsymbol{x})$状態の液相の間の，$r$ 成分気液二相平衡を考える．このような理想化は，あまり圧力が高くなく，混合液の一つの成分，たとえば"i"の物質量比x_iが十分に大きければ，少なくとも成分"i"に対しては現実的である．

気相中の成分"i"の化学ポテンシャル$\mu_i^V(\tau, p, \boldsymbol{y})$を，表 3.1 により次のように書く．

$$\mu_i^V(\tau, p, \boldsymbol{y}) = g_{\bullet i}^{IG}(\tau, p) + R\tau\ln y_i \qquad i = 1,2,3,\ldots,r \tag{3.79}$$

一方，液相中の成分"i"の化学ポテンシャル$\mu_i^L(\tau, p, \boldsymbol{x})$を，表 3.2 により次のように書く．

$$\mu_i^L(\tau, p, \boldsymbol{x}) = g_{\bullet i}^{L}(\tau, p) + R\tau\ln x_i \qquad i = 1,2,3,\ldots,r \tag{3.80}$$

式(1.180)平衡条件により，上二式の値は相等しい．

$$\mu_i^V(\tau, p, \boldsymbol{y}) = \mu_i^L(\tau, p, \boldsymbol{y}) \qquad i = 1,2,3,\ldots,r \tag{3.81}$$

したがって

$$R\tau\ln\frac{y_i}{x_i} = g_{\bullet i}^{L}(\tau, p) - g_{\bullet i}^{IG}(\tau, p) \qquad i = 1,2,3,\ldots,r \tag{3.82}$$

となる．

さて，温度τにおける純粋な"i"の飽和蒸気圧を$p_{\bullet i}^{sat}(\tau)$と書き，式(3.82)右辺にある二つのモル Gibbs エネルギーを，$\left(\partial g/\partial p\right)_\tau = v$を使って，それらの$p_{\bullet i}^{sat}(\tau)$における値と関係付ける．その際，$g_{\bullet i}^{IG}(\tau, p)$に対しては理想気体の$pv = R\tau$を，$g_{\bullet i}^{L}(\tau, p)$に対しては理想定体積

の$v = v^L_{\bullet i}$を，適用する．

$$g^{IG}_{\bullet i}(\tau, p) = g^{IG}_{\bullet i}\left[\tau, p^{sat}_{\bullet i}(\tau)\right] + \int_{p^{sat}_{\bullet i}, \tau}^{p, \tau} \frac{R\tau}{p'} dp' = g^{IG}_{\bullet i}\left[\tau, p^{sat}_{\bullet i}(\tau)\right] + R\tau \ln \frac{p}{p^{sat}_{\bullet i}(\tau)} \qquad i = 1,2,3,\ldots,r \qquad (3.83)$$

$$g^{L}_{\bullet i}(\tau, p) = g^{L}_{\bullet i}\left[\tau, p^{sat}_{\bullet i}(\tau)\right] + \int_{p^{sat}_{\bullet i}, \tau}^{p, \tau} v^L_{\bullet i} dp' = g^{L}_{\bullet i}\left[\tau, p^{sat}_{\bullet i}(\tau)\right] + \left[p - p^{sat}_{\bullet i}(\tau)\right] v^L_{\bullet i} \qquad i = 1,2,3,\ldots,r \qquad (3.84)$$

上二式の右辺に現れている，飽和蒸気と飽和液のモルGibbsエネルギーは平衡条件により相等しく

$$g^{IG}_{\bullet i}\left[\tau, p^{sat}_{\bullet i}(\tau)\right] = g^{L}_{\bullet i}\left[\tau, p^{sat}_{\bullet i}(\tau)\right] \qquad i = 1,2,3,\ldots,r \qquad (3.85)$$

が成り立つ．これは，一般的な相平衡の条件式(1.180)は単成分の系における表現である．

最後に，式(3.82)に式(3.83)と(3.84)を代入し，式(3.85)を考慮して整理する．

$$\frac{y_i}{x_i} = \frac{p^{sat}_{\bullet i}(\tau)}{p} \exp \frac{\left[p - p^{sat}_{\bullet i}(\tau)\right] v^L_{\bullet i}}{R\tau} \qquad i = 1,2,3,\ldots,r \qquad (3.86)$$

上式においてexpの因子は，式(2.117)に現れている理想定体積物質のPoyntingの圧力因子である．[例題2.7]にも示してあるように，この因子はほとんど1であるから，これを省略すれば，次の**Raoultの法則**(Raoult law)になる．

$$y_i p = x_i p^{sat}_{\bullet i}(\tau), \quad i = 1,2,3,\ldots,r \qquad (3.87)$$

しかし，伝統的に"法則"といってはいるが，式(3.87)は理想気体混合物と理想溶液の気液平衡という高度の理想化の上に成り立っている．

[2]　Henryの法則　"A"-"B"の二成分混合物を考え，理想気体混合物としてふるまう$(\tau, p, \boldsymbol{y})$状態の気相と，少なくとも"A"に対しては理想溶液としてふるまう$(\tau, p, \boldsymbol{x})$状態の液相との気液平衡を，希薄成分の"B"の挙動に注目して検討する．上の[1]では，同様な設定をして，ここでの溶媒"A"に相当する"i"の挙動を考察したのである．つまり，溶媒を理想溶液と仮定したとき，そのことが溶質の挙動をいかに規定するかを吟味しようというものである．

(τ, p)一定における一般化したGibbs-Duhemの関係式の一つの式(1.145)を液相中の"A"と"B"の化学ポテンシャルに適用する．

$$\left(x_A d\mu^L_A + x_B d\mu^L_B = 0\right)_{\tau, p} \qquad (3.88)$$

一方，式(3.80)の下付き添え字を，"i"→"A"のように変更し，(τ, p)一定として微分する．

$$\left(d\mu^L_A\right)_{\tau, p} = R\tau \frac{dx_A}{x_A} = R\tau d \ln x_A \qquad (3.89)$$

上二式と$x_A + x_B = 1$の関係により

$$\left(\frac{\partial \mu_B^L}{\partial \ln x_B}\right)_{\tau, p} = R\tau \tag{3.90}$$

と計算し，これを積分する．

$$\mu_B^L(\tau, p, \boldsymbol{x}) = c_B(\tau, p) + R\tau \ln x_B \tag{3.91}$$

ここに，$c_B(\tau, p)$は(τ, p)のみに依存する積分定数である．

式(3.91)は，溶媒"A"が理想溶液としてふるまうならば，溶質"B"の化学ポテンシャルも溶媒のそれと同様に，すなわち式(3.89)と同様に，$\ln x_B$に対して比例的に変化することを要請する．もし溶質も理想溶液としてふるまうのであれば，式(3.80)により次式となる．

$$c_B(\tau, p) = g_{\bullet B}^L(\tau, p) \tag{3.92}$$

さて，そうではない場合には，気相中の"B"に対して式(3.79)と(3.83)を適用する．

$$\mu_B^V(\tau, p, \boldsymbol{y}) = g_{\bullet B}^{IG}\left[\tau, p_{\bullet B}^{sat}(\tau)\right] + R\tau \ln \frac{y_B p}{p_{\bullet B}^{sat}(\tau)} \tag{3.93}$$

気液平衡の条件により，式(3.91)と(3.93)の左辺は等しいから次式となる．

$$y_B p = x_B k_B^H(\tau, p) \tag{3.94}$$

$$\begin{aligned} & k_B^H(\tau, p) \\ & = p_{\bullet B}^{sat}(\tau) \exp \frac{c_B(\tau, p) - g_{\bullet B}^{IG}\left[\tau, p_{\bullet B}^{sat}(\tau)\right]}{R\tau} \\ & = p \exp \frac{c_B(\tau, p) - g_{\bullet B}^{IG}(\tau, p)}{R\tau} \end{aligned} \tag{3.95}$$

式(3.94)を**Henry の法則**(Henry law)，$k_B^H(\tau, p)$を**Henry の定数**(Henry constant)という．式(3.95)の中辺において exp の因子が省略されるならば，Henry の定数は$p_{\bullet B}^{sat}(\tau, p)$となり，式(3.94) は"B"に対する Raoult の法則に帰着する．なお，式(3.95)の右辺の表現は，中辺の表現に式(3.83)を再び適用して$g_{\bullet B}^{IG}\left[\tau, p_{\bullet B}^{sat}(\tau)\right]$から$g_{\bullet B}^{IG}(\tau, p)$に戻したものである．これにより，後述の少し異なる意味でのHenryの法則が理解しやすくなる．

Raoult の法則は，理想気体混合物の気相，理想溶液としてふるまう液相，小さい Poynting の圧力因子，などを仮定しているから，あまり高くない圧力で，溶媒"A"の物質量比x_Aが$x_A \to 1$であるとき成り立つ．このとき，溶質"B"の物質量比x_Bは$x_B \to 0$となり，溶質に対してはHenryの法則が成り立つ．

なお $x, y \to 0$ であるような成分は**無限希釈**(infinite dilution)されているという．

[3] Raoultの法則による気液平衡 Raoult の法則にしたがう，r成分系の気液二相平衡状態は，(τ, p)の2個と，それぞれr個ある$\boldsymbol{x}$と$\boldsymbol{y}$，の合計$2+2r$の示強変数で特徴づけられる．

これらの間には，式(3.87)の r 個と次の 2 個で，合計 $r+2$ 個の関係がある．

$$\sum_{i=1}^{r} x_i = 1 \tag{3.96}$$

$$\sum_{i=1}^{r} y_i = 1 \tag{3.97}$$

ゆえに，$(2 + 2r) - (r + 2) = r$ であるから，系の示強自由度は r である．実際，Gibbs の相律式(1.193)において，$P = 2$ とすれば示強自由度は r となる．したがって，上の連立方程式において r 個を指定すると，残りの $r + 2$ 個に関して解くことができる．独立な式は上の $r + 2$ 個であるが，式(3.87)から導かれる次の二式を補助的に使うと便利である．

$$p = \sum_{i=1}^{r} x_i p_{\bullet i}^{sat}(\tau) \tag{3.98}$$

$$\frac{1}{p} = \sum_{i=1}^{r} \frac{y_i}{p_{\bullet i}^{sat}(\tau)} \tag{3.99}$$

式(3.98)は，式(3.87)の両辺を Σ_i し，式(3.97)を適用して導く．また，式(3.99)は，式(3.87)を

$$x_i = \frac{y_i p}{p_{\bullet i}^{sat}(\tau)} \qquad i = 1,2,3,\ldots,r \tag{3.100}$$

と変形しておいて，両辺を Σ_i し，式(3.96)を適用して導く．

たとえば，τ と $\boldsymbol{x}$ の内の $r-1$ 個の，合計 r 個を指定してみる．$\boldsymbol{x}$ の残りの一つは式(3.96)から決まり，式(3.98)により p が決まる．最後に式(3.87)により $\boldsymbol{y}$ を求める．

このような計算に際して，$p_{\bullet i}^{sat}(\tau)$ は数表的で与えてもよいし

$$\ln p_{\bullet i}^{sat}(\tau) = A_i - \frac{B_i}{\tau} \qquad i = 1,2,3,\ldots,r \tag{3.101}$$

$$\ln p_{\bullet i}^{sat}(\tau) = A_i - \frac{B_i}{\tau + C_i} \qquad i = 1,2,3,\ldots,r \tag{3.102}$$

のような整理式で与えてもよい．後者を **Antoine** の式(Antoine equation)という．

また，次式の**平衡比**(equilibrium ratio，***K*-値** *K*-value)を補助的に使うこともある．

$$K_i = \frac{y_i}{x_i} \qquad i = 1,2,3,\ldots,r \tag{3.103}$$

平衡比は一般的には $(\tau, p, \boldsymbol{x} \text{ or } \boldsymbol{y})$ の関数であるが，Raoult の法則を仮定する場合には，式(3.87)により組成にかかわりなく次式が成り立つ．

$$K_i = \frac{y_i}{x_i} = \frac{p_{\bullet i}^{sat}(\tau)}{p} \qquad i = 1,2,3,\ldots,r \tag{3.104}$$

表 3.3　n-ヘキサンとトリエチルアミンに対する Antoine の式の係数

$$\ln p_{\bullet i}^{sat}(\tau) = A_i - B_i/(\tau + C_i) \qquad p[\mathrm{bar}],\ \tau[^\circ\mathrm{C}]$$

物　質	A_i	B_i	C_i
n-ヘキサン	9.2161	2697.55	224.366
トリエチルアミン	6.8702	1602.17	144.879

[例題 3.3]　n-ヘキサン C_6H_{14}"A"とトリエチルアミン C_6H_{15}"B"の混合物はほとんど Raoult の法則にしたがう．また，これらの物質の飽和蒸気圧は，**表 3.3** に示す係数による Antoine の式で与えられる．

(1)　60°C において，$p - x_A$，$p - y_A$，$y_A p - x_A$，$y_B p - x_A$ および $y_A - x_A$ を作図せよ．このような問題の設定や，それを解いて得られた図を，等温気液平衡という．

(2)　1 bar において，$\tau - x_A$ および $\tau - y_A$ を作図せよ．このような問題の設定や，それを解いて得られた図を，等圧気液平衡という．

[解答] (1)　式(3.102)により，60°C においては

$$p_{\bullet A}^{sat}(60) = 0.7583 \text{ bar} \tag{a}$$

$$p_{\bullet B}^{sat}(60) = 0.3868 \text{ bar} \tag{b}$$

となる．したがって，同じ圧力に対する飽和温度は n-ヘキサン"A"の方が低い．二成分系の気液平衡では，同じ圧力に対する飽和温度が低い方の成分を**低沸点成分**(more volatile component)という．そして，いろいろな量を物質量比を横軸にとって示す場合には，通常低沸点成分の物質量比を横軸にとる．なお，同じ圧力に対する飽和温度が高い方の成分を**高沸点成分**(less volatile component)という．

さて，式(3.87)に上の蒸気圧の値を代入する．

$$y_A p = x_A p_{\bullet A}^{sat}(60) = 0.7583\ x_A \tag{c}$$

$$y_B p = (1 - x_A) p_{\bullet B}^{sat}(60) = 0.3868\ (1 - x_A) \tag{d}$$

式(3.98)を，いまの場合について書き，$x_B = 1 - x_A$ を考慮すれば

$$\begin{aligned} p &= x_A p_{\bullet A}^{sat}(\tau) + x_B p_{\bullet B}^{sat}(\tau) \\ &= p_{\bullet B}^{sat}(\tau) + x_A \left[p_{\bullet A}^{sat}(\tau) - p_{\bullet B}^{sat}(\tau) \right] \end{aligned} \tag{3.105}$$

となるが，これに式(c)と(d)を代入する．

$$p = 0.3868 + 0.3715\ x_A \tag{e}$$

式(3.87)，(c)および(e)により

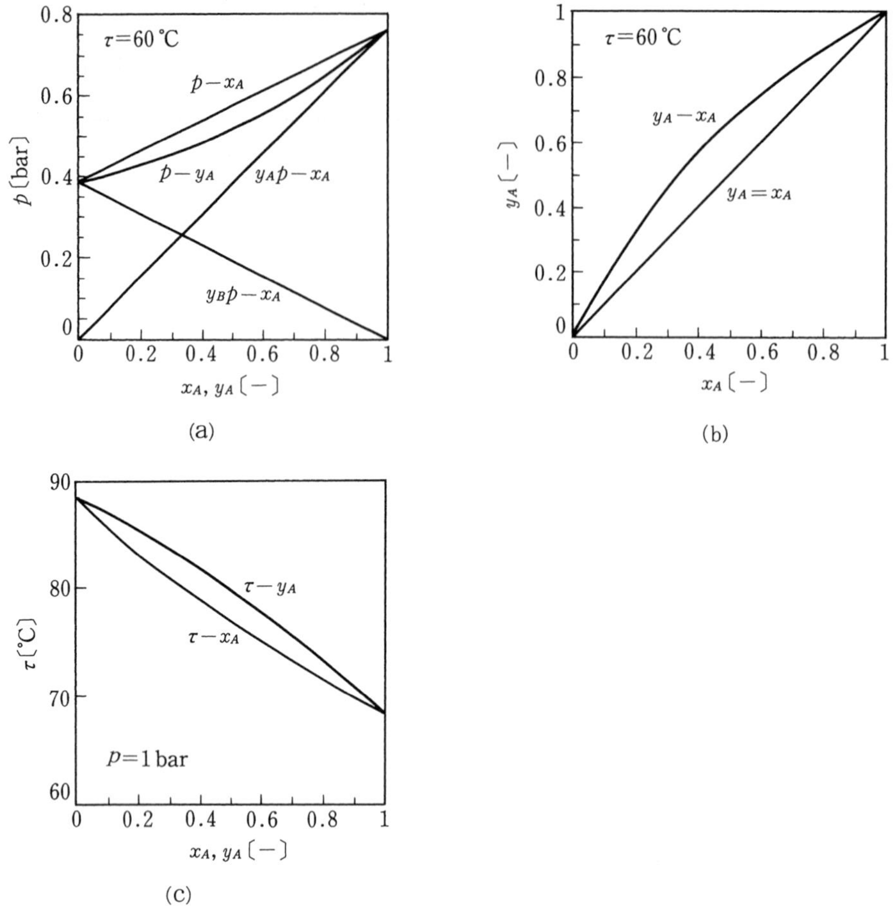

図 3.11　Raoult の法則に従う二成分混合物の気液平衡

ヘキサン“A”－トリエチルアミン“B”

$$y_A = \frac{x_A p^{sat}_{\bullet A}(\tau)}{p} = \frac{0.7583\ x_A}{0.3868 + 0.3715\ x_A} \tag{3.106}$$

以上により，すべてが x_A の関数として表現された．図 **3.11** の(a)と(b)に作図の結果を示す．式(e)により $p - x_A$ の関係は正確に一次的である．したがって Raoult の法則が成り立つ程度を検証するには図(a)のような等温表示が好ましい．なお共沸点が存在する場合には図(b)の $y_A - x_A$ 曲線と対角線 $y_A = x_A$ が交差する．

(2)　等圧気液平衡の計算法としては，i)式(3.105) を x_A について解いた

$$x_A = \frac{p - p^{sat}_{\bullet B}(\tau)}{p^{sat}_{\bullet A}(\tau) - p^{sat}_{\bullet B}(\tau)} \tag{3.107}$$

に，いくつかのτを与えて，x_Aを求めるか，ii)式(3.105)にいくつかのx_Aを与えて，τを求めるか，のいずれかである．後者においては，τについて解いた形の式を求めることができないので，数値解法によらねばならない．等圧気液平衡の作図をするのであれば，簡単な方のi)でよいから，それによることにする．

まず，Antoineの式を温度について解いて

$$\tau_{\bullet i}^{sat}(p) = \frac{B_i}{A_i - \ln p} - C_i \qquad i = A, B \tag{3.108}$$

と変形しておき，これによりそれぞれの成分の1 barにおける飽和温度を求める．

$$\begin{aligned}\tau_{\bullet A}^{sat}(1\ \mathrm{bar}) &= \frac{2697.55}{9.2161 - \ln 1} - 224.366 \\ &= 68.33\ ^\circ\mathrm{C}\end{aligned} \tag{f}$$

$$\begin{aligned}\tau_{\bullet B}^{sat}(1\ \mathrm{bar}) &= \frac{1602.17}{6.8702 - \ln 1} - 144.879 \\ &= 88.33\ ^\circ\mathrm{C}\end{aligned} \tag{g}$$

$x_A = 0$の純粋な"B"の平衡温度は88.33°C，$x_A = 1$の純粋な"A"の平衡温度は68.33°Cであり，$0 < x_A < 1$における平衡温度はこの範囲にある．この温度範囲でいくつかの温度を**表3.4**の第1欄のように選定し，それらの温度に対してAntoineの式で純成分の飽和圧力を，表の第2および3欄のように計算する．

つぎに式(3.107)によりx_Aを第4欄のように計算する．最後に，Raoultの法則式(3.87)をy_Aについて解いた式(3.106)の$y_A = x_A p_{\bullet A}^{sat}/p$により，$y_A$を表の第5欄のように計算する．

結果を図の(c)に示す．このような計算には，表計算のソフトウエアを使うと便利である．■

表3.4 [例題3.3] (2) の計算

τ [°C]	$p_{\bullet A}^{sat}(\tau)$ [bar]	$p_{\bullet B}^{sat}(\tau)$ [bar]	x_A [−]	y_A [−]
88.33	1.803	1.000	0	0
85	1.643	0.906	0.1279	0.2101
80	1.424	0.776	0.3461	0.4928
75	1.228	0.660	0.5990	0.7355
70	1.054	0.557	0.8922	0.9400
68.33	1.000	0.525	1	1

[4]　沸点上昇，蒸気圧降下および融点降下

a．沸点上昇　混合物の気液平衡の温度は，図 3.11(c)のように組成に依存する．希薄理想溶液の場合には，溶質の物質量比に対する平衡の温度の変化の数式表現を導くことができるので，それを検討することにしよう．そのために二つの仮定をし，i)溶媒"A"の蒸気圧が溶質"B"のそれより十分に大きい，$p_{\bullet A}^{sat} >> p_{\bullet B}^{sat}$，ii)液相において，溶媒の物質量比は溶質のそれより十分に大きい，$x_A >> x_B$，とする．

上の二つの仮定を式(3.105)に適用すれば$p \approx p_{\bullet A}^{sat}$になり，これを Raoult の法則に代入すれば$y_A \approx x_A$となる．さらに仮定 ii)により$x_A \approx 1$であることを考慮すれば

$$y_A \approx 1 \tag{3.109}$$

となる．

以上により，溶媒"A"に対する Raoult の法則は

$$p = x_A p_{\bullet A}^{sat}(\tau) \tag{3.110}$$

となる．上式は$(\tau, p, x_A \approx 1, x_B \approx 0, y_A \approx 1, y_B \approx 0)$の気液平衡に対して成り立っている関係であるが，$x_A < 1$であるから$p < p_{\bullet A}^{sat}$である．これは，ほとんど純粋な"A"に"B"がわずかに入っている溶液の平衡圧力が，純粋な"A"の飽和蒸気圧より低いことを意味する．すなわち，圧力側からみるならば，溶液の平衡温度が，純粋な"A"の飽和温度(沸点)より高いことを意味する．これが**沸点上昇**(boiling point elevation)である．以下のようにして，計算式を求める．

式(3.110)を対数微分して$dp = 0$とおく．

$$\frac{d \ln p_{\bullet A}^{sat}(\tau)}{d\tau} d\tau = -\frac{dx_A}{x_A} = \frac{dx_B}{x_A} \tag{3.111}$$

ただし，最後の辺に移るために，$x_A = 1 - x_B$による$dx_A = -dx_B$を使った．式(3.111)は，一定圧力における溶質の物質量比の変化dx_Bと平衡温度の変化$d\tau$を関係付けている．最左辺の微分は純粋物質の温度対 ln (飽和蒸気圧)の関係の勾配であるから，式(2.9)の Clausius-Clapeyron の式を使って計算することができる．同式の両辺を p で割っておいて多少の変形をすれば

$$\begin{aligned}\frac{d \ln p_{\bullet A}^{sat}(\tau)}{d\tau} &= \frac{\Delta h_{\bullet A}^{vap}}{\tau p_{\bullet A}^{sat}(\tau)\Delta v_{\bullet A}^{vap}} \\ &= \frac{\Delta h_{\bullet A}^{vap}}{\tau p_{\bullet A}^{sat}(\tau) v_{\bullet A}^{V}} = \frac{\Delta h_{\bullet A}^{vap}}{R\tau^2}\end{aligned} \tag{3.112}$$

となる．ただし，$\Delta h_{\bullet A}^{vap}$は純粋な"A"の蒸発エンタルピー，$\Delta v_{\bullet A}^{vap}$は純粋な"A"の蒸発体積であるが，第 2 辺から第 3 辺に移る際には，$\Delta v_{\bullet A}^{vap} = v_{\bullet A}^{V} - v_{\bullet A}^{L} \approx v_{\bullet A}^{V}$と近似し，第 3 辺から最

右辺に移る際には，$p^{sat}_{\bullet A} v^{V}_{\bullet A} \approx R\tau$ の近似をした.

式(3.112)を式(3.111)に代入して整理する.

$$\frac{d\tau}{dx_B} = \frac{1}{x_A}\cdot\frac{d\tau}{d\ln p^{sat}_{\bullet A}(\tau)} = \frac{R\tau^2}{x_A \Delta h^{vap}_{\bullet A}(\tau)} \tag{3.113}$$

となる．溶質が希薄であるという条件はあるが，上式最右辺の結果は溶質の種類にはよらないので，複数の溶質を含む混合液にも適用できる．上式の最右辺は正定符号であり，溶質の物質量比とともに混合液の気液平衡温度(沸点)が上昇する.

沸点上昇は，溶媒の蒸発のエンタルピーや溶質の分子量の測定に応用されている.

b．蒸気圧降下　上の a.でも述べたが，平衡温度(沸点)が上昇したということは，圧力側から見ているのであり，これを圧力側から見れば，平衡圧力が下がった，**蒸気圧降下**(vapor pressure depression)ということになる．a.における議論と物理的には同じ内容になるのではあるが，ここでは平衡圧力の低下として理解しやすい式を導くことにする.

さて，a.におけると同じ条件の下で考え，自明な関係 $p^{sat}_{\bullet A}(\tau) = p^{sat}_{\bullet A}(\tau)$ から，"A"に対する Raoult の法則の式(3.87)を辺々引き算して $p^{sat}_{\bullet A}(\tau)$ で割る.

$$\frac{p^{sat}_{\bullet A}(\tau) - y_A p}{p^{sat}_{\bullet A}(\tau)} = \frac{p^{sat}_{\bullet A}(\tau) - x_A p^{sat}_{\bullet A}(\tau)}{p^{sat}_{\bullet A}(\tau)} = 1 - x_A = x_B \tag{3.114}$$

沸点上昇の場合と同様に，$y_A p \approx p$ である．したがって

$$\frac{p^{sat}_{\bullet A}(\tau) - p}{p^{sat}_{\bullet A}(\tau)} = x_B \tag{3.115}$$

である.

上式左辺の分子は，一定温度における平衡圧力 p の純粋な"A"の平衡圧力 $p^{sat}_{\bullet A}(\tau)$ からの低下 $p^{sat}_{\bullet A}(\tau) - p$ である．したがって上式は，この低下の純粋な"A"の平衡圧力 $p^{sat}_{\bullet A}$ に対する比が，溶質"B"の物質量比 x_B に等しいことを示している．この結果も溶質の種類にはよらないから，複数の種類の溶質を含む混合液にも適用できる.

c．融点降下　固液平衡においても気液平衡の沸点上昇と類似な現象がおこる．溶媒"A"と溶質"B"の希薄混合液($x_A \gg x_B$)が純粋な"A"の固相と平衡する場合を検討する.

液相を"A"に関して理想溶液として，μ^{L}_{A} を与えるために式(3.80)と理想定体積近似の式(3.84)を適用する.

$$\mu_A^L(\tau, p, \boldsymbol{x}) = g_{\bullet A}^L\left[\tau, p_{\bullet A}^{sat}(\tau)\right] + \left[p - p_{\bullet A}^{sat}(\tau)\right] v_{\bullet A}^L + R\tau \ln x_A \tag{3.116}$$

ただし, $p_{\bullet A}^{sat}(\tau)$は純粋な"A"の固液平衡の飽和圧力である.

固相は純粋な"A"であるが, 液相と同様に理想定体積近似をすれば次式となる.

$$\mu_A^S(\tau, p, z_A = 1, z_B = 0) = g_{\bullet A}^S(\tau, p) = g_{\bullet A}^S\left(\tau, p_{\bullet A}^{sat}\right) + \left[p - p_{\bullet A}^{sat}(\tau)\right] v_{\bullet A}^S \tag{3.117}$$

上付きの"S"は固相を表し, zは固相における物質量比である.

上二式において, 固液平衡条件により最左辺は相等しく, 最右辺の第 1 項は純粋な"A"の固液平衡条件により相等しい. したがって

$$R\tau \ln x_A = -\left[p - p_{\bullet A}^{sat}(\tau)\right] \Delta v_{\bullet A}^{fus} \tag{3.118}$$

$$\Delta v_{\bullet A}^{fus} = v_{\bullet A}^L - v_{\bullet A}^S \tag{3.119}$$

となる. ただし, $\Delta v_{\bullet A}^{fus}$ は純粋な"A"の融解体積である.

つぎに, 圧力と$\Delta v_{\bullet A}^{fus}$を一定として式(3.118)を微分すると

$$\left(R \ln x_A\right) d\tau + R\tau \frac{dx_A}{x_A} = \Delta v_{\bullet A}^{fus} \frac{dp_{\bullet A}^{sat}(\tau)}{d\tau} d\tau \tag{3.120}$$

のようになる. ここで, $x_A \approx 1$により, 左辺第 1 項は省略し, $x_A = 1 - x_B$により $dx_A = -dx_B$とする.

$$-R\tau \frac{dx_B}{x_A} = \Delta v_{\bullet A}^{fus} \frac{dp_{\bullet A}^{sat}(\tau)}{d\tau} d\tau \tag{3.121}$$

一方, 固液平衡の Clausius-Clapeyron の式(2.10) によれば

$$\frac{dp_{\bullet A}^{sat}(\tau)}{d\tau} = \frac{\Delta h_{\bullet A}^{fus}}{\tau \Delta v_{\bullet A}^{fus}} \tag{3.122}$$

である. 上二式により次式に到達する.

$$\frac{d\tau}{dx_B} = -\frac{R\tau^2}{x_A \Delta h_{\bullet A}^{fus}} \tag{3.123}$$

溶質"B"が希薄であるかぎりこの結果は溶質の種類によらず, 複数の溶質を含む混合液にも適用できる. したがって**融点降下**(melting point depression)は溶媒"A"の性質である. 上式の右辺は負定符号であり, 溶質の物質量比とともに混合液の気液平衡温度(融点, 凝固点)は降下する. 融点降下は, 溶媒"A"の融解エンタルピーや溶質"B"の分子量の測定に用いる. また凍結防止剤はこの原理によっている.

なお浸透圧, 沸点上昇, 蒸気圧降下および融点降下は溶媒の種類にはよるが, 溶質の種類によらず溶質の総物質量のみに依存するという意味で**束一的**(colligative)であるという. こ

れらはすべて溶媒の性質である.

[例題 3.4] (1) 大気圧の水"A"に対して，沸点上昇の式(3.113)の右辺を計算せよ．また，これを使って大気圧の海水の沸点上昇を求めよ．ただし，海水は質量比で NaCl が 3.5%の水溶液とみなせ.

(2) 大気圧の水"A"に対して，融点降下の式(3.123)の右辺を計算せよ．また，これを使って大気圧の海水の融点降下を求めよ．ただし，(1)におけると同様に，海水は質量比で NaCl が 3.5%の水溶液とみなせ.

(3) 大気圧の水"A"の 1 kg にグルコース"B"を 0.036 kg 溶かして融点を測定したら，-0.372°C であった．グルコースの分子量はいくらか.

[解答] (1) 沸点上昇の式(3.113)において，最右辺にある溶媒"A"の x_A を 1 と近似し残りのものを一定として，溶質の物質量比 x_B について積分する.

$$\Delta\tau = \frac{R\tau^2}{\Delta h_{\bullet A}^{vap}(\tau)} \cdot x_B \tag{3.124}$$

ただし，あきらかな関係 $(\Delta\tau)_{x_B=0} = 0$ を使った． $\tau = 100 + 273.15$ K および $\Delta h_{\bullet A}^{vap}(\tau) = 2256.9 \times 10^3 [\mathrm{J/kg}] \times 18.02 [\mathrm{kg/kmol}] = 40.67 \times 10^6$ J/kmol を代入する.

$$\begin{aligned}\Delta\tau &= \frac{R\tau^2}{\Delta h_{\bullet A}^{vap}(\tau)} \cdot x_B \\ &= \frac{8314.5 \times 373.15^2}{40.67 \times 10^6} \cdot x_B = 28.47 \times x_B\end{aligned} \tag{a}$$

この海水中の NaCl の物質量比 x_B の値が必要であるが，すでに[例題 3.2] (1)において 0.01106と計算してあるから，これを上の式(a)に代入する.

$$\Delta\tau = 28.47 \times 0.01106 = 0.315 \ \mathrm{K} \tag{b}$$

すなわち，海水の沸点は，純粋な水より 0.3 K 程度高い.

(2) 融点降下の式(3.123)において，右辺にある溶媒"A"の x_A を 1 と近似し，残りのものを一定として，溶質の物質量比 x_B について積分する.

$$\Delta\tau = -\frac{R\tau^2}{\Delta h_{\bullet A}^{fus}(\tau)} \cdot x_B \tag{3.125}$$

ただし，あきらかな関係 $(\Delta\tau)_{x_B=0} = 0$ を使った.

$\tau = 0 + 273.15$ K と付表 4 による $\Delta h_{\bullet A}^{fus}(\tau) = 333.7 \times 10^3 [\mathrm{J/kg}] \times 18.02 [\mathrm{kg/kmol}]$ $= 6.013 \times 10^6$ J/kmol を代入する.

$$\Delta\tau = -\frac{R\tau^2}{\Delta h_{\bullet A}^{fus}(\tau)} \cdot x_B$$
$$= -\frac{8314.5 \times 273.15^2}{6.013 \times 10^6} \cdot x_B = -103.2 \times x_B \qquad \text{(c)}$$

この海水中のNaClの物質量比 x_B は0.01106であるから

$$\Delta\tau = -103.2 \times 0.01106 = -1.14 \ \mathrm{K} \qquad \text{(d)}$$

すなわち，海水の融点(氷点)は，純粋な水より1 K程度低い．

(3)　式(3.125)を x_B について解く．

$$x_B = -\frac{\Delta\tau \ \Delta h_{\bullet A}^{fus}(\tau)}{R\tau^2} \qquad (3.126)$$

これに，$\Delta\tau = -0.372$ K，$\tau = 273.15$ K および $\Delta h_{\bullet A}^{fus}(\tau) = 6.013 \times 10^6$ J/kmol などを代入する．

$$x_B = -\frac{(-0.372) \times 6.013 \times 10^6}{8314.5 \times 273.15^2} = 3.606 \times 10^{-3} \qquad \text{(e)}$$

一方，M を質量，$\bar{M}$ を分子量とすれば

$$x_B = \frac{M_B / \bar{M}_B}{M_A / \bar{M}_A + M_B / \bar{M}_B} \qquad (3.127)$$

である．これを $\bar{M}_B$ について解けば

$$\bar{M}_B = \frac{1 - x_B}{x_B} \cdot \frac{M_B}{M_A} \cdot \bar{M}_A \qquad (3.128)$$

となるから，右辺に数値を代入する．

$$\bar{M}_B = \frac{1 - 0.003606}{0.003606} \times \frac{0.036}{1} \times 18.02 = 179.3 \qquad \text{(f)}$$

グルコースの分子式は $C_6H_{12}O_6$ である．原子量表を使って分子量を求めると，6×12.01 +12×1.008+6×16.00 = 180.16，となる．■

3.3 非理想混合物

高圧・低温の気体混合物においては，分子の大きさや相互作用が顕在化するので理想気体混合物の理想化は現実的でない．また希薄な溶質を含む混合物の溶媒や，類似な分子構造を持つ構成要素の混合物のみが理想溶液の挙動をするのであり，理想溶液の理想化は大抵の混合液体では成り立たない．このように理想化が許されない混合物，非理想混合物を学習しよう．

[1] 混合物の成分のフュガシティと活量 化学ポテンシャルは粒子の脱出傾向を直接的に表現するが，一種のエネルギーであるから絶対値が確定しない．また，化学ポテンシャルはエントロピーを含むので，低圧極限や希薄極限で負の対数発散をする．一方，化学ポテンシャルから導かれるフュガシティや活量には数値の不確定性や，対数発散の不都合がない．したがって，実用では，フュガシティや活量が化学ポテンシャルに替わって賞用されている．

この項では，化学ポテンシャルの実用上の難点を検討し，その後でフュガシティや活量係数を導入する．

[2] 化学ポテンシャルの実用上の難点 Gibbs エネルギーは自然な独立変数を$(\tau, p, \boldsymbol{N})$とするような特性関数である．また，Gibbs エネルギーの部分量である化学ポテンシャルは式(1.71)により Gibbs エネルギーを展開する．Gibbs エネルギーが実用上もっとも便利な特性関数であることを考えると，化学ポテンシャルの重要性は論を待たないが，これをそのまま使うといくつかの不都合が予想される．それを検討しよう．

a. 数値の不確定性 $G = H - \tau S = U + pV - \tau S$により，Gibbs エネルギーは内部エネルギーやエンタルピーに関係している．内部エネルギーやエンタルピーは絶対値が決まらない量であるから，Gibbs エネルギーの絶対値も決まらない．このことは化学ポテンシャルにも引き継がれ，定数の不確定因子が残る．

b. 低圧極限と希薄極限 低圧気体における化学ポテンシャルは，理想気体混合物のそれのようにふるまう．すなわち，式(3.49)により第 i 成分に対して $\mu_i^{IGM}(\tau, p, \boldsymbol{y}) = g_{\bullet i}^{IG}(\tau, p) + R\tau \ln y_i$ である．このことにより

(1) 第 i 成分の希薄極限においては，その成分の化学ポテンシャルは$R\tau \ln y_i$ により負の対数発散をする．

(2) 上式右辺第 1 項の純粋な理想気体"i"のモル Gibbs エネルギーは$g_{\bullet i}^{IG}(\tau, p) = h_{\bullet i}^{IG}(\tau, p) - \tau s_{\bullet i}^{IG}(\tau, p)$であり，この式の右辺第 2 項の$s_{\bullet i}^{IG}(\tau, p)$は，低圧極限では式(2.27)により$-R \ln p$のように挙動する．したがって，低圧極限でエントロピーは正の対数発散をするから，すべての成分の Gibbs エネルギーと化学ポテンシャルは，負の対数発散をする．

もう一つの例として，液体混合物でも希薄成分に対しては成り立つ Henry の法則にしたがう混合物の化学ポテンシャルの挙動を検討する．すなわち，その希薄成分を第 i 成分とすれば，

それの化学ポテンシャルは式(3.91)により $\mu_i(\tau, p, \boldsymbol{y}) = C_B^L(\tau, p) + R\tau \ln y_i$ である．あきらかに，"i"の希薄極限 $y_i \to 0$ では $R\tau \ln y_i$ が負の対数発散をするから，それの化学ポテンシャルも負の対数発散をする．

[3]　フュガシティの定義　一定の温度と組成 $(\tau, \boldsymbol{y})$ における化学ポテンシャルの圧力依存性は式(1.137)により

$$(d\mu_i = \bar{v}_i\, dp)_{\tau,\boldsymbol{y}} \qquad i = 1,2,3,\ldots,r \qquad (3.129)$$

であり，特に理想気体混合物の場合には式(3.42)により，$\bar{v}_i^{IGM} = R\tau / p$ であるから

$$\left(d\mu_i^{IGM} = \bar{v}_i^{IGM}\, dp = \frac{R\tau}{p}\, dp = R\tau d \ln p\right)_{\tau,\boldsymbol{y}} \qquad i = 1,2,3,\ldots,r \qquad (3.130)$$

である．上二式の差を作ると

$$\Big[\, d\mu_i - d\mu_i^{IGM} = d\left(\mu_i - \mu_i^{IGM}\right) = d\Delta\mu_i^{res}$$

$$= \left(\bar{v}_i - \bar{v}_i^{IGM}\right) dp = \Delta\bar{v}_i^{res}\, dp = \left(\bar{v}_i - \frac{R\tau}{p}\right) dp \qquad i = 1,2,3,\ldots,r \qquad (3.131)$$

$$= R\tau \left(\frac{p\bar{v}_i}{R\tau} - 1\right) \frac{dp}{p} = R\tau \left(\bar{z}_i - 1\right) \frac{dp}{p}$$

$$= R\tau\Delta\bar{z}_i^{res} \frac{dp}{p}\, \Big]_{\tau,\boldsymbol{y}}$$

となる．ただし

$$\Delta\mu_i^{res} = \mu_i - \mu_i^{IGM} \qquad i = 1,2,3,\ldots,r \qquad (3.132)$$

$$\Delta\bar{v}_i^{res} = \bar{v}_i - \bar{v}_i^{IGM} \qquad i = 1,2,3,\ldots,r \qquad (3.133)$$

$$\bar{z}_i = \frac{p\bar{v}_i}{R\tau} \qquad i = 1,2,3,\ldots,r \qquad (3.134)$$

$$\Delta\bar{z}_i^{res} = \bar{z}_i - \bar{z}_i^{IGM} = \bar{z}_i - 1 \qquad i = 1,2,3,\ldots,r \qquad (3.135)$$

であり，$\bar{z}_i$ は式(2.87)の圧縮因子 z の成分"i"に対する部分量である．なお，$\overline{z_i}^{IGM} = 1$ であることに注意せよ．

さて，式(3.131)を圧力に関して $(0, p)$ で積分し，$p \to 0$ においては $\Delta\mu_i^{res} \to 0$ であることを考慮する．

$$\Delta\mu_i^{res}(\tau, p, \mathbf{y}) = \int_{0,\tau,\mathbf{y}}^{p,\tau,\mathbf{y}} \Delta\,\overline{v_i}^{res}\, dp = R\tau\int_{0,\tau,\mathbf{y}}^{p,\tau,\mathbf{y}} \Delta\,\overline{z_i}^{res}\,\frac{dp}{p} \qquad i = 1,2,3,\ldots,r \qquad (3.136)$$

ただし，積分の上下限の τ と $\mathbf{y}$ は，これらが一定であることを示す．ここで，辺々 $R\tau$ で割り exp をとって

$$\hat{\phi}_i(\tau, p, \mathbf{y}) = \frac{\hat{\pi}_i(\tau, p, \mathbf{y})}{y_i p} = \exp\frac{\Delta\mu_i^{res}\,\hat{\pi}_i(\tau, p, \mathbf{y})}{R\tau}$$

$$= \exp\left[\frac{1}{R\tau}\int_{0,\tau,\mathbf{y}}^{p,\tau,\mathbf{y}} \Delta\,\overline{v_i}^{res}\, dp\right] = \exp\left[\int_{0,\tau,\mathbf{y}}^{p,\tau,\mathbf{y}} \Delta\overline{z_i}^{res}\,\frac{dp}{p}\right]$$

$$i = 1,2,3,\ldots,r \qquad (3.137)$$

$$\ln\hat{\phi}_i = \ln\frac{\hat{\pi}_i}{y_i p} = \frac{\Delta\mu_i^{res}}{R\tau} \qquad i = 1,2,3,\ldots,r \qquad (3.138)$$

により，混合物中の成分"i"のフュガシティ $\hat{\pi}_i$ とフュガシティ係数 $\hat{\phi}_i$ を定義する．後で説明するように，$\hat{\pi}_i$ や $\hat{\phi}_i$ は部分量ではないが，部分量と密接に関係しているので，部分量に付す"‾"の代りに"^"を付した．なお，式(3.138)は，$R\tau\ln\hat{\phi}_i$ が化学ポテンシャル $\mu_i(\tau, p, \mathbf{y})$ の残留量であることを示している．

さて，一定の温度における化学ポテンシャルの変化を検討するために，式(3.138)の中辺=右辺 の関係を，一定温度で微分する．

$$\left(d\mu_i - d\mu_i^{IGM} = R\tau\, d\ln\hat{\pi}_i - R\tau\, d\ln p - R\tau\, d\ln y_i\right)_\tau$$

$$i = 1,2,3,\ldots,r \qquad (3.139)$$

ついで，左辺の $d\mu_i^{IGM}$ を求めるために式(3.49)を一定温度で微分する．

$$\left[d\mu_i^{IGM} = dg_{\bullet i}^{IG}(\tau, p) + R\tau\, d\ln y_i\right]_\tau \qquad i = 1,2,3,\ldots,r \qquad (3.140)$$

また，上式右辺の $\left(dg_{\bullet i}^{IG}\right)_\tau$ を求めるために，式(2.22)と(2.27)により $g_{\bullet i}^{IG}$ を次のように計算する．さらに，次のようにして $\left(dg_{\bullet i}^{IG}\right)_\tau$ を求める．

$$g_{\bullet i}^{IG} = h_{\bullet i}^{IG} - \tau s_{\bullet i}^{IG} = \int_{\tau*}^{\tau} c_p d\tau - \tau\int_{\tau*}^{\tau}\frac{c_p}{\tau}\,d\tau + R\tau\ln\frac{p}{p^*} + h(\tau^*) - \tau s(\tau^*, p^*) \qquad i = 1,2,3,\ldots,r \qquad (3.141)$$

$$\left(dg_{\bullet i}^{IG} = R\tau d\ln p\right)_\tau \qquad i = 1,2,3,\ldots,r \qquad (3.142)$$

最後に，式(3.140)に式(3.142)を代入して $d\mu_i^{IGM}$ を求め，これを式(3.139)に代入する．

$$\left(d\mu_i = R\tau d\ln\hat{\pi}_i\right)_\tau \qquad i = 1,2,3,\ldots,r \qquad (3.143)$$

表 3.5　純粋物質のフュガシティ $\pi(\tau, p)$ と混合物中の第 i 成分のフュガシティ $\hat{\pi}_i(\tau, p, \boldsymbol{y})$

	純粋物質の フュガシティ　$\pi(\tau, p)$	混合物中の第 i 成分の フュガシティ $\hat{\pi}_i(\tau, p, \boldsymbol{y})$
残留体積あるいは 部分残留体積に よる定義	$\pi(\tau, p) = p \exp\left(\int_{0,\tau}^{p,\tau} \frac{\Delta v^{res}}{R\tau} dp\right)$　(2.102)	$\hat{\pi}_i(\tau, p, \boldsymbol{y}) = y_i p \exp\left[\frac{1}{R\tau}\int_{0,\tau,\boldsymbol{y}}^{p,\tau,\boldsymbol{y}} \Delta \bar{v}_i^{res} dp\right]$　(3.137)
残留圧縮因子あるいは 部分残留圧縮因子による定義	$\pi(\tau, p) = p \exp\left[\int_{0,\tau}^{p,\tau} \Delta z^{res} \frac{dp}{p}\right]$　(2.102)	$\hat{\pi}_i(\tau, p, \boldsymbol{y}) = y_i p \exp\left[\int_{0,\tau,\boldsymbol{y}}^{p,\tau,\boldsymbol{y}} \Delta \bar{z}_i^{res} \frac{dp}{p}\right]$　(3.137)
残留 Gibbs ｴﾈﾙｷﾞｰあるいは 残留化学ポテンシャルに よる定義	$\pi(\tau, p) = p \exp \frac{\Delta g^{res}}{R\tau}$　(2.102)	$\hat{\pi}_i(\tau, p, \boldsymbol{y}) = y_i p \exp \frac{\Delta \mu_i^{res}}{R\tau}$　(3.137)
等温変化による部分的な定義	$(dg = R\tau d \ln \pi)_\tau$　(2.105)	$\left(d\mu_i = R\tau d \ln \hat{\pi}_i\right)_\tau$　(3.143)
低圧極限における値	$\lim_{p \to 0} \pi = p$ (2.102)や(2.103)に含まれる	$\lim_{p \to 0} \hat{\pi} = y_i p$ (3.137)や(3.138)に含まれる
フュガシティ係数	$\phi = \frac{\pi}{p}$　(2.102)	$\hat{\phi}_i = \frac{\hat{\pi}_i}{y_i p}$　(3.137)

実は，この式により混合物中の成分"i"のフガシティ$\hat{\pi}_i$を定義する流儀もある．しかし，これは微分方程式の形をしているので，この式のみでは積分因子の任意性が残っている．

なお，以上の関係などを，純粋物質のフガシティπのそれらと対比して表**3.5**に示した．

[4] フガシティの特性

a．フガシティの変化と化学ポテンシャルの変化　まず，式(3.130)を一定の温度と組成において圧力に関して(p^*, p)にわたり積分する．

$$\mu_i^{IGM}(\tau, p, \boldsymbol{y}) - \mu_i^{IGM}(\tau, p^*, \boldsymbol{y}) = R\tau \ln \frac{p}{p^*} \qquad i = 1,2,3,\ldots,r \tag{3.144}$$

一方，式(3.138)をpとp^*に対して適用してそれらの差を作ると

$$\mu_i(\tau, p, \boldsymbol{y}) - \mu_i(\tau, p^*, \boldsymbol{y}) - \left[\ \mu_i^{IGM}(\tau, p, \boldsymbol{y}) - \mu_i^{IGM}(\tau, p, \boldsymbol{y})\right]$$
$$= R\tau\left(\ln \frac{\hat{\pi}_i}{\hat{\pi}_i^*} - \ln \frac{p}{p^*}\right)$$
$$i = 1,2,3,\ldots,r \tag{3.145}$$

のようになる．ただし，$\hat{\pi}_i^* = \hat{\pi}_i(\tau, p^*, \boldsymbol{y})$である．上の二式により次式となる．

$$\mu_i(\tau, p, \boldsymbol{y}) - \mu_i(\tau, p^*, \boldsymbol{y}) = R\tau \ln \frac{\hat{\pi}_i}{\hat{\pi}_i^*} \qquad i = 1,2,3,\ldots,r \tag{3.146}$$

式(3.144)と式(3.146)を比較すれば，圧力をフガシティに置き換えることにより，等温・等組成における化学ポテンシャルの変化を，理想気体の場合と同形式の式で計算できることになる．このことと成分"i"のフガシティが圧力と同じ次元であることにより，成分"i"のフガシティを擬圧力と解釈する傾向がある．しかし，成分"i"のフガシティは式(3.137)や(3.138)の定義式が示すように，化学ポテンシャルの代理という物理的意味を持つものであり，化学ポテンシャルの別の表現と見る方が好ましい．

b．フガシティの低圧・希薄極限における挙動　低圧では，式(3.137)と(3.138)において

$\mu_i \to \mu_i^{IGM}$であるから，$\Delta\mu_i^{res} \to 0$，$\hat{\pi}_i \to y_i p$，$\hat{\phi}_i \to 1$となる．したがって，成分"i"のフガシティの成分分圧$y_i p$からの隔たりや，成分"i"のフガシティ係数の 1 からの隔たりは，理想気体混合物からの偏倚の尺度である．

[1]で述べたように，低圧・希薄極限において成分"i"の化学ポテンシャルが負の対数発散をするのに対して，成分"i"フガシティは成分"i"の分圧$y_i p$に近づくのみであり，これはたかだかゼロまでしか減少しない．

c．　異なる圧力におけるフュガシティ　小さい圧力変化によるフュガシティの変化は式(3.129)と(3.143)により

$$R\tau\left(\frac{\partial \ln \hat{\pi}_i}{\partial p}\right)_{\tau,\boldsymbol{y}} = \bar{v}_i = \left(\frac{\partial \mu_i}{\partial p}\right)_{\tau,\boldsymbol{y}} \qquad i = 1,2,3,\ldots,r \qquad (3.147)$$

となる．さらに，上式を一定の温度・組成において圧力に関して(p^*, p)の範囲で積分して，一定の温度・組成における有限の圧力変化に対するフュガシティの変化を計算すると

$$\ln\left[\frac{\hat{\pi}_i(\tau, p, \boldsymbol{y})}{\hat{\pi}_i(\tau, p^*, \boldsymbol{y})}\right] = \frac{1}{R\tau}\int_{p^*,\tau}^{p,\tau} \bar{v}_i \, dp \qquad i = 1,2,3,\ldots,r \qquad (3.148)$$

になる．あるいは次式のようにも書ける．

$$\hat{\pi}_i(\tau, p, \boldsymbol{y}) = \hat{\pi}_i(\tau, p^*, \boldsymbol{y})\exp\left(\frac{1}{R\tau}\int_{p^*,\tau}^{p,\tau} \bar{v}_i \, dp\right) \qquad i = 1,2,3,\ldots,r \qquad (3.149)$$

純粋物質の場合と同様に，上式の exp( )の部分を Poynting の圧力因子といい，成分"i"のフュガシティの圧力変化を与える．

d．　理想混合物のフュガシティ　三つの理想混合物，すなわち理想気体混合物，理想溶液，および理想希薄溶液の溶質，の$(\tau, p, \boldsymbol{y})$におけるフュガシティとフュガシティ係数を計算しよう．ただし，理想希薄溶液の溶質は，$y_i \to 0$であるような成分"i"を意味するものとする．

まず，理想気体混合物であるが，これはすでにb．で求めた．

$$\hat{\pi}_i^{IGM}(\tau, p, \boldsymbol{y}) = y_i p \qquad i = 1,2,3,\ldots,r \qquad (3.150)$$

$$\hat{\phi}_i^{IGM}(\tau, p, \boldsymbol{y}) = 1 \qquad i = 1,2,3,\ldots,r \qquad (3.151)$$

ついで理想溶液である．理想溶液中の"i"の化学ポテンシャルμ_i^{IS}は式(3.55)であり，仮想的な理想気体混合物中の"i"の化学ポテンシャルμ_i^{IGM}は式(3.49)である．これらの差をとれば"i"の残留化学ポテンシャル$\Delta\left(\mu_i^{IS}\right)^{res}$になる．

$$\Delta\left(\mu_i^{IS}\right)^{res} = \mu_i^{IS} - \mu_i^{IGM} = g_{\bullet i} - g_{\bullet i}^{IG} = \Delta g_{\bullet i}^{res} \qquad i = 1,2,3,\ldots,r \qquad (3.152)$$

最右辺は純粋な"i"の残留 Gibbs エネルギーであり，これは式(2.103)により，純粋な"i"のフュガシティπ_iと関係している．

$$\Delta g_{\bullet i}^{res} = R\tau \ln \frac{\pi_i}{p} \qquad i = 1,2,3,\ldots,r \qquad (3.153)$$

式(3.152)の最左辺は式(3.138)により，成分"i"のフュガシティ $\hat{\pi}_i$ と関係している．

$$\Delta\left(\mu_i^{IS}\right)^{res} = R\tau \ln \frac{\hat{\pi}_i^{IS}}{y_i p} \qquad i = 1,2,3,\ldots,r \qquad (3.154)$$

結局式(3.152)から(3.154)により

$$\hat{\pi}_i^{IS}\left(\tau, p, \boldsymbol{y}\right) = y_i \pi_i\left(\tau, p\right) \qquad i = 1,2,3,\ldots,r \qquad (3.155)$$

$$\hat{\phi}_i^{IS}\left(\tau, p, \boldsymbol{y}\right) = \frac{\pi_i\left(\tau, p\right)}{p} = \phi_i\left(\tau, p\right) \qquad i = 1,2,3,\ldots,r \qquad (3.156)$$

となる．ただし，式(3.156)の最右辺の ϕ_i は，混合物と同じ (τ, p) における純粋な"i"のフュガシティ係数である．

3.2.2 [1] の理想溶液のところでも述べたように，これらの結果も $y_i \to 1$ の成分については現実的であるが，その他の場合に対しては高度の理想化である．なお，式(3.155)を **Lewis-Randall** の規則(Lewis-Randall rule)というが，理想溶液の仮定と同じ内容である．また，式(3.156)は，理想溶液のフュガシティ係数が組成 $\boldsymbol{y}$ によらないこと，を示している．

最後に，理想希薄溶液の溶質"i"を検討する．"i"の化学ポテンシャルを式(3.91)により

$$\mu_i^{IDS}\left(\tau, p, \boldsymbol{x}\right) = c_i\left(\tau, p\right) + R\tau d \ln y_i \qquad (3.157)$$

と書くことができる．ただし，上付きの"*IDS*"は理想希薄溶液の溶質を表わす． 一方，理想気体混合物中の"i"の化学ポテンシャル μ_i^{IGM} は式(3.49)である．これらの差をとれば"i"の残留化学ポテンシャル $\Delta\left(\mu_i^{IDS}\right)^{res}$ になる．

$$\Delta\left(\mu_i^{IDS}\right)^{res} = \mu_i^{IDS} - \mu_i^{IGM} = c_i - g_{\bullet i}^{IG} \qquad (3.158)$$

残留化学ポテンシャル $\Delta^{res}\mu_i$ は式(3.138)により，成分"i"のフュガシティ $\hat{\pi}_i$ と関係しているから

$$\hat{\pi}_i^{IDS}\left(\tau, p, \boldsymbol{y}\right) = y_i p \exp \frac{c_i - g_{\bullet i}^{IG}}{R\tau} = y_i k_i^H\left(\tau, p\right) \qquad (3.159)$$

$$\hat{\phi}_i^{IDS}\left(\tau, p, \boldsymbol{y}\right) = \frac{k_i^H\left(\tau, p\right)}{p} = \exp \frac{c_i - g_{\bullet i}^{IG}}{R\tau} \qquad (3.160)$$

となる．式(3.159)も Henry の法則といい，最右辺の $k_i^H\left(\tau, p\right)$ は，式(3.95)の Henry の定数である．

表 3.6 に，この項で求めたフュガシティとフュガシティ係数などがまとめて示してある．

表 3.6　理想混合物のフュガシティ $\hat{\pi}_i(\tau, p, \mathbf{y})$，フュガシティ係数 $\hat{\phi}_i(\tau, p, \mathbf{y})$ および活量係数 $\gamma_i(\tau, p, \mathbf{y})$

	純粋な"i"のフュガシティ $\pi_i(\tau, p)$	成分"i"のフュガシティ $\hat{\pi}_i(\tau, p, \mathbf{y})$	成分"i"のフュガシティ係数 $\hat{\phi}_i(\tau, p, \mathbf{y})$	活量係数 $\hat{\gamma}_i(\tau, p, \mathbf{y})$
理想気体混合物	p	$y_i p$ (3.150)	1 (3.151)	1
理想溶液	$\pi_i(\tau, p)$	$y_i \pi_i(\tau, p)$ (3.155) Lewis-Randall の規則	$\phi_i(\tau, p)$ (3.156)	1
理想希薄溶液の溶質	$\pi_i(\tau, p)$	$y_i k_i^H(\tau, p)$ (3.159) Henry の法則	$\exp[(c_i - g_{\bullet i}^{IG})/R\tau]$ (3.160)	$k_i^H(\tau, p) / \pi_i(\tau, p)$

[例題 3.5] 次式を証明せよ.

$$\mu_i(\tau, p, \boldsymbol{y}) = g_{\bullet i}(\tau, p) + R\tau \ln \frac{\hat{\pi}_i}{\pi_i} \qquad i = 1,2,3, \ldots, r \tag{3.161}$$

[解答] まず，式(3.138)のフュガシティの定義式を"i"の化学ポテンシャル μ_i について解く.

$$\mu_i(\tau, p, \boldsymbol{y}) = \mu_i^{IGM}(\tau, p, \boldsymbol{y}) + R\tau \ln \frac{\hat{\pi}_i}{y_i p} \qquad i = 1,2,3, \ldots, r \tag{3.162}$$

上式の右辺にある理想気体混合物中の"i"の化学ポテンシャル μ_i^{IGM} は式(3.49)により

$$\mu_i^{IGM}(\tau, p, \boldsymbol{y}) = g_{\bullet i}^{IG}(\tau, p) + R\tau \ln y_i \qquad i = 1,2,3, \ldots, r \tag{3.163}$$

である．これらの二式から μ_i^{IGM} を消去する.

$$\mu_i(\tau, p, \boldsymbol{y}) = g_{\bullet i}^{IG}(\tau, p) + R\tau \ln \frac{\hat{\pi}_i}{p} \qquad i = 1,2,3, \ldots, r \tag{3.164}$$

一方，純粋物質のフュガシティの定義式(2.103)を $g_{\bullet i}(\tau, p)$ について解くと次式になる.

$$g_{\bullet i}(\tau, p) = g_{\bullet i}^{IG}(\tau, p) + R\tau \ln \frac{\pi}{p} \tag{3.165}$$

最後に式(3.164)と(3.165)から $g_{\bullet i}^{IG}(\tau, p)$ を消去すれば，証明すべき式(3.161)に到達する. ■

e. 混合物全体としてのフュガシティとの関係 相変化しない範囲で，混合物を全体として眺めるならば，全体としてのフュガシティやフュガシティ係数を純粋物質の場合と全く同様に定義することができるので，それらを同じ記号の π や ϕ で表すことにする．しかし，これらは組成 $\boldsymbol{y}$ の関数でもあるから，純粋物質の場合とは異なり $\pi(\tau, p, \boldsymbol{y})$ や $\phi(\tau, p, \boldsymbol{y})$ のような構造になっている.

まず，混合物全体としてのフュガシティやフュガシティ係数との直接的関係を求める.

式(2.102)により

$$g - g^{IGM} = R\tau \ln \pi - R\tau \ln p \tag{3.166}$$

と書く．純粋物質の場合には左辺の g^{IGM} のところが g^{IG} であったものが，ここでは g^{IGM} と変更して書いてあることに注意せよ．両辺に混合物全体の物質量 $N = \sum_{i=1}^{r} N_i$ を乗じる.

$$G - G^{IGM} = R\tau\ N \ln \pi - R\tau\ N \ln p \tag{3.167}$$

ついで，式(1.115)の部分量を作る演算を両辺に施す.

$$\mu_i - \mu_i^{IGM} = R\tau \left[\frac{\partial(N \ln \pi)}{\partial N_i}\right]_{\tau, p, N_j, j\neq i} - R\tau \ln p \qquad i = 1,2,3, \ldots, r \tag{3.168}$$

一方，混合物の成分から見た場合の上式に相当する式は，式(3.137)を組み替えた

$$\mu_i - \mu_i^{IGM} = R\tau \ln \frac{\hat{\pi}_i}{y_i} - R\tau \ln p \qquad i = 1,2,3,\ldots,r \tag{3.169}$$

である．式(3.168)および(3.169)を比較すれば

$$\left[\frac{\partial(N \ln \pi)}{\partial N_i}\right]_{\tau,p,N_j,j\neq i} = \ln \frac{\hat{\pi}_i}{y_i} \qquad i = 1,2,3,\ldots,r \tag{3.170}$$

となる．これは$N \ln \pi$や$\ln \pi$に属する部分量が$\ln\left(\hat{\pi}_i/y_i\right)$であることを示している．したがって

$$N \ln \pi = \sum_{i=1}^{r} N_i \ln \frac{\hat{\pi}_i}{y_i} \tag{3.171}$$

あるいは

$$\ln \pi = \sum_{i=1}^{r} y_i \ln \frac{\hat{\pi}_i}{y_i} \tag{3.172}$$

フュガシティ係数の関係を求めることは簡単である．これらの定義式(2.103)と(3.138)により

$$\ln \frac{\hat{\pi}_i}{y_i} = \ln \hat{\phi}_i + \ln p \qquad i = 1,2,3,\ldots,r \tag{3.173}$$

としておいて，これらを式(3.170)に代入すると

$$\left[\frac{\partial(N \ln \phi)}{\partial N_i}\right]_{\tau,p,N_j,j\neq i} = \ln \hat{\phi}_i \qquad i = 1,2,3,\ldots,r \tag{3.174}$$

となる．これは$N \ln \phi$や$\ln \phi$に属する部分量が$\ln \hat{\phi}_i$であることを示している．したがって

$$N \ln \phi = \sum_{i=1}^{r} N_i \ln \hat{\phi}_i \tag{3.175}$$

あるいは

$$\ln \phi = \sum_{i=1}^{r} y_i \ln \hat{\phi}_i \tag{3.176}$$

ついで，混合物全体としてのフュガシティやフュガシティ係数の$(\tau, p, \boldsymbol{N})$に対する全微分を求めてみよう．そのために，任意の示量変数Ξに対する式(1.141)において，$\Xi = N \ln \pi$とする．

$$d\left(N \ln \pi\right) = \left[\frac{\partial\left(N \ln \pi\right)}{\partial \tau}\right]_{p,\boldsymbol{N}} d\tau + \left[\frac{\partial\left(N \ln \pi\right)}{\partial p}\right]_{\tau,\boldsymbol{N}} dp + \sum_{i=1}^{r}\left[\frac{\partial\left(N \ln \pi\right)}{\partial N_i}\right]_{\tau,p,N_j,j\neq i} dN_i \tag{3.177}$$

右辺の第 1 項に含まれる微分項は式(2.121)により $-N\Delta h^{res}/R\tau^2 = -\Delta H^{res}/R\tau^2$，第 2 項に含まれる微分項は式(2.121)により $Nv/R\tau = V/R\tau$，第 3 項に含まれる微分項は式(3.170)により $\ln\left(\hat{\pi}_i/y_i\right)$ であるから

$$d\left(N\ln\pi\right) = -\frac{\Delta H^{res}}{R\tau^2}d\tau + \frac{V}{R\tau}dp + \sum_{i=1}^{r}\left(\ln\frac{\hat{\pi}_i}{y_i}\right)dN_i \tag{3.178}$$

となる．フュガシティ係数についても同様な計算をすれば次式のようになる．

$$d\left(N\ln\phi\right) = -\frac{\Delta H^{res}}{R\tau^2}d\tau + \frac{\Delta V^{res}}{R\tau}dp + \sum_{i=1}^{r}\left(\ln\hat{\phi}_i\right)dN_i \tag{3.179}$$

f.　フュガシティを含む一般化した Gibbs-Duhem の関係　一般化した Gibbs-Duhem の関係式(1.144)に $\xi = \ln\pi$ を代入してみる．

$$\left(\frac{\partial\ln\pi}{\partial\tau}\right)_{p,\boldsymbol{y}}d\tau + \left(\frac{\partial\ln\pi}{\partial p}\right)_{\tau,\boldsymbol{y}}dp - \sum_{i=1}^{r}y_i d\,\overline{\ln\pi}_i = 0 \tag{3.180}$$

左辺の第 1 項に含まれる微分項は式(2.121)により $-\Delta h^{res}/R\tau^2$，第 2 項に含まれる微分項は式(2.123)により $v/R\tau$，第 3 項に含まれる部分量は式(3.172)により $\ln\left(\hat{\pi}_i/y_i\right)$ であるから

$$-\frac{\Delta h^{res}}{R\tau^2}d\tau + \frac{v}{R\tau}dp - \sum_{i=1}^{r}y_i d\ln\frac{\hat{\pi}_i}{y_i} = 0 \tag{3.181}$$

となる．さらに

$$\sum_i y_i d\ln\frac{\hat{\pi}_i}{y_i} = \sum_i y_i d\ln\hat{\pi}_i - \sum_i y_i d\ln y_i \tag{3.182}$$

$$\begin{aligned}\sum_i y_i d\ln y_i &= \sum_i y_i\left(\frac{dy_i}{y_i}\right) = \sum_i dy_i \\ &= d\left(\sum_i y_i\right) = d(1) = 0\end{aligned} \tag{3.183}$$

であるから，式(3.181)は次式のようになる．

$$-\frac{\Delta h^{res}}{R\tau^2}d\tau + \frac{v}{R\tau}dp - \sum_{i=1}^{r}y_i d\ln\hat{\pi}_i = 0 \tag{3.184}$$

フュガシティ係数についても，式(1.144)に $\xi = \ln\phi$ を代入して次式を導くことができる．

$$-\frac{\Delta h^{res}}{R\tau^2}d\tau + \frac{\Delta v^{res}}{R\tau}dp - \sum_{i=1}^{r}y_i d\ln\hat{\phi}_i = 0 \tag{3.185}$$

g．フュガシティの微分　フュガシティとフュガシティ係数の温度微分，圧力微分および(τ, p)全微分を計算しよう．

フュガシティから先に検討することにし，式(3.178)において組成一定，すなわちすべてのiに対して$dN_i = 0$とし，Nで割る．

$$\left(d\ln\pi = -\frac{\Delta h^{res}}{R\tau^2}d\tau + \frac{v}{R\tau}dp\right)_{\boldsymbol{y}} \tag{3.186}$$

上式における$\left(\ln\pi, \Delta h^{res}, v\right)$は，部分量を作る演算式(1.115)に対して線形的であるから，それぞれの部分量をとってもよい．その際，式(3.170)により$\ln\pi$の部分量が$\ln\left(\hat{\pi}_i/y_i\right)$であることを使えば

$$\left(d\ln\frac{\hat{\pi}_i}{y_i} = -\frac{\overline{\Delta h^{res}}_i}{R\tau^2}d\tau + \frac{\bar{v}_i}{R\tau}dp\right)_{\boldsymbol{y}} \qquad i = 1,2,3,\ldots,r \tag{3.187}$$

となる．上式において，組成一定であるから$d\ln\left(\hat{\pi}_i/y_i\right) = d\ln\hat{\pi}_i$であり，式(3.47)を使えば

$$\overline{\Delta h^{res}}_i = \overline{h - h^{IGM}}_i = \bar{h}_i - \overline{h^{IGM}}_i = \bar{h}_i - h^{IG}_{\bullet i} \qquad i = 1,2,3,\ldots,r \tag{3.188}$$

である．これらの関係を式(3.187)に代入すると次式となる．

$$\left(d\ln\frac{\hat{\pi}_i}{y_i} = d\ln\hat{\pi}_i = \frac{h^{IG}_{\bullet i} - \bar{h}_i}{R\tau^2}d\tau + \frac{\bar{v}_i}{R\tau}dp\right)_{\boldsymbol{y}} \qquad i = 1,2,3,\ldots,r \tag{3.189}$$

全微分が上式のように求められたので，右辺の微分の係数から次の二式を書き下すことができる．

$$\left[\frac{\partial\ln\left(\hat{\pi}_i/y_i\right)}{\partial\tau}\right]_{p,\boldsymbol{y}} = \left(\frac{\partial\ln\hat{\pi}_i}{\partial\tau}\right)_{p,\boldsymbol{y}} = \frac{h^{IG}_{\bullet i} - \bar{h}_i}{R\tau^2} \qquad i = 1,2,3,\ldots,r \tag{3.190}$$

$$\left[\frac{\partial\ln\left(\hat{\pi}_i/y_i\right)}{\partial p}\right]_{\tau,\boldsymbol{y}} = \left(\frac{\partial\ln\hat{\pi}_i}{\partial p}\right)_{\tau,\boldsymbol{y}} = \frac{\bar{v}_i}{R\tau} \qquad i = 1,2,3,\ldots,r \tag{3.191}$$

ついでながら，式(3.191)は式(3.149)の微分表現になっている．

フュガシティ係数についても同様に計算することができるが，結果のみを示しておく．

$$\left(d\ln\hat{\phi}_i = \frac{h^{IG}_{\bullet i} - \bar{h}_i}{R\tau^2} d\tau + \frac{\bar{v}_i - v^{IG}_{\bullet i}}{R\tau} dp \right)_{\boldsymbol{y}} \qquad i = 1,2,3, \ldots, r \qquad (3.192)$$

$$\left(\frac{\partial \ln\hat{\phi}_i}{\partial\tau} \right)_{p,\boldsymbol{y}} = \frac{h^{IG}_{\bullet i} - \bar{h}_i}{R\tau^2} \qquad i = 1,2,3, \ldots, r \qquad (3.193)$$

$$\left(\frac{\partial \ln\hat{\phi}_i}{\partial p} \right)_{\tau,\boldsymbol{y}} = \frac{\bar{v}_i - v^{IG}_{\bullet i}}{R\tau} \qquad i = 1,2,3, \ldots, r \qquad (3.194)$$

h. フュガシティによる平衡条件　化学ポテンシャルによる相平衡条件式(1.180)をフュガシティで表現してみよう．式(3.137)の第２辺=第３辺 をフュガシティについて解く．

$$\hat{\pi}_i(\tau, p, \boldsymbol{y}) = y_i p \exp\frac{\Delta\mu^{res}_i}{R\tau} = y_i p \exp\frac{\mu_i - \mu^{IGM}_i}{R\tau} \qquad i = 1,2,3, \ldots, r \ (3.195)$$

最右辺に含まれている理想気体混合物中の"i"の化学ポテンシャル $\mu^{IGM}_i(\tau, p, \boldsymbol{y})$ は，式(3.49)で与えられるから，これを代入する．

$$\begin{aligned} \hat{\pi}_i(\tau, p, \boldsymbol{y}) &= y_i p \exp\frac{\mu_i - \mu^{IGM}_i}{R\tau} \\ &= y_i p \exp\frac{\mu_i(\tau, p, \boldsymbol{y}) - g^{IGM}_{\bullet i}(\tau, p) - R\tau\ln y_i}{R\tau} \qquad i = 1,2,3, \ldots, r \qquad (3.196) \\ &= p \exp\frac{\mu_i(\tau, p, \boldsymbol{y}) - g^{IGM}_{\bullet i}(\tau, p)}{R\tau} \end{aligned}$$

これで準備ができた．条件式(1.180)により，平衡する相間では(τ, p)の他に各成分の化学ポテンシャルが等しい．したがって，上式の最右辺の値は，平衡する相間で各成分ごとに等しい．ゆえに，式(1.180)の代りに次式を，(τ, p)における r 成分 P 相状態の系の平衡規準とすることができる．

$$\left(\hat{\pi}^{\alpha}_i = \hat{\pi}^{\beta}_i = \hat{\pi}^{\gamma}_i =, \ldots, = \hat{\pi}^{P}_i \right)_{\tau,p} \qquad i = 1,2,3, \ldots, r \qquad (3.197)$$

[5]　活量と超過量　理想溶液の成分"i"の化学ポテンシャルは式(3.55)により，混合物と共通の(τ, p)における純粋な"i"の Gibbs エネルギー$g_{\bullet i}(\tau, p)$に $R\tau\ln y_i$ を加算した形になっ

ている．そこで，この加算項を $R\tau \ln \gamma_i y_i$ のように修正して，現実の混合物の挙動を表現しようという考えが生まれた．すなわち次式である．

$$\mu_i(\tau, p, \boldsymbol{y}) = g_{\bullet i}(\tau, p) + R\tau \ln \hat{\gamma}_i \, y_i \qquad i = 1,2,3, \ldots, r \tag{3.198}$$

この修正因子 $\hat{\gamma}_i$ を混合物中の成分"i"の**活量係数**(activity coefficient)という．$\hat{\gamma}_i$ は一般的には $\hat{\gamma}_i(\tau, p, \boldsymbol{y})$ のように，温度，圧力および組成の関数であるが，理想溶液においては恒等的に 1 であり，特定の成分の y_i が 1 に近づくとき，その成分の活量係数は 1 に近づく．

$$\lim_{y_i \to 1} \hat{\gamma}_i = 1 \tag{3.199}$$

さて，活量係数をフュガシティやフュガシティ係数に関係づけるために，式(3.198)を式(3.161)と比較すれば

$$\hat{\gamma}_i = \frac{\hat{\pi}_i}{y_i \pi_i} == \frac{\hat{\pi}_i}{\hat{\pi}_i^{IS}} = \frac{\hat{\pi}_i}{y_i p} \cdot \frac{p}{\pi_i} = \frac{\hat{\phi}_i}{\phi_i} \qquad i = 1,2,3, \ldots, r \tag{3.200}$$

のようになる．

一方，次式に純粋成分基準の**活量**(activity)を定義する．

$$\hat{a}_i(\tau, p, \boldsymbol{y}) = \frac{\hat{\pi}_i(\tau, p, \boldsymbol{y})}{\pi_i(\tau, p)} \qquad i = 1,2,3, \ldots, r \tag{3.201}$$

これは活量係数と

$$y_i \hat{\gamma}_i = \hat{a}_i \qquad i = 1,2,3, \ldots, r \tag{3.202}$$

のように関係しているから，これを上の式(3.198)に適用すれば

$$\mu_i(\tau, p, \boldsymbol{y}) = g_{\bullet i}(\tau, p) + R\tau \ln \hat{a}_i \qquad i = 1,2,3, \ldots, r \tag{3.203}$$

となる．この結果を，理想溶液の成分"i"の化学ポテンシャル式(3.55)と比較してみる．式(3.203)は式(3.55)の物質量比 y_i を活量 $\hat{a}_i$ と差し替えた形になっている．この意味で，活量は物質量比の拡張した量である．

図 3.12 にフュガシティ $\hat{\pi}_i$ の物質量比 y_i に対する変化の例を実線で示す．原点と $(1, \pi_i)$ を結ぶ破線は，式(3.155)による理想溶液に対する $\hat{\pi}_i^{IS}$ である．$y_i \to 1$ においては $\hat{\pi}_i \to \hat{\pi}_i^{IS}$ である．また，原点と $(1, k_i^H)$ を結ぶ一点鎖線は，式(3.159)による理想希薄溶液に対する $\hat{\pi}_i^{IDS}$ である．$y_i \to 0$ においては $\hat{\pi}_i \to \hat{\pi}_i^{IDS}$ である．

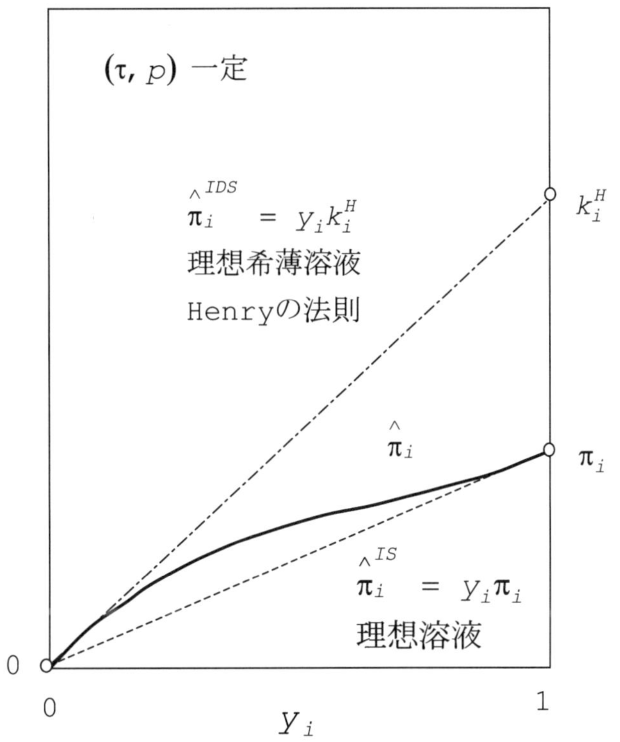

図 3.12　フュガシティの組成変化

式(3.200)の左辺=第 3 項により，ある物質量比 y_i における $\hat{\pi}_i$ と $\hat{\pi}_i^{IS}$ の比が，その物質量比 y_i における活量係数 $\hat{\gamma}_i$ であり，図の場合には $\hat{\gamma}_i \geq 1$ である． $y_i \to 0$ においては，$\hat{\pi}_i$ と $\hat{\pi}_i^{IS}$ はともに→0 となるから，活量係数は不定になる．しかし，(イオンに解離しない)非電解質溶液に対する実験結果によれば $y_i \to 0$ における $\hat{\gamma}_i$ は有限の値であり一般的にはゼロではない．

ここで，新しい量，**超過量**(excess property)を導入しよう．超過量は理想溶液あるいは理想溶液中の成分の部分量に対する増分を表わし，任意の $\Xi = N\xi$ に対して

$$\Delta\Xi^{exc} = \Xi - \Xi^{IS} \tag{3.204}$$

$$\Delta\xi^{exc} = \xi - \xi^{IS} \tag{3.205}$$

$$\Delta\bar{\xi}_i^{exc} = \bar{\xi}_i - \overline{\xi_i^{IS}} \qquad i = 1,2,3,\ldots,r \tag{3.206}$$

のように定義する．残留量が理想気体混合物あるいは理想気体混合物中の成分の部分量に対する増分であったことと対比せよ．表 3.2 の部分量の欄を使って，その表に収録してある性質の超過量の計算式を表 **3.7** に示す．

表 3.7　理想溶液の部分量と超過量の計算式

性質 ξ	理想溶液の部分量 $\overline{\xi^{IS}}_i$	超過量 $\Delta\xi^{exc} = \xi - \sum_{i=1}^{r} y_i \overline{\xi^{IS}}_i$
モル体積 v	$v_{\bullet i}(\tau, p)$	$v - \sum_{i=1}^{r} y_i s_{\bullet i}(\tau, p)$
モルエントロピー s	$s_{\bullet i}(\tau, p) - R\ln y_i$	$s - \sum_{i=1}^{r} y_i[s_{\bullet i}(\tau, p) - R\ln y_i]$
モル内部エネルギー u	$u_{\bullet i}(\tau, p)$	$u - \sum_{i=1}^{r} y_i u_{\bullet i}(\tau, p)$
モルエンタルピー h	$h_{\bullet i}(\tau, p)$	$h - \sum_{i=1}^{r} y_i h_{\bullet i}(\tau, p)$
モル Helmholtz エネルギー f	$f_{\bullet i}(\tau, p) + R\tau\ln y_i$	$f - \sum_{i=1}^{r} y_i[f_{\bullet i}(\tau, p) + R\tau\ln y_i]$
モル Gibbs エネルギー g	$g_{\bullet i}(\tau, p) + R\tau\ln y_i$	$g - \sum_{i=1}^{r} y_i[g_{\bullet i}(\tau, p) + R\tau\ln y_i]$

つぎに，活量係数の自然対数 $\ln\hat{\gamma}_i$ は，ある量の超過量であることを示そう．そのために，式(3.55)と(3.198)を比較して

$$\mu_i(\tau, p, \mathbf{y}) - \mu_i^{IS}(\tau, p, \mathbf{y}) = R\tau\ln\hat{\gamma}_i \qquad i = 1,2,3,\ldots,r \qquad (3.207)$$

であることに注目する．また，μ_i は G の成分"i"に対する部分量であり，μ_i^{IS} は G^{IS} の成分"i" に対する部分量であることを想起して式(3.207)を

$$\ln\hat{\gamma}_i = \frac{\bar{g}_i - \overline{g^{IS}}_i}{R\tau} = \frac{\overline{g - g^{IS}}_i}{R\tau} = \frac{\overline{\Delta g^{exc}}_i}{R\tau} = \overline{\Delta\left(\frac{g}{R\tau}\right)^{exc}}_i \qquad i = 1,2,3,\ldots,r \qquad (3.208)$$

のように変形する．あきらかに，活量係数の自然対数 $\ln\hat{\gamma}_i$ は，超過量 $\Delta(g/R\tau)^{exc}$ の部分量である．このことから次式となる．

$$\Delta\left(\frac{g}{R\tau}\right)^{exc} = \sum_{i=1}^{r} y_i \ln\hat{\gamma}_i \qquad (3.209)$$

[例題 3.6] (1)　活量の自然対数 $\ln\hat{a}_i$ は，$g/R\tau$ の混合量 $\Delta(g/R\tau)^{mix}$ の部分量であることを式(3.207)から導け．

(2)　残留量 $\Delta\xi^{res}$ と超過量 $\Delta\xi^{exc}$ の関係を導け．

[解答] (1)　まず，式(3.207)に含まれている$\overline{\Delta(g/R\tau)^{exc}}$をつぎのように変形する.

$$\Delta\left(\frac{g}{R\tau}\right)^{exc} = \frac{g}{R\tau} - \left(\frac{g}{R\tau}\right)^{IS} = \frac{g}{R\tau} - \sum_j y_j\left(\frac{g_{\bullet j}}{R\tau}\right)$$
$$+ \sum_j y_j\left(\frac{g_{\bullet j}}{R\tau}\right) - \left(\frac{g}{R\tau}\right)^{IS}$$
$$= \Delta\left(\frac{g}{R\tau}\right)^{mix} + \sum_j y_j\left[\left(\frac{g_{\bullet j}}{R\tau}\right) - \overline{\left(\frac{g}{R\tau}\right)^{IS}}_j\right] \tag{a}$$
$$= \Delta\left(\frac{g}{R\tau}\right)^{mix} + \sum_j y_j\left(\frac{g_{\bullet j} - \mu_{\bullet j}^{IS}}{R\tau}\right)$$
$$= \Delta\left(\frac{g}{R\tau}\right)^{mix} - \sum_j y_j \ln y_j$$

ただし，最右辺に移る際には，理想溶液の化学ポテンシャルに対する式（3.55）を使った.

ついで，式(a)と式(3.202)を式(3.208)に代入する.

$$\ln \hat{a}_i = \overline{\Delta\left(\frac{g}{R\tau}\right)^{exc}}_i + \ln y_i$$
$$= \overline{\Delta\left(\frac{g}{R\tau}\right)^{mix} - \sum_j y_j \ln y_j}_i + \ln y_i \qquad i = 1,2,3,\ldots,r \tag{3.210}$$
$$= \overline{\Delta\left(\frac{g}{R\tau}\right)^{mix}}_i$$

これが答えである．ただし，最右辺に移る際には式(3.44）による

$$\overline{\sum_j y_j \ln y_j}_i = \left(\frac{\partial}{\partial N_i}\sum_j N_j \ln\frac{N_j}{N}\right)_{\tau,p,N_j,j\neq i} \qquad i = 1,2,3,\ldots,r \tag{b}$$
$$= \ln y_i$$

を使った.

(2)　残留量と超過量は，それぞれ式(2.90)と(3.204)により

$$\Delta\xi^{res} = \xi - \xi^{IGM} \tag{a}$$
$$\Delta\xi^{exc} = \xi - \xi^{IS} \tag{b}$$

である．両式からξを消去する.

$$\Delta\xi^{exc} = \Delta\xi^{res} - \left(\xi^{IS} - \xi^{IGM}\right) \tag{c}$$

ついで，ξ^{IS}とξ^{IG}を式(3.51)の混合量を使って

$$\xi^{IS} = \sum_{i=1}^{r} y_i \xi_{\bullet i} + \Delta\left(\xi^{IS}\right)^{mix} \tag{d}$$

$$\xi^{IGM} = \sum_{i=1}^{r} y_i \xi_{\bullet i}^{IG} + \Delta\left(\xi^{IGM}\right)^{mix} \tag{e}$$

のように表現し，これらを式(c)に代入する．

$$\begin{aligned}\Delta\xi^{exc} &= \Delta\xi^{res} - \sum_{i=1}^{r} y_i\left(\xi_{\bullet i} - \xi_{\bullet i}^{IG}\right)\\ &\quad - \left[\Delta\left(\xi^{IS}\right)^{mix} - \Delta\left(\xi^{IGM}\right)^{mix}\right]\end{aligned} \tag{f}$$

ここで，表 3.1 と表 3.2 を参照すれば，理想気体混合物と理想溶液の混合量は等しく

$$\Delta\left(\xi^{IS}\right)^{mix} = \Delta\left(\xi^{IGM}\right)^{mix} \tag{g}$$

であることがわかる．また，式(f) Σの項に含まれる $\xi_{\bullet i} - \xi_{\bullet i}^{IG}$ は純粋物質の残留量

$$\Delta\xi_{\bullet i}^{res} = \xi_{\bullet i} - \xi_{\bullet i}^{IG} \qquad i = 1,2,3,\ldots,r \tag{h}$$

である．式(g)と(h)を式(f)に代入する．

$$\Delta\xi^{exc} = \Delta\xi^{res} - \sum_{i=1}^{r} y_i \Delta\xi_{\bullet i}^{res} \tag{3.211}$$

これが到達すべき結果であり，超過量は，残留量と成分の残留量で表現できることを示している．■

4. 反 応 系

4.1 化学反応

第 2 章と第 3 章における議論では，周囲とバルク流や拡散の相互作用がなければ分子ごとに質量や物質量は保存されていた．しかし**反応系**(reactive system)においては，系が物質の授受に対して閉じていても，分子ごとの量の保存はもはや成り立たない．

第 1 章の平衡規準と相律の議論の中でも，化学反応に多少触れた．そのため，本章のはじめの部分は，第 1 章の議論と多少とも重複するが，その重複を説明しながら，本章の議論をはじめる．

4.1.1 反応と反応の量論

[1] 反応式 第 1 章の反応式(R1)の例として，炭素の**燃焼**(combustion)をとりあげよう．反応式は

$$1C(s) + 1O_2(g) = 1CO_2(g) \qquad (R4)[R1]$$

であり，炭素原子 C 一つと酸素分子 O_2 一つが結合して，二酸化炭素分子 CO_2 一つを作る，**原子**(atom)の結合状態の変化が起こる．反応式の A_i (たとえば O_2)のような分子式の前に付した係数 ν_i (O_2 の前の 1)を量論係数というが，この例ではすべて 1 である．量論係数が 1 である場合には省略する習慣である．**量論**(stoichiometry)の文字どおりの意味は，**元素**(element)の数を勘定する，ということである．元素は，同じ原子番号をもつ原子，すなわち**同位体**(isotope)の集合名詞である．なお，分子式はその分子の 1 kmol を表現する次元をもつ量とし，量論係数は無次元とする．

分子式の右側に書いてある(P)(O_2 の後ろの(g))は， A_i 化学種が固体であるとか気体であるとかの凝集状態や結晶構造を与えて相を指定している．このように A_i と(P)を並べて A_i (P)

と書くことにより，化学種を完全に指定し，さらにν_iをν_i A_i(P)のように付すことにより物質量まで与えるのである．

さて，一つの反応をこのように書いたとしても，系内にその反応に関与しないほかの化学種が存在する可能性を排除しているわけではない．空気中の酸素が反応式(R4)の燃焼に使われるのであれば，通常空気中に含まれる窒素などはこの反応に関与しないと考える．ここで，通常を付したのは，エネルギー的にはそのように考えてもよい，というような趣旨である．特定の反応に関与しない化学種をその反応に対して**不活性物質**(inert substance)といい，不活性物質の量論係数は形式的にゼロとする．いま考えている系の中で，反応(R4)に対しては不活性であった窒素が関与する別の反応が同時に起こっていることもあり，たとえば

$$N_2(g) + O_2(g) = 2NO(g) \tag{R5}$$

により一酸化窒素を発生しているかも知れない．

[2]　原子の物質量の保存　閉じた系内で，たとえば反応式(R4)による反応を考える．反応式は，炭素原子の 1 kmol と酸素分子の 1 kmol が消失して，二酸化炭素 1 kmol が出現することを意味する．反応の前後で，各分子の質量，質量比，物質量，物質量比および全物質量Nは変化する．しかし

(保存 1)　各原子の数と質量
(保存 2)　全原子の数
(保存 3)　全質量

は変化しない．このうち(保存 2)と(保存 3)は(保存 1)から導かれ，(保存 1)のみが各原子ごとの量の保存を主張しているので，結局(保存 1)が基本的な量関係を与えることになる．

なお，各原子の数が保存されるということは，Avogadro 定数を単位として計量する各原子の物質の量，すなわち各原子の物質量が保存されることを意味する．

一般に系内では多くの反応が同時に進行するが，その内のいくつかはほかの反応に比較して遅く進行するので，考えている時間尺度内では無視してよい．しかし，問題にすべき主要な反応を選別することは**反応速度論**(chemical kinetics)の課題であり，本書の視野外である．すなわち主要な反応は分かっているか指定されている．

[3]　反応の量論　反応式の左辺に書かれている物質を反応物質，右辺のそれを生成物質と呼ぶことはすでに学んでいる．しかし，実際の反応の進行方向は，逆の方向かもしれないので，反応物質とか生成物質と呼んだとしても，単に反応式どちらの辺に書かれているかを示してい

るにすぎない．反応式の左辺と右辺を入れ換えて書いてもよい．特定の向きを正方向として解析し，解析の結果右辺の物質が減少すれば，実際の向きは最初の想定とは逆方向であると結論することになる．また，反応式の両辺に勝手な定数を乗じても，表現している反応は本質的には同じである．しかし，反応の多くの特性量は想定している反応式に依存しているので，そのような特性量を逆方向への反応式や定数を乗じた反応式に適用する際には調整を要する．

さてメタンの**燃焼反応**(combustion)

$$CH_4(g) + 2O_2(g) = CO_2(g) + 2H_2O(g) \tag{R6}$$

を，上述の $\nu_i A_i(P)$ の形式で書くために

$$CH_4(g) \rightarrow \nu_1 A_1(P),\quad \nu_1 = 1,\ A_1(P) = CH_4(g)$$
$$2O_2(g) \rightarrow \nu_2 A_2(P),\quad \nu_2 = 2,\ A_2(P) = O_2(g)$$
$$CO_2(g) \rightarrow \nu_3 A_3(P),\quad \nu_3 = 1,\ A_3(P) = CO_2(g)$$
$$H_2O(g) \rightarrow \nu_4 A_4(P),\quad \nu_4 = 2,\ A_4(P) = H_2O(g)$$

のように対応させれば，次式となる．

$$\sum_{i=1}^{2} \nu_i A_i(P) = \sum_{i=3}^{4} \nu_i A_i(P) \tag{R7}$$

さらに形式化し，上式のいずれか一方の辺の量論係数を負数にすると，反応式(R7)は

$$\sum_{i=1}^{4} \nu_i A_i(P) = 0 \tag{R8}$$

のようになる．習慣では反応式の左辺(反応物質)側にある量論係数を負，右辺(生成物質)側にある量論係数を正，とする．すなわち

$\nu_1 = -1$，$\nu_2 = -2$，$\nu_3 = +1$ および $\nu_4 = +2$ となる．また必要でなければ相を示す"(P)"を省略して書く．

上の反応式(R8)を一般化すれば，反応関係物質，すなわち反応物質と生成物質の個数を r として次式となる．

$$\sum_{i=1}^{r} \nu_i A_i(P) = 0 \tag{R9) [R2}$$

第 1 章の反応式(R2)はこの式であり，このようにして議論を形式化する．

さて，系内に存在する各化学種の物質量が $\boldsymbol{N}\{N_1, N_2, N_3, ..., N_r\}$ であるとき，各化学種の物質量比 $\boldsymbol{y}$ などに対して，第 3 章の式(3.1)から(3.4)が成り立つ．

ここで重要なことは，$\boldsymbol{N}$ や $\boldsymbol{y}$ そのものは量論係数の組 $\boldsymbol{\nu}\{\nu_1, \nu_2, \nu_3, ..., \nu_r\}$ とはまったく関係ないが，$\boldsymbol{N}$ や $\boldsymbol{y}$ の変化には $\boldsymbol{\nu}$ は大いに関係していることである．量論係数 $\boldsymbol{\nu}$ は反応する化学種の物質量の変化分についての比例関係を表現するものである．また，$\boldsymbol{\nu}$ は一つの反応に対して，全体を定数倍する任意性はあるものの，本質的には一組に限定される．一方 $\boldsymbol{N}$ は，反

応の観測を開始する時までの系の来歴に依存し，反応の結果変化する．したがって，反応に伴う **N** の変化は，**ν** と密接に関係している．

量論係数には定数倍因子の任意性があるが，最小の整数の組に選定するのが普通であるが，特定の化学種の量論係数を 1 にしたい場合には，いくつかの量論係数は分数になる．たとえば，特定の化学種の**生成反応**(formation reaction)と呼ばれる反応の反応式においては，その化学種の項を右辺にただ一つの生成物質として書き，それの量論係数を 1 とする．一例をあげると，上述の反応式(R5)は一酸化窒素の生成反応であるが，生成反応として反応式を書く場合にはつぎのようにする．

$$\frac{1}{2}N_2(g) + \frac{1}{2}O_2(g) = NO(g) \qquad (R10)$$

なお，生成反応の場合に左辺に現れるものは**要素物質**(elemental substance)の(reference phase)に限定されるので，相を示す"(P)"は省略してもよいが，右辺に対してはいろいろな相がありうるので，"(P)"は省略できない．たとえば，気体の $H_2O(g)$ の生成反応と液体の $H_2O(l)$ のそれは，関係はしているが，別個の反応である．なお，要素物質や基準相については後述する．

[例題 4.1] (1)　液体のメタノールの生成反応を，生成反応のゆえに，メタノールに対する量論係数を 1 として

$$aC(s) + bH_2(g) + cO_2(g) = CH_3OH(l) \qquad (a)$$

のように書く．*a*，*b* および *c* を求めよ．

(2)　気体の一酸化炭素の燃焼反応を，**燃料**(fuel)である一酸化炭素の量論係数を 1 として

$$CO(g) + dO_2(g) = eCO_2(g) \qquad (b)$$

のように書く．*d* および *e* を求めよ．

[解答] (1)　原子の物質量の保存により

C ： $a = 1$

H ： $2b = 4$

O ： $2c = 1$

となる．これらから $a = 1$，$b = 2$ および $c = 1/2$ と求まる．

$$C(s) + 2H_2(g) + \frac{1}{2}O_2(g) = CH_3OH(l) \qquad (R11)$$

(2)　同様にして

$$\mathrm{C}:\quad 1 = e$$

$$\mathrm{O}:\quad 1+2d = 2e$$

となり，これらから $d = 1/2$ および $e = 1$ と求まる．

$$\mathrm{CO(g)} + \frac{1}{2}\mathrm{O_2(g)} = \mathrm{CO_2(g)} \qquad \text{(R12)}$$ ■

4.1.2 反応座標，反応進行度および並進反応

反応の進行に伴って，系内にある反応関係物質の物質量は変化する．閉じた系を考えることにして，物質量の変化を検討しよう．

[1] 反応座標　たとえば，メタンの燃焼反応反応式(R6)において

$$\mathrm{CH_4(g)} \rightarrow \nu_1\mathrm{A_1(P)},\quad \nu_1 = -1,\ \mathrm{A_2(P)} = \mathrm{CH_4(g)}$$

$$2\mathrm{O_2(g)} \rightarrow \nu_2\mathrm{A_2(P)},\quad \nu_2 = -2,\ \mathrm{A_2(P)} = \mathrm{O_2(g)}$$

$$\mathrm{CO_2(g)} \rightarrow \nu_3\mathrm{A_3(P)},\quad \nu_3 = 1,\ \mathrm{A_3(P)} = \mathrm{CO_2(g)}$$

$$2\mathrm{H_2O(g)} \rightarrow \nu_4\mathrm{A_4(P)},\quad \nu_4 = 2,\ \mathrm{A_4(P)} = \mathrm{H_2O(g)}$$

として，一般反応式(R9)に対応させる．

ある時刻における各化学種の物質量が N_1，N_2，N_3 および N_4 であったものが，別のある時刻においては，それらが $N_1 + dN_1$，$N_2 + dN_2$，$N_3 + dN_3$ および $N_4 + dN_4$，のように変化したとする．また，これらの化学種の物質量は，反応式(R9)によってのみ変化するものとする．すなわち，これらの化学種の物質量を変化させる別の反応は存在しないし，閉じた系であるから，これらの化学種の流入や流出もない．

あきらかに dN_1，dN_2，dN_3 および dN_4 は独立ではなく，勝手な，たとえば dN_1 を基準にとれば

$$\frac{dN_2}{dN_1} = \frac{\nu_2}{\nu_1} = \frac{-2}{-1} = 2 \qquad (4.1)$$

$$\frac{dN_3}{dN_1} = \frac{\nu_3}{\nu_1} = \frac{1}{-1} = -1 \qquad (4.2)$$

$$\frac{dN_4}{dN_1} = \frac{\nu_4}{\nu_1} = \frac{2}{-1} = -2 \qquad (4.3)$$

のように関係している．すなわち一つの反応式によって反応が進行した程度は，反応関与物質の一つの変化を指標として，いまの例では dN_1 を指標として，測ることができる．しかし，別の一つの指標 $d\varepsilon$ を選定して，次式のように書くと都合がよい．

$$\frac{dN_1}{\nu_1} = \frac{dN_2}{\nu_2} = \frac{dN_3}{\nu_3} = \ldots = \frac{dN_r}{\nu_r} = d\varepsilon \qquad (4.4)$$

すなわち，いまの例では次式のように書く．

$$\frac{dN_1}{-1} = \frac{dN_2}{-2} = \frac{dN_3}{1} = \frac{dN_4}{2} = d\varepsilon \qquad (4.5)$$

ε はすでに第 1 章で導入した反応座標であり，次元は物質量であるが，それの単位としては，本書では[kmol]を使う．

さて，$\boldsymbol{N}\{N_1, N_2, N_3, \ldots, N_r\}$ の系において，$\boldsymbol{\nu}\{\nu_1, \nu_2, \nu_3, \ldots, \nu_r\}$ の量論係数をもつ反応が，反応式(R9)によって進行するものとする．

$$\frac{dN_i}{\nu_i} = d\varepsilon \qquad i = 1,2,3, \ldots, r \qquad (4.6)[1.181]$$

$$dN_i = \nu_i d\varepsilon \qquad i = 1,2,3, \ldots, r \qquad (4.7)[1.182]$$

$$d\boldsymbol{N} = \boldsymbol{\nu} d\varepsilon \qquad (4.8)$$

ただし，式(4.8)は $\boldsymbol{N}$ や $\boldsymbol{\nu}$ をベクトル的あるいは行列的に見て書いたものである．

ついで，ある時刻 t_a における $\boldsymbol{N}_a$ に対して $\varepsilon = 0$ であったものが，別のある時刻 t_b における $\boldsymbol{N}_b$ に対する $\varepsilon = \varepsilon$ に変化するとして，式(4.7)をつぎのように積分する．

$$\begin{aligned} N_{i,b} - N_{i,a} &= \int_{N_{i,a}}^{N_{i,b}} dN_i \\ &= \int_0^{\varepsilon} \nu_i d\varepsilon = \nu_i \int_0^{\varepsilon} d\varepsilon = \nu_i \varepsilon \end{aligned} \qquad i = 1,2,3, \ldots, r \qquad (4.9)$$

すなわち

$$N_{i,b} = N_{i,a} + \nu_i \varepsilon \qquad i = 1,2,3, \ldots, r \qquad (4.10)$$

である．あるいは次のように書くこともできる．

$$\boldsymbol{N}_b = \boldsymbol{N}_a + \varepsilon \boldsymbol{\nu} \qquad (4.11)$$

したがって，たとえば，$\varepsilon = 1$ kmol であれば，各化学種の物質量は量論係数に等しい値だけ増減する．もちろん，量論係数が正の化学種は減少し，負の化学種は増加する．

[2]　反応に伴う物質量と物質量比の変化－閉じた系　図 **4.1**(a)に示す閉じた系における反応は，反応式(R9)による反応のただ一つであるとする．反応が一つのみの場合には単一反応という．反応前の状態″a″において，系内にある物質量は $\boldsymbol{N}_a$ であり，反応後の″b″の状態では $\boldsymbol{N}_a$ は $\boldsymbol{N}_b$ に変化している．閉じた系で考えているので，この間系と周囲の間での物質の出入りはない．また，系内に不活性の化学種″A_j″が存在しても，その物質の量論係数 ν_j はゼロであるから

$$N_{j,b} = N_{j,a} + 0 \times \varepsilon = N_{j,a} \qquad \text{不活性物質″}A_j\text{″} \qquad (4.12)$$

となり，″A_j″の物質量は変化しない．

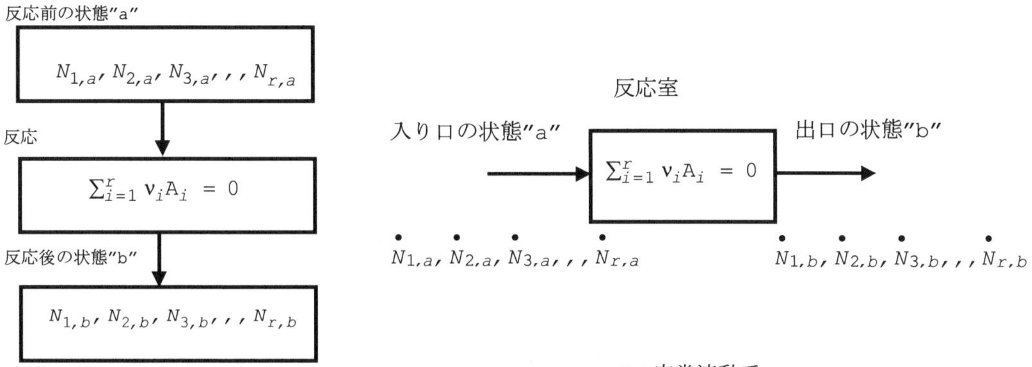

(a)閉じた系　　　　(b)定常流動系

図 4.1　化学反応に伴う物質量の変化

さて，ある化学種"A_k"について反応の前後の物質量が $N_{k,a}$ および $N_{k,b}$ であることがわかると，反応座標は式(4.10)により

$$\varepsilon = \frac{N_{k,b} - N_{k,a}}{\nu_k} \tag{4.13}$$

となるので，ほかの物質の $N_{i,b}$ も式(4.10)により決まる．燃焼反応の場合には燃料をいまの例の"A_k"にすると都合がよい．

反応の前後の全物質量と物質量比を計算しよう．反応前の状態に対しては

$$N_a = \sum_{i=1}^{r} N_{i,a} \tag{4.14}$$

$$y_{i,a} = \frac{N_{i,a}}{N_a} \qquad i = 1,2,3, \ldots, r \tag{4.15}$$

$$\boldsymbol{y}_a = \frac{\boldsymbol{N}_a}{N_a} \tag{4.16}$$

反応後に対しては，式(4.10)などにより

$$\begin{aligned} N_b &= \sum_{i=1}^{r} N_{i,b} \\ &= \sum_{i=1}^{r} \left(N_{i,a} + \nu_i \varepsilon\right) = N_a + \nu\varepsilon \end{aligned} \tag{4.17}$$

$$\nu = \sum_{i=1}^{r} \nu_i \tag{4.18}$$

$$\begin{aligned} y_{i,b} &= \frac{N_{i,b}}{N_b} = \frac{N_{i,a} + \nu_i \varepsilon}{N_a + \nu\varepsilon} \\ &= \frac{y_{i,a} + \dfrac{\varepsilon}{N_a}\nu_i}{1 + \dfrac{\varepsilon}{N_a}\nu} \qquad i = 1,2,3, \ldots, r \end{aligned} \tag{4.19}$$

$$\boldsymbol{y}_b = \frac{1}{N_b}\boldsymbol{N}_b = \frac{\boldsymbol{N}_a + \varepsilon\boldsymbol{\nu}}{N_a + \nu\varepsilon} = \frac{\boldsymbol{y}_a + \dfrac{\varepsilon}{N_a}\boldsymbol{\nu}}{1 + \dfrac{\varepsilon}{N_a}\nu} \tag{4.20}$$

となる．式(4.18)のνは，反応式を特定の量論係数の組で書いた際に，ちょうどその量論係数の物質量だけ反応したと考えた場合の全物質量の増加である．たとえば，反応式(R4)の場合には$\nu = -1$で，1 kmol の減小，(R5)の場合には$\nu = 0$で，変化しない，(R6)の場合には$\nu = 0$で，変化しない，...などとなる．

式(4.14)から(4.20)は不活性物質を含めて，系内に存在するすべての化学種について成り立つ．たとえば，不活性物質"A_j"については式(4.19)で$\nu_j = 0$ とすれば

$$y_{j,b} = \frac{N_{j,b}}{N_b} = \frac{N_{j,a}}{N_a + \nu\varepsilon} = \frac{y_{j,a}}{1 + \dfrac{\varepsilon}{N_a}\nu} \quad \text{不活性物質"}A_j\text{"} \tag{4.21}$$

となり，$\nu = 0$ でない限り $y_{j,b} \neq y_{j,a}$であるから，一般的には不活性物質の物質量比も変化する．このことは，式(4.12)により"A_j"の物質量は変化しなかったことと対照的であり，このような物質量比の変化は，全物質量の変化によるものである．

さて，一般的な反応式(R9)にεを乗じて$\sum_{i=1}^{r} \nu_i\varepsilon\ A_i = 0$とし，これに含まれる$\nu_i\varepsilon$に，式(4.10)による

$$\nu_i\varepsilon = N_{i,b} - N_{i,a} \qquad i = 1,2,3,\ldots,r \tag{4.22}$$

を代入する．

$$\sum_{i=1}^{r} N_{i,b}\ A_i = \sum_{i=1}^{r} N_{i,a}\ A_i \tag{4.23}$$

この式は，反応の前に式の右辺にあった，A_1の$N_{1,a}$，A_2の$N_{2,a}$，A_3の$N_{3,a}$，...，が，反応の後では式の左辺にある，A_1の$N_{1,b}$，A_2の$N_{2,b}$，A_3の$N_{3,b}$，...，に変化することを述べており，各原子の物質量や全質量の保存関係を暗示するものである．また，式(4.23)は反応における物質量収支を与え，燃焼反応などの解析に有用である．適用にあたっては，不活性物質も物質量比に関係するから，不活性物質も含めて書いておく．

最後に，$N_{i,a}$や$N_{i,b}$をくれぐれもν_iと混同してはならないことを注意する．ν_iは式(4.22)が示すように次式の値である．

$$\nu_i = \frac{N_{i,b} - N_{i,a}}{\varepsilon} \qquad i = 1,2,3,\ldots,r \tag{4.24}$$

[例題 4.2] メタンから水素をつくる主な反応は

$$CH_4(g) + H_2O(g) = CO(g) + 3H_2(g) \tag{R13}$$

表 4.1 ［例題 4.2］の物質量と物質量比の変化

A_i	i	ν_i	$N_{i,a}$ [kmol]	$y_{i,a}$ [-]	$N_{i,b}$ [kmol]	$y_{i,b}$ [-]	$\varepsilon = 2$ kmol $N_{i,b}$ [kmol]	$y_{i,b}$ [-]
CH_4	1	-1	2	0.2	$2 - \varepsilon$	$\dfrac{2-\varepsilon}{10+2\varepsilon}$	0	0
H_2O	2	-1	3	0.3	$3 - \varepsilon$	$\dfrac{3-\varepsilon}{10+2\varepsilon}$	1	0.0714
CO	3	1	1	0.1	$1 + \varepsilon$	$\dfrac{1+\varepsilon}{10+2\varepsilon}$	3	0.2143
H_2	4	3	4	0.4	$4 + 3\varepsilon$	$\dfrac{4+3\varepsilon}{10+2\varepsilon}$	10	0.7143
Σ_i		$\nu = 2$	$N_a = 10$	1	$N_b = 10 + 2\varepsilon$	1	$N_b = 14$	1

であり，**表 4.1** の第 4 欄に，はじめ反応前に系内にあった物質とそれらの物質量である．

(1) 反応前の物質量比を計算せよ．

(2) 反応後の物質量と物質量比を反応座標の関数として表せ．

(3) メタンが完全に反応したときの物質量と物質量比を計算せよ．

［解答］(1) 式(4.14)により

$$N_a = \sum_{i=1}^{r} N_{i,a} = 2 + 3 + 1 + 4 = 10 \text{ kmol} \tag{a}$$

式(4.15)により

$$y_{1,a} = \frac{N_{1,a}}{N_a} = \frac{2}{10} = 0.2 \tag{b}$$

$$y_{2,a} = \frac{3}{10} = 0.3 \tag{c}$$

$$y_{3,a} = \frac{1}{10} = 0.1 \tag{d}$$

$$y_{4,a} = \frac{4}{10} = 0.4 \tag{e}$$

計算結果は表に記入してある．

(2) 式(4.18)により

$$\nu = \sum_{i=1}^{4} \nu_i = -1 - 1 + 1 + 3 = 2 \tag{f}$$

式(4.10)により

$$N_{1,b} = N_{i,a} + \nu_i \varepsilon = 2 - \varepsilon \text{ kmol} \tag{g}$$

$$N_{2,b} = 3 - \varepsilon \text{ kmol} \tag{h}$$

$$N_{3,b} = 1 + \varepsilon \text{ kmol} \tag{i}$$

$$N_{4,b} = 4 + 3\varepsilon \ \text{kmol} \tag{j}$$

式(4.17)により

$$N_b = N_a + \nu\varepsilon = 10 + 2\varepsilon \ \text{kmol} \tag{k}$$

であるが，各$N_{i,b}$を総和して，それが式(k)の値と一致することを確かめておくとよい．

ついで式(4.19)により

$$y_{1,b} = \frac{N_{1,b}}{N_b} = \frac{2 - \varepsilon}{10 + 2\varepsilon} \tag{l}$$

$$y_{2,b} = \frac{3 - \varepsilon}{10 + 2\varepsilon} \tag{m}$$

$$y_{3,b} = \frac{1 + \varepsilon}{10 + 2\varepsilon} \tag{n}$$

$$y_{4,b} = \frac{4 + 3\varepsilon}{10 + 2\varepsilon} \tag{o}$$

計算結果は表に記入してある．

(3)　式(4.13)において$k = 1$とし，これをメタンに適用して，$N_{1,a} = 2$ kmol，$N_{1,b} = 0$および$\nu_1 = -1$ とすれば

$$\varepsilon = \frac{N_{1,b} - N_{1,a}}{\nu_1} = \frac{0 - 2}{-1} = 2 \ \text{kmol} \tag{p}$$

これを，(2)の式(k)から(o)に代入する．

$$N_b = 10 + 2\varepsilon = 10 + 2 \times 2 = 14 \ \text{kmol} \tag{q}$$

$$y_{1,b} = \frac{2 - \varepsilon}{10 + 2\varepsilon} = \frac{2 - 2}{10 + 2 \times 2} = 0 \tag{r}$$

$$y_{2,b} = \frac{3 - \varepsilon}{10 + 2\varepsilon} = \frac{3 - 2}{14} = 0.0714 \tag{s}$$

$$y_{3,b} = \frac{1 + \varepsilon}{10 + 2\varepsilon} = \frac{1 + 2}{14} = 0.2143 \tag{t}$$

$$y_{4,b} = \frac{4 + 3\varepsilon}{10 + 2\varepsilon} = \frac{4 + 3 \times 2}{14} = 0.7143 \tag{u}$$

計算結果は表に記入してある．　■

[3]　反応に伴う物質量と物質量比の変化－定常流動系　図 4.1(b)に示すような定常流動系に対して[2]と類似な解析を行う．すなわち，入り口から，"a"の状態の反応物質が

$\dot{\boldsymbol{N}}_a\left\{\dot{N}_{1,a}, \dot{N}_{2,a}, \dot{N}_{3,a}, \ldots, \dot{N}_{r,a}\right\}$だけ定常的に流入し，系内では反応式(R9)の反応が一定の速度

$$d\varepsilon / dt = \dot{\varepsilon} \tag{4.25}$$

で進行する．出口からは，"b"の状態の生成物質が$\dot{\boldsymbol{N}}_b\left\{\dot{N}_{1,b}, \dot{N}_{2,b}, \dot{N}_{3,b}, \ldots, \dot{N}_{r,b}\right\}$だけ定常的に流出する．この系内ではほかの化学反応は存在しない．

[2]におけると同様な計算を行うと，[2]で得られた諸式に$\boldsymbol{N} \rightarrow \dot{\boldsymbol{N}}$ および$\varepsilon \rightarrow \dot{\varepsilon}$の入れ換えた関係に到達する．おもなものは式(4.10)に対応して

$$\dot{N}_{i,b} = \dot{N}_{i,a} + \nu_i \dot{\varepsilon} \tag{4.26}$$

式(4.14)から(4.17)および式(4.19)と(4.20)に対応して，以下のようになる．

$$\dot{N}_a = \sum_{i=1}^{r} \dot{N}_{i,a} \tag{4.27}$$

$$y_{i,a} = \frac{\dot{N}_{i,a}}{\dot{N}_a} \qquad i = 1,2,3, \ldots, r \tag{4.28}$$

$$\boldsymbol{y}_a = \frac{\dot{\boldsymbol{N}}_a}{\dot{N}_a} \tag{4.29}$$

$$\dot{N}_b = \sum_{i=1}^{r} \dot{N}_{i,b} = \dot{N}_a + \nu \dot{\varepsilon} \tag{4.30}$$

$$y_{i,b} = \frac{y_{i,a} + \dfrac{\dot{\varepsilon}}{\dot{N}_a}\nu_i}{1 + \dfrac{\dot{\varepsilon}}{\dot{N}_a}\nu} \qquad i = 1,2,3, \ldots, r \tag{4.31}$$

$$\boldsymbol{y}_b = \frac{\boldsymbol{y}_a + \dfrac{\dot{\varepsilon}}{\dot{N}_a}\boldsymbol{\nu}}{1 + \dfrac{\dot{\varepsilon}}{\dot{N}_a}\nu} \tag{4.32}$$

このような対応関係は偶然ではない．流入した反応物質の小さな部分を取り囲むように仮想的な境界を想像し，これを図 4.1(a)の"a"と考える．この仮想的な境界内の物質が出口に現れたものを，図 4.1(a)の"b"と考える．このようにして得られた"a"と"b"に[2]の関係を適用し，物質が系を通過する時間を考慮すれば上記の関係を導くことができる．すなわち，物質の流れに乗って，Lagrange 的に見るのである．

[4]　反応進行度　式(4.19), (4.20), (4.31)および(4.32) などから推察されるように, ε / N_a あるいは $\dot{\varepsilon} / \dot{N}_a$ を一まとめにして考えると都合がよい．すなわち

$$\varsigma = \frac{\varepsilon}{N_a} \tag{4.33}$$

あるいは

$$\varsigma = \frac{\dot{\varepsilon}}{\dot{N}_a} \tag{4.34}$$

により, **反応進行度**(degree of reaction)を定義する．たとえば[例題 4.2](3)においてはN_a = 10 kmol, ε=2 kmol だから, 反応進行度は$\varsigma = \varepsilon / N_a = 2/10 = 0.2$となる．

閉じた系の場合には, 式(4.33)を式(4.17), (4.19)および(4.20)に代入すれば

$$\frac{N_b}{N_a} = 1 + \varsigma\nu \tag{4.35}$$

$$y_{i,b} = \frac{y_{i,a} + \varsigma\nu_i}{1 + \varsigma\nu} \qquad i = 1,2,3, \ldots, r \tag{4.36}$$

$$\boldsymbol{y}_b = \frac{\boldsymbol{y}_a + \varsigma\boldsymbol{\nu}}{1 + \varsigma\nu} \tag{4.37}$$

となる．また定常流動系の場合には, 式(4.34)を式(4.30), (4.31)および(4.32)に代入すれば, 以下のようになる．

$$\frac{\dot{N}_b}{\dot{N}_a} = 1 + \varsigma\nu \tag{4.38}$$

$$y_{i,b} = \frac{y_{i,a} + \varsigma\nu_i}{1 + \varsigma\nu} \qquad i = 1,2,3, \ldots, r \tag{4.39}$$

$$\boldsymbol{y}_b = \frac{\boldsymbol{y}_a + \varsigma\boldsymbol{\nu}}{1 + \varsigma\nu} \tag{4.40}$$

式(4.35)と(4.38)は本質的に同じ, 式(4.36)と(4.39)はまったく同じ, 式(4.37)と(4.40)もまったく同じ形式になり, 閉じた系と定常流動系を平行的に扱うことができる．なお, N_b / N_a や$\dot{N}_b / \dot{N}_a$は, 反応前後の全物質量の比であり, **全物質量比**と呼ぶことにしよう．たとえば[例題 4.2](3)においては, ν = 2, ς = 0.2 であるから, 式(4.35)の全物質量比は$N_b / N_a = 1 + \varsigma\nu$=1+0.2×2=1.4 である．もちろん, 表に示してあるN_aとN_bから直接計算しても同じ値になる．

[5]　並進反応　二つ以上の反応が並列的に進行している並進反応においては, これまで使って来た, 化学種を示す下付きの"i"の他に, どの反応であるかを区別するための**反応の指標**

(reaction index)が必要になる．すでに，表1.4の並進反応の欄でも使ってあるのであるが，反応の指標を上付きの"(j)"で示すことにする．"()"は j 乗との混同を避けるために付したものである．同表の記号等を引き継ぐことにし，第 j 番目の反応式における第 i 番目の化学種の量論係数を $\nu_i^{(j)}$，反応の指標を $j = 1,2,3,...,t$ として，反応式を

$$\sum_{i=1}^{r} \nu_i^{(j)} \mathrm{A}_i(\mathrm{P}) = 0 \qquad j=1,2,3,...,t \qquad \text{(R14)[R3]}$$

とする．以後閉じた系に対して物質量の変化や，組成の変化の式を導くが，定常流動系の場合の式は，$\boldsymbol{N} \rightarrow \dot{\boldsymbol{N}}$ および $\varepsilon \rightarrow \dot{\varepsilon}$ の入れ換えによって書き下すことができる．

さて，$\varepsilon^{(j)}$ を第 j 番目の反応の反応座標とすれば，第 j 番目の反応による第 i 番目の化学種の物質量の変化 $dN_i^{(j)}$ は，次の二式のようになる．

$$\frac{dN_i^{(j)}}{\nu_i^{(j)}} = d\varepsilon^{(j)} \qquad i=1,2,3,...,r \quad j=1,2,3,...,t \qquad (4.41)[1.188]$$

$$dN_i^{(j)} = \nu_i^{(j)} d\varepsilon^{(j)} \qquad i=1,2,3,...,r \quad j=1,2,3,...,t \qquad (4.42)[1.189]$$

まず，式(4.42)を $\sum_j$ して t 個の反応の効果を総和する．

$$\sum_{j=1}^{t} dN_i^{(j)} = dN_i = \sum_{j=1}^{t} \nu_i^{(j)} d\varepsilon^{(j)} \qquad i=1,2,3,...,r \qquad (4.43)$$

ついで，上式の中辺=右辺を $\left(N_i = N_{i,a},\ \varepsilon^{(j)} = 0\right)$ から $\left(N_i = N_{i,b},\ \varepsilon^{(j)} = \varepsilon^{(j)}\right)$ まで積分する．

$$N_{i,b} - N_{i,a} = \sum_{j=1}^{t} \nu_i^{(j)} \varepsilon^{(j)} \qquad i=1,2,3,...,r \qquad (4.44)$$

$$\varepsilon^{(j)} = \int_0^{\varepsilon^{(j)}} d\varepsilon^{(j)} \qquad j=1,2,3,...,r \qquad (4.45)$$

さらに，式(4.44)を Σ_i して，全物質量の変化を求める．

$$\sum_{i=1}^{r} N_{i,b} - \sum_{i=1}^{r} N_{i,a} = N_b - N_a = \sum_{i=1}^{r} \sum_{j=1}^{t} \nu_i^{(j)} \varepsilon^{(j)} \qquad (4.46)$$

ここで，単一反応において式(4.18)で定義した全物質の変化 ν に類似な $\nu^{(j)}$ を

$$\nu^{(j)} = \sum_{i=1}^{r} \nu_i^{(j)} \qquad j=1,2,3,...,t \qquad (4.47)$$

で定義する．これは第 j 番目の反応のみによる全物質の変化であり，これを式(4.46)に適用すれば次式となる．

$$N_b - N_a = \sum_{j=1}^{t} \nu^{(j)} \varepsilon^{(j)} \qquad (4.48)$$

反応後の状態"b"での物質量比は，式(4.44)と(4.48)により

$$y_{i,b} = \frac{N_{i,b}}{N_b} = \frac{N_{i,a} + \sum_{j=1}^{t} \nu_i^{(j)} \varepsilon^{(j)}}{N_a + \sum_{j=1}^{t} \nu^{(j)} \varepsilon^{(j)}}$$

$$= \frac{\dfrac{N_{i,a}}{N_a} + \sum_{j=1}^{t} \dfrac{\varepsilon^{(j)}}{N_a} \nu_i^{(j)}}{1 + \sum_{j=1}^{t} \dfrac{\varepsilon^{(j)}}{N_a} \nu^{(j)}} = \frac{y_{i,a} + \sum_{j=1}^{t} \varsigma^{(j)} \nu_i^{(j)}}{1 + \sum_{j=1}^{t} \varsigma^{(j)} \nu^{(j)}}$$

$$i=1,2,3,\ldots,r \tag{4.49}$$

となる．ただし $y_{i,a}$ は式(4.15)で与えられる反応前の状態"a"における物質量比であり

$$\varsigma^{(j)} = \frac{\varepsilon^{(j)}}{N_a} \qquad j=1,2,3,\ldots,t \tag{4.50}$$

は第 j 番目の反応の反応進行度である．

最後に，全物質量比を式(4.48)と(4.50)により計算する．

$$\frac{N_b}{N_a} = \frac{N_a + \sum_{j=1}^{t} \nu^{(j)} \varepsilon^{(j)}}{N_a} = 1 + \sum_{j=1}^{t} \frac{\varepsilon^{(j)}}{N_a} \nu^{(j)} = 1 + \sum_{j=1}^{t} \varsigma^{(j)} \nu^{(j)} \tag{4.51}$$

[例題 4.3]　メタンから水素をつくる主な反応は反応式(R13)であった．この反応と

$$CH_4(g) + 2H_2O(g) = CO_2(g) + 4H_2(g) \tag{R15}$$

が並進する系がある．反応前の"a"において，系内にあった物質とそれらの物質量は表 **4.2** の第 5 欄に示すとおりである．

表 4.2　[例題 4.3] の物質量と物質量比の変化

A_i	i	$\nu_i^{(1)}$	$\nu_i^{(2)}$	$N_{i,a}$ [kmol]	$y_{i,a}$ [-]	$N_{i,b}$ [kmol]	$y_{i,b}$ [-]
CH_4	1	-1	-1	2	0.4	$2-\varepsilon^{(1)}-\varepsilon^{(2)}$	$\dfrac{2-\varepsilon^{(1)}-\varepsilon^{(2)}}{5+2\varepsilon^{(1)}+2\varepsilon^{(1)}}$
H_2O	2	-1	-2	3	0.6	$3-\varepsilon^{(1)}-2\varepsilon^{(2)}$	$\dfrac{3-\varepsilon^{(1)}-2\varepsilon^{(2)}}{5+2\varepsilon^{(1)}+2\varepsilon^{(1)}}$
CO	3	1	0	0	0	$\varepsilon^{(1)}$	$\dfrac{\varepsilon^{(1)}}{5+2\varepsilon^{(1)}+2\varepsilon^{(1)}}$
CO_2	4	0	1	0	0	$\varepsilon^{(2)}$	$\dfrac{\varepsilon^{(2)}}{5+2\varepsilon^{(1)}+2\varepsilon^{(1)}}$
H_2	5	3	4	0	0	$3\varepsilon^{(1)}+4\varepsilon^{(2)}$	$\dfrac{3\varepsilon^{(1)}+4\varepsilon^{(2)}}{5+2\varepsilon^{(1)}+2\varepsilon^{(1)}}$
$\sum_i$		$\nu^{(1)} = 2$	$\nu^{(2)} = 2$	$N_a = 5$	1	$N_b = 5+2\varepsilon^{(1)}+2\varepsilon^{(2)}$	1

(1)　反応前の物質量比を計算せよ.

(2)　反応式(R13)を反応の指標を j=1, 反応式(R15)を反応の指標を j=2 として, 任意の反応座標をもつ状態"b"における物質量比を, 反応座標の関数として表せ.

[解答](1)　第 5 欄の $N_{i,a}$ の $\sum_i$ を計算して, 最後の行に記入する. これを使って, "a"における組成を第 6 欄のように計算する. 最後の行は検算である.

(2)　まず, $\nu^{(1)}$ および $\nu^{(2)}$ を第 3 欄と第 4 欄の最下行のように計算しておく. ついで, 式(4.49)の第 3 辺で物質量比を計算するために, その辺の分子の値を, 式を見ながら第 7 欄の $N_{i,b}$ のところに記入する. また, その辺の分母の値 N_b を最後の行に記入し, $N_{i,b}$ 欄の $\sum_i$ と一致することを確認する. 最後に, 第 7 欄の各 $N_{i,b}$ と N_b を使って $y_{i,b}$ を第 8 欄のように計算して, この欄の $\sum_i$ が 1 になることの検算をする. ■

4.1.3 反応系のエネルギー収支とエントロピー勘定

[1]　**閉じた系**　図 **4.2**(a)の状態"a"に示す r 個の化学種からなる反応物質が, 反応式(R9)の反応をして状態"b"の生成物質になる. この間, W の仕事相互作用と, 温度 τ_k における Q_k の熱相互作用をする. 熱相互作用が複数個ある場合には $\sum_k$ により考慮する.

エネルギー収支とエントロピー勘定は次のようになる. なお, エントロピー勘定と書き, エントロピー収支と書かないのは, エネルギーと異なりエントロピーは保存量ではないからであり, 収支が保存量を暗示するのを嫌ったものである.

$$U_b - U_a = \sum_k Q_k - W \tag{4.52}$$

$$S_b - S_a = \sum_k \frac{Q_k}{\tau_k} + S_{irr} \tag{4.53}$$

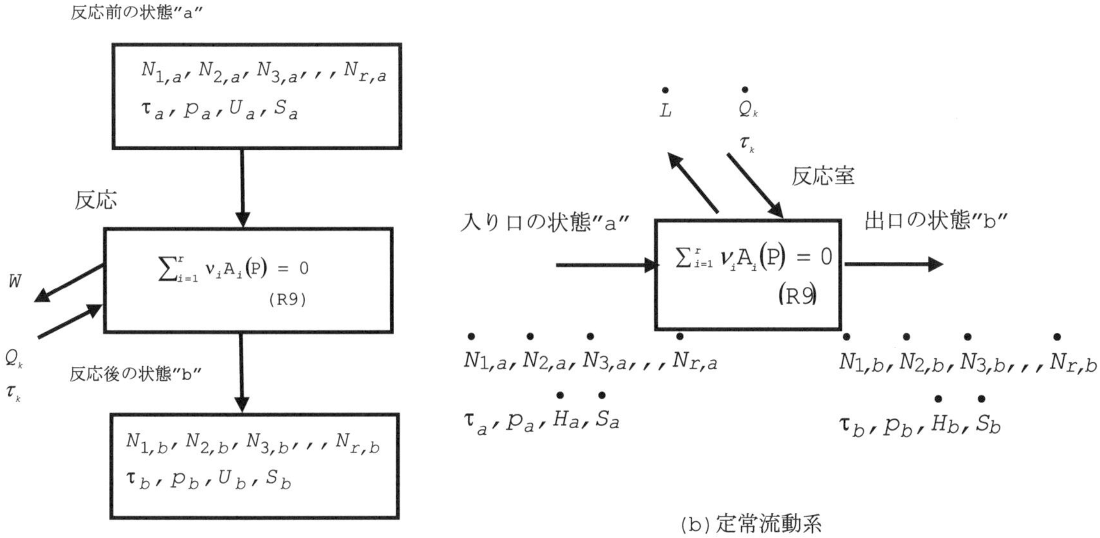

(a)閉じた系　(b)定常流動系

図 4.2　エネルギーとエントロピーの収支

$\sum_k (Q_k / \tau_k)$の項は熱相互作用に伴うエントロピーの流入，S_{irr}は不可逆性によるエントロピーの生成である．内部エネルギー U は，式(1.119)により部分内部エネルギー$\bar{u}$を使って，エントロピー S は式(1.121)により部分エントロピー$\bar{s}$を使って，それぞれ次のように計算する．

$$U = \sum_{i=1}^{r} N_i \bar{u}_i \qquad (4.54)[1.119]$$

$$S = \sum_{i=1}^{r} N_i \bar{s}_i \qquad (4.55)[1.121]$$

組成が$\boldsymbol{y}_b \neq \boldsymbol{y}_a$のように異なる場合に対して，$U_b - U_a$や$S_b - S_a$を計算する方法は，次の4.1.4 で解説する．

[2]　定常流動系　図 4.2 の(b)において，入り口の状態"a"に示す r 個の化学種からなる反応物質が，反応式(R9)の反応をして出口の状態"b"の生成物質になる．この間，$\dot{L}$の仕事相互作用と，温度τ_kにおける$\dot{Q}_k$の熱相互作用を行う．仕事相互作用に対する記号$\dot{L}$はいわゆる軸仕事を暗示しているが，体積変化の仕事があってもよい．

エネルギー収支とエントロピー勘定は次のようになる．

$$\dot{H}_b - \dot{H}_a = \sum_k \dot{Q}_k - \dot{L} \qquad (4.56)$$

$$\dot{S}_b - \dot{S}_a = \sum_k \frac{\dot{Q}_k}{\tau_k} + \dot{S}_{irr} \qquad (4.57)$$

$\sum_k \left(\dot{Q}_k / \tau_k\right)$や$\dot{S}_{irr}$の物理的意味は[1]の場合と同様である．図に示す物質量流量$\dot{\boldsymbol{N}}\left\{\dot{N}_1, \dot{N}_2, \dot{N}_3, \ldots, \dot{N}_r\right\}$に対する，エンタルピー流量$\dot{H}$やエントロピー流量$\dot{S}$も，部分エンタルピー$\bar{h}$や部分エントロピー$\bar{s}$を使って，それぞれつぎのように計算する．

$$\dot{H} = \sum_{i=1}^{r} \dot{N}_i \bar{h}_i \qquad (4.58)$$

$$\dot{S} = \sum_{i=1}^{r} \dot{N}_i \bar{s}_i \qquad (4.59)$$

組成が$\boldsymbol{y}_b \neq \boldsymbol{y}_a$のように異なる場合に対して，$\dot{H}_b - \dot{H}_a$や$\dot{S}_b - \dot{S}_a$を計算する方法は，次の4.1.4 で解説する．

なお，流入口や流出口が複数個である場合には，式(4.56)や(4.57)の左辺の各項は，流入口や流出口に対する代数的総和になる．もちろん，流出口側が正，流入口側が負になる．

4.1.4 異なる組成における性質と性質の差

[1] 性質の基準値 純粋物質や組成が変化しない混合物の内部エネルギー，エンタルピーおよびエントロピーなどの値は，任意の基準に対して定義することができる．異なる純粋物質に対しては，異なる基準値が与えられ，同じ純粋物質に対して異なる基準値を与えられることもある．しかし，純粋物質に対する通常の応用においては，すなわちエントロピーの絶対値が問題になるような応用を除いては，これらの性質の異なる状態に対する差のみが問題である．純粋物質や組成が変化しない混合物のみが関与する問題では，一貫して同じ表あるいは式を用いる限り基準値は差を作る際に相殺するから，基準値の任意性は問題にならない．

しかし，反応系では混合物の示量性質を純粋な成分の性質を使って計算したり，異なる組成に対する混合物の示量性質の差を計算する．したがって共通の基準が必要であり，物質ごとに勝手な基準を設定することはできない．

一例として，エチレン C_2H_4 の水和によりエタノール C_2H_5OH を作る反応を考えてみよう．

$$C_2H_4(g) \; + \; H_2O(l) \; = \; C_2H_5OH(l) \qquad \text{(R16)}$$

ここで，特定の基準により，0.1 MPa，25°C における $C_2H_4(g)$ と $H_2O(l)$ のモルエンタルピーがそれぞれ 52.5 MJ/kmol および-285.8 MJ/kmol と定められているものとして，**図 4.3** の実験をすることにしよう．図 4.2(b)に相当するものであるが，仕事相互作用はない．ちょうど反応式(R16)だけの反応が起こるだけの時間 δt を考え，入り口から，上述の 0.1 MPa で 25°C のエチレンの 1kmol と水の 1kmol が供給され，出口の温度と圧力が入り口と同じ 0.1 MPa，25°C になるように調節する．この実験により，熱相互作用が $\dot{Q}\,\delta t = -43.7$ MJ と測定されるものとする．

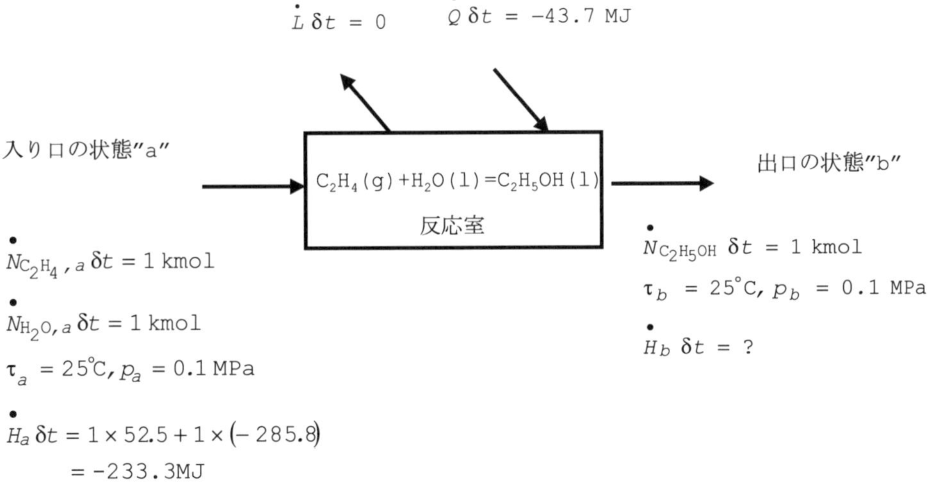

図 4.3 エンタルピーの基準

この実験に対して，エネルギーの保存則である式(4.56)が成り立つはずである．したがって

$$
\left(\dot{N}_b\ \delta t\right)h_{C_2H_5OH} = \left(\dot{N}_{C_2H_4,a}\ \delta t\right) \times (52.5\ \mathrm{MJ/kmol}) + \left(\dot{N}_{H_2O,a}\ \delta t\right) \times (-285.8\ \mathrm{MJ/kmol}) - 43.7\ \mathrm{MJ} \tag{4.60}
$$

となる．$\left(\dot{N}\ \delta t\right)$形式の項はすべて1 kmolであるから

$$
\begin{aligned}
h_{C_2H_5OH}(25°\mathrm{C},\ 0.1\ \mathrm{MPa}) &= 52.5 - 285.8 - 43.7 \\
&= -277.0\ \mathrm{MJ/kmol}
\end{aligned} \tag{4.61}
$$

となり，この状態におけるエタノールのエンタルピーの値が確定する．したがって，エタノールのエンタルピーの基準値を勝手にきめるという任意性はもはや残っていない．また，このようにして自動的に決められるエタノールのエンタルピーの基準値は，エチレンと水のエンタルピーの基準値に依存している．

[2]　一般の混合物における性質の差　r個の化学種の成分からなる混合物の示量性質$\Xi(\tau, p, \boldsymbol{N})$をとりあげ，これの状態 "a" $(\tau_a, p_a, \boldsymbol{N}_a)$と状態"b" $(\tau_b, p_b, \boldsymbol{N}_b)$における値の，次式の中辺のような差を計算する方法を検討する．もちろんこれらの差は，式(4.52)の$U_b - U_a$，式(4.53)の$S_b - S_a$，式(4.56)の$\dot{H}_b - \dot{H}_a$および式(4.57)の$\dot{S}_b - \dot{S}_a$，などを一般化したものである．

$$
\begin{aligned}
\Xi_b - \Xi_a &= \Xi(\tau_b, p_b, \boldsymbol{N}_b) - \Xi(\tau_a, p_a, \boldsymbol{N}_a) \\
&= \sum_{i=1}^{r} N_{i,b}\,\bar{\xi}_i(\tau_b, p_b, \boldsymbol{y}_b) - \sum_{i=1}^{r} N_{i,a}\,\bar{\xi}_i(\tau_a, p_a, \boldsymbol{y}_a)
\end{aligned} \tag{4.62}
$$

ただし，$\bar{\xi}_i$はΞやξの部分量であり，流動系の場合にはΞやNは，それぞれ$\dot{\Xi}(=\dot{N}\xi)$や$\dot{N}$に置き換えて読むものとする．

さて，共通の**標準圧力**(standard pressure)　$p = p° = 0.1\ \mathrm{MPa}$において，選定した相の状態にある純粋な"i"，すなわち本書の記号による"•i"を考え，それの$\xi_{\bullet i}(\tau, p°)$を$\xi°_{\bullet i}(\tau)$と書くことにする．ただし，"選定した相"は，各"i"にわたって共通であることを必ずしも要しない．すなわち，**基準相**(reference phase)は化学種ごとに異なってもよい．

$$
\xi°_{\bullet i}(\tau) = \xi_{\bullet i}(\tau, p°) = \bar{\xi}_i(\tau, p°, y_i = 1, y_{j,\ j \neq i} = 0) \qquad i = 1, 2, 3, \ldots, r \tag{4.63}
$$

ついで，各$\bar{\xi}_i$を

$$
\bar{\xi}_i(\tau_a, p_a, \boldsymbol{y}_a) = \left[\bar{\xi}_i(\tau_a, p_a, \boldsymbol{y}_a) - \xi°_{\bullet i}(\tau)\right] + \xi°_{\bullet i}(\tau) \qquad i = 1, 2, 3, \ldots, r \tag{4.64}
$$

のように書き，これを式(4.62)に適用する．

$$\Xi_b - \Xi_a = \sum_{i=1}^{r} N_{i,b}\left[\bar{\xi}_i(\tau_b, p_b, \boldsymbol{y}_b) - \xi^{\circ}_{\bullet i}(\tau)\right] - \sum_{i=1}^{r} N_{i,a}\left[\bar{\xi}_i(\tau_a, p_a, \boldsymbol{y}_a) - \xi^{\circ}_{\bullet i}(\tau)\right] + \sum_{i=1}^{r}(N_{i,b} - N_{i,a})\,\xi^{\circ}_{\bullet i}(\tau) \quad (4.65)$$

さらに，式(4.10)と，(4.33)を使って，上式右辺の最後の項を計算する．

$$\sum_{i=1}^{r}(N_{i,b} - N_{i,a})\,\xi^{\circ}_{\bullet i}(\tau) = \sum_{i=1}^{r} \nu_i \varepsilon \xi^{\circ}_{\bullet i}(\tau) \quad (4.66)$$

$$= N_a \varsigma \sum_{i=1}^{r} \nu_i \xi^{\circ}_{\bullet i}(\tau) = N_a \varsigma \Delta\xi^{rxn\circ}(\tau)$$

$$\Delta\xi^{rxn\circ}(\tau) = \sum_{i=1}^{r} \nu_i \xi^{\circ}_{\bullet i}(\tau) \quad (4.67)$$

$\Delta\xi^{rxn\circ}(\tau)$は$(\tau, p^{\circ})$における式(R9)の反応に伴う$\Xi$の増加あり，**温度$\tau$における標準反応量**(standard property of reaction at τ)という．"rxn"は reaction を略したものである．なお，$\Delta\xi^{rxn\circ}(\tau)$は式(4.67)の値は，式の形からして物質量あたりの値(モル量)のように見えるが，量論係数を含んでいるので，特定の反応式の量論係数の組に対応している．また，$\Delta\xi^{rxn\circ}(\tau)$は選定した相の純粋な"i"の$\xi^{\circ}_{\bullet i}$の組み合わせに対するものであることを認識しておかねばならない．

以上により式(4.65)は次式となる．

$$\Xi_b - \Xi_a = \sum_{i=1}^{r} N_{i,b}\left[\bar{\xi}_i(\tau_b, p_b, \boldsymbol{y}_b) - \xi^{\circ}_{\bullet i}(\tau)\right] - \sum_{i=1}^{r} N_{i,a}\left[\bar{\xi}_i(\tau_a, p_a, \boldsymbol{y}_a) - \xi^{\circ}_{\bullet i}(\tau)\right] + N_a \varsigma \Delta\xi^{rxn\circ}(\tau) \quad (4.68)$$

たとえば，$\Xi = H$ のとき，式(4.67)による$\Delta h^{rxn\circ}(\tau)$を，**温度$\tau$における標準反応エンタルピー**(standard enthalpy of reaction at τ)という．また，**標準温度**(standard temperature) $\tau = \tau^{\circ} = 25^{\circ}\mathrm{C} = 298.15\ \mathrm{K}$ で，標準圧力 $p = p^{\circ} = 0.1\ \mathrm{MPa}$ のとき，$\Delta\xi^{rxn\circ}(25^{\circ}\mathrm{C}) = \Delta\xi^{rxn*}$ と書き，これを**標準反応量**(standard property of reaction)という．"温度τにおける"を付さない．

さて，式(4.68)の両辺をN_aで割り，式(4.15)，(4.19)および(4.35)を使う．

$$\frac{\Xi_b - \Xi_a}{N_a} = (1 + \varsigma\nu)\sum_{i=1}^{r} y_{i,b}\left[\bar{\xi}_i(\tau_b, p_b, \boldsymbol{y}_b) - \xi^{\circ}_{\bullet i}(\tau)\right] - \sum_{i=1}^{r} y_{i,a}\left[\bar{\xi}_i(\tau_a, p_a, \boldsymbol{y}_a) - \xi^{\circ}_{\bullet i}(\tau)\right] + \varsigma \Delta\xi^{rxn\circ}(\tau) \quad (4.69)$$

式(4.68)と(4.69)における$\left[\bar{\xi}_i(\tau_a, p_a, \boldsymbol{y}_a) - \xi^\circ_{\bullet i}(\tau)\right]$形式の項はただ一つの物質の異なる状態に対するものであるが，$\Delta\xi^{rxn\circ}(\tau)$は温度$\tau$における異なる物質の，共通の標準圧力および選定した相に対するものである．

以上の諸式は閉じた系に対して記述してあるが，定常流動系の場合には$(\Xi, \boldsymbol{N}, N_i, \varepsilon)$を$(\dot{\Xi}, \dot{\boldsymbol{N}}, \dot{N}_i, \dot{\varepsilon})$に置き換えればよい．

[3] 理想気体混合物 反応物質も生成物質も気体状態である場合の反応を**気相反応**(gas phase reaction)という．この気体を理想気体混合物とみなす場合に対して，[2]の結果を適用してみよう．

表3.1により，式(4.68)や(4.69)に含まれる$\bar{\xi}_i(\tau, p, \boldsymbol{y})$は次式となる．

$$\bar{\xi}_i(\tau, p, \boldsymbol{y}) = \xi^{IG}_{\bullet i}(\tau, p^\#) \qquad i = 1,2,3,\ldots, r \tag{4.70}$$

$$\xi = v: \qquad p^\# = p \tag{4.71}$$

$$\xi = u, h, s, f, g, \ldots: \qquad p^\# = p_i = y_i p \tag{4.72}$$

式(4.71)は，ξがvであれば式(4.70)の$p^\#$には混合物の圧力を使う，という意味である．また，式(4.72)は，ξがu，h，s，...，であれば式(4.70)の$p^\#$には成分"i"の分圧を使う，という意味である．ただし，理想気体のuやhは温度のみの関数であるから，これらの性質に対しては，式(4.70)の$p^\#$を省略して$\bar{\xi}_i(\tau, p, \boldsymbol{y}) = \xi^{IG}_{\bullet i}(\tau)$としてもよい．しかし，ここに$p^\#$を入れることで，Gibbs-Daltonの法則に沿った書き方の体裁が整うし，以下の諸式が多少ともコンパクトになる．

しかし要点は，式(4.70)の左辺が混合物の性質であったものが，同式の右辺では，純粋物質の性質に書き換えられたことである．式(4.70)を式(4.69)に適用すれば

$$\begin{aligned}\frac{\Xi_b - \Xi_a}{N_a} &= (1 + \varsigma\nu)\sum_{i=1}^{r} y_{i,b}\left[\xi^{IG}_{\bullet i}(\tau_b, p^\#_b) - \xi^\circ_{\bullet i}(\tau)\right] \\ &\quad - \sum_{i=1}^{r} y_{i,a}\left[\xi^{IG}_{\bullet i}(\tau_a, p^\#_a) - \xi^\circ_{\bullet i}(\tau)\right] + \varsigma\Delta\xi^{rxn\circ}(\tau)\end{aligned} \tag{4.73}$$

のようになり，[ ]内の項は純粋物質の性質のみから計算できるし，その際，各純粋物質の性質の基準値の相違は問題でなくなる．

ここでは，式(4.73)の[ ]内の項を純粋な理想気体の性質の差として計算しようという趣旨であるが，$\xi^\circ_{\bullet i}(\tau)$が標準圧力と選定した相に対して定義されていたこと，したがって$\Delta\xi^{rxn\circ}(\tau)$も同様に定義されていたことに留意しなければならない．すなわち，いまの場合の基準相は理想気体相である．したがって，(τ, p)における"i"の安定な相がなんであっても，この計算式の基準相は理想気体相に限定される．たとえば，$p = 0.1$ MPaと$\tau = 25$°Cにお

ける水の安定な相は液相であるが，ここでの基準相は仮想的な理想気体相である．

以下，特に比熱が変化しない理想気体の混合物に対して，$\Xi = U, H$ および S の三つの場合の式を書き下しておこう．

$$\frac{U_b - U_a}{N_a} = (1 + \varsigma\nu)(\tau_b - \tau)\sum_{i=1}^{r} y_{i,b} c_{v\bullet i}^{IG} - (\tau_a - \tau)\sum_{i=1}^{r} y_{i,a} c_{v\bullet i}^{IG} + \varsigma \Delta u^{rxn\circ}(\tau) \tag{4.74}$$

$$\Delta u^{rxn\circ}(\tau) = \sum_{i=1}^{r} \nu_i u_{\bullet i}^{\circ}(\tau) \tag{4.75}$$

ただし，$\Delta u^{rxn\circ}(\tau)$ は温度 τ における**標準反応内部エネルギー**(standard internal energy of reaction at τ)である．

$$\frac{H_b - H_a}{N_a} = (1 + \varsigma\nu)(\tau_b - \tau)\sum_{i=1}^{r} y_{i,b} c_{p\bullet i}^{IG} - (\tau_a - \tau)\sum_{i=1}^{r} y_{i,a} c_{p\bullet i}^{IG} + \varsigma \Delta p^{rxn\circ}(\tau) \tag{4.76}$$

$$\Delta h^{rxn\circ}(\tau) = \sum_{i=1}^{r} \nu_i h_{\bullet i}^{\circ}(\tau) \tag{4.77}$$

ただし，$\Delta h^{rxn\circ}(\tau)$ は温度 τ における**標準反応エンタルピー**である．

エントロピーに対しては，まず式(4.73)の[ ]内の差を式(2. 27)により

$$\begin{aligned} s_{\bullet i}^{IG}(\tau_b, p_b^{\#}) - s_{\bullet i}^{\circ}(\tau) &= c_{p\bullet i}^{IG} \ln\frac{\tau_b}{\tau} - R\ln\frac{y_{i,b}p_b}{p^{\circ}} \\ &= c_{p\bullet i}^{IG} \ln\frac{\tau_b}{\tau} - R\ln y_{i,b} - R\ln\frac{p_b}{p^{\circ}} \end{aligned} \qquad i = 1,2,3,\ldots,r \tag{4.78}$$

$$s_{\bullet i}^{IG}(\tau_a, p_a^{\#}) - s_{\bullet i}^{\circ}(\tau) = c_{p\bullet i}^{IG} \ln\frac{\tau_a}{\tau} - R\ln y_{i,a} - R\ln\frac{p_a}{p^{\circ}} \qquad i = 1,2,3,\ldots,r \tag{4.79}$$

のように計算しておいて，これらを式(4.73)に代入する．

$$\frac{S_b - S_a}{N_a} = (1 + \varsigma\nu)\left[R\ln\frac{p^{\circ}}{p_b} + \sum_{i=1}^{r} y_{i,b}\left(c_{p\bullet i}^{IG}\ln\frac{\tau_b}{\tau} - R\ln y_{i,b}\right)\right] - \left[R\ln\frac{p^{\circ}}{p_a} + \sum_{i=1}^{r} y_{i,a}\left(c_{p\bullet i}^{IG}\ln\frac{\tau_a}{\tau} - R\ln y_{i,a}\right)\right] + \varsigma\Delta s^{rxn\circ}(\tau) \tag{4.80}$$

$$\Delta s^{rxn\circ}(\tau) = \sum_{i=1}^{r} \nu_i s_{\bullet i}^{\circ}(\tau) \tag{4.81}$$

ただし，$\Delta s^{rxn\circ}(\tau)$ は温度 τ における標準反応エントロピー(standard entropy of reaction at τ)である.

4.1.5 生成反応，生成量および反応量

前項において，標準圧力，基準相および反応量(property of reaction)を導入したが，これらに対する十分な説明はしていない．本項では，これらとこれらを補ういくつかの概念を導入して，前項の諸式に代入して正しい結果を与えるようなデータ・ベースを整備する方法を検討する.

[1] 要素物質 前項[1]において，エチレン(A)と水(B)のエンタルピーに，しかるべき基準に基づき数値を与えると，A と B の反応によって作られるエタノール(C)のエンタルピー数値は，実験に基づき自動的に定まることを学んだ．すなわち，A と B に基準値を与えることにより，これらから作られる C の基準値は自動的に定まるのであった．ここでは，A と B に相当するもの，すなわち要素物質の組や標準圧力を含む標準条件の選定の仕方を学習する.

すべての純粋物質の中から，つぎの条件を満足する要素物質の組を選定する.

(条件 1) ほかのすべての純粋物質に対して，要素物質のみを反応物質として，生成物質がただ一つで，それがその純粋物質であるような反応機構が存在する．これを**生成反応**(reaction of mormation, formation reaction)という.

(条件 2) 要素物質のみが関与する反応は存在しない．このような要素物質の組は，**化学的に独立**(chemically independent)な完全な系を構成している.

(条件 3) **単体**(simple substance)である.単体は単元素の物質である.

(条件 4) 標準条件の圧力と温度において安定な分子構造を持ち，安定な凝集状態にある.

上述の標準条件は，温度 τ，圧力 p および相(混合状態および物理的状態)により指定する．標準温度については τ° = 25°C = 298.15 K が定着している．なお，τ° が通常の標準温度 τ_0 = 0°C = 273.15 K とまぎらわしい場合には**熱化学標準温度**(thermochemical standard temperature)と呼ぶ．標準圧力については標準大気圧 p_0 =1 atm が長く使われており，文献にはこの圧力のものが残っているが，昨今 p° = 0.1 MPa = 1 bar へ移行しつつある．しかし，この小さい差は実用上は無視できる程度であるから，本書では標準条件の圧力は 0.1MPa

表4.3　要素物質と基準相

要素物質	基準相
Ar, Cl_2, F_2, H_2, He, Kr, N_2 O_2, Rn, Xe, e^-(電子)	理想気体
Br_2, Hg	液体
その他の要素物質	指定した構造の固体結晶

標準温度 τ° = 298.15 K = 25°C
標準圧力 p° = 0.1 MPa = 1 bar

とするが，計算例などではこの小さな圧力差に対して修正をしない．

混合状態としては純粋状態を選定する．物理的状態としては，気体に対しては理想気体状態，液体と固体に対しては実際に存在する状態および結晶状態を選定する．こうして定めた相を基準相と呼ぶ．

標準条件において物質は標準状態にあるといい，標準状態における要素物質のエンタルピーをゼロとすることになっている．一方，標準状態における要素物質エントロピーについては，ゼロとするか絶対エントロピーにするか，のいずれかであり，いずれでもよいが，混用はできない．しかし，JANAF 表(付表 8)や Barin 表は絶対エントロピーの方を採用しているので，絶対エントロピーの方が便利である．

表4.3に要素物質とそれらの基準相の概要を示す．基準相が理想気体である塩素，フッ素，水素，窒素および酸素については，単原子分子の状態よりも二原子分子の状態の方が安定であるために，二原子分子の Cl_2，F_2，H_2，N_2 および O_2 が要素物質に選定されている．

[2]　生成反応および生成量　要素物質でない物質"A_i(P)"の，上の[1]の(条件 1)を満たす生成反応の反応式を次式のように書く．

$$\sum_{j=1}^{r(ES)} \gamma_{ij} A_j^{ES} = A_i(P) \qquad i = 1,2,3,\ldots,r \qquad (R17)$$

"ES"は要素物質を，$r(ES)$はすべての要素物質を示す．左辺の A_j^{ES} に対しては，A_j^{ES} が要素物質であることにより凝集状態などの相は決まっているので，(P)を付す必要はない．しかし，右辺に対しては $A_i(P)$のように凝集状態などの相の指定が必要である．特定の生成反応において，反応物質である要素物質に対しては $\gamma_{ij} > 0$ であるが，そうでない要素物質に対しては $\gamma_{ij} = 0$ である．式(R17)の量論係数を反応式(R9)のそれとに対応させると，$\nu_i = 1$，$\nu_j = -\gamma_{ij}$，$j \neq i$ となる．

たとえば，反応式(R10)は生成反応であり，反応式(R4)は C(s)がグラファイト結晶(graphite)であれば生成反応である．反応式(R5)は本質的には反応式(R10)と同じで生成反応であるが，右辺の量論係数が 1 ではない．また，反応式(R6)は，左辺に要素物質でない CH_4 を含んでおり，生成物質が一つでないから，生成反応ではない．

さて，式(4.67)を式(R17)の生成反応に適用すれば，式(4.67)は**温度 τ における標準生成量**(standard property of formation at τ)となり

$$\Delta\xi_i^{fxn\circ}(\tau) = \xi^\circ_{\bullet i}(\tau) - \sum_{j=1}^{r(ES)} \gamma_{ij}\xi^{ES\circ}_{\bullet j}(\tau) \qquad i = 1,2,3,\ldots,r \tag{4.82}$$

で計算することになる．もちろん，"fxn"は formation を略したものである．なお，要素物質 $A_i(P)$ に対する生成反応は $A_i^{ES} = A_i(P)$ となるので，式(4.82)の値はゼロになり，次式のようになる．

$$\begin{aligned}\Delta u_i^{fxn\circ}(\tau) &= \Delta h_i^{fxn\circ}(\tau)\\ &= \Delta s_i^{fxn\circ}(\tau) = \Delta g_i^{fxn\circ}(\tau) = \ldots = 0\end{aligned} \tag{4.83}$$

JANAF 表の抜粋である付表 8 を，2.2.1[4]において紹介したが，ここでは，そこでは触れなかった残りの三つの欄の説明をしておく．

まず，$\Delta h^{fxn\circ}$ および $\Delta g^{fxn\circ}$ は，それぞれ**温度 τ における標準生成エンタルピー**(standard enthalpy of formation at τ)および **温度 τ における標準生成 Gibbs エネルギー**(standard Gibbs energy of formation at τ)である．付表 8 収録の物質のうちで要素物質である H_2，N_2 および O_2 については，式(4.83)により $\Delta h^{fxn\circ}$ と $\Delta g^{fxn\circ}$ が恒等的にゼロであることに注意せよ．

つぎに，h と $h - h^*$ の欄の数値を比較してみると，これらの二つの欄の数値の差は一定であり，$h - (h - h^*)$ は $\Delta h^{fxn\circ}(25^\circ C = 298.15\ K)$ に等しいことがわかる．つまり，$h^* = \Delta h^{fxn\circ}(25^\circ C)$ のようになっている．したがって，要素物質に対しては，$h^* = \Delta h^{fxn\circ}(25^\circ C) = 0$ であるから，h と $h - h^*$ の欄の数値は等しくなる．本来の JANAF 表には h に相当する欄はないので，付表 8 の h は，JANAF 表の $h - h^*$ と $\Delta h^{fxn\circ}(25^\circ C)$ から著者が計算した．このような h は，あたかも絶対エンタルピーであるかのような意味を持ち，反応系のエネルギー収支の計算に大変に有用である．そのことは 4.2.1 で解説する．なお以下では上付きの"*"により，標準温度 τ° かつ標準圧力 p° における値であることを示す．

本題に戻る．温度 τ における標準生成量 $\Delta\xi_i^{fxn\circ}(\tau)$ の引数の温度を $\tau = \tau^\circ = 25^\circ C = 298.15\ K$ としたものを**標準生成量**(standard property of formation) $\Delta\xi_i^{fxn*}$ という．実用上重要な標準生成量は，**標準生成エンタルピー**(standard enthalpy of formation)と**標準生成 Gibbs エネルギー**(standard Gibbs energy of formation)であり，付表 10 にはいくつかの物質に対する標準生成量が示してある．相の欄に指定してある相のうちのいくつかには，安定相ではなく仮想的なものである．なお，グラファイト結晶の炭素，気体相の水素と酸素の生成量がゼロとなっているのは，これらが要素物質であるからである．

以下，温度τにおける標準生成量の間の関係を求める．

まず，**温度τにおける標準生成エントロピー**(standard entropy of formation at τ) は，温度τにおける標準生成エンタルピーと温度τにおける標準生成Gibbsエネルギーから

$$\Delta s_i^{fxn\circ}(\tau) = \frac{\Delta h_i^{fxn\circ}(\tau) - \Delta g_i^{fxn\circ}(\tau)}{\tau} \qquad i = 1,2,3,\ldots,r \qquad (4.84)$$

として算出することができる．

[例題 4.4] エタンC_2H_6(g)の標準生成エントロピーを求めよ．

[解答] 付表10により

$$\Delta h_i^{fxn*} = -84.667\ \mathrm{MJ/kmol} \qquad (a)$$

$$\Delta g_i^{fxn*} = -32.842\ \mathrm{MJ/kmol} \qquad (b)$$

これらを式(4.83)に代入する．

$$\Delta s_i^{fxn*} = \frac{-84.667 - (-32.842)}{298.15} = -0.1738\ \mathrm{MJ/(kmol\cdot K)} \qquad (c)$$

■

ついで，$u = h - pv$の関係から，$\Delta u_i^{fxn\circ}(\tau)$，$\Delta h_i^{fxn\circ}(\tau)$および$\Delta v_i^{fxn\circ}(\tau)$の間の関係を導くと，次式のようになる．

$$\begin{aligned}\Delta u_i^{fxn\circ}(\tau) &= \Delta(h - pv)_i^{fxn\circ}(\tau)\\ &= \Delta h_i^{fxn\circ}(\tau) - \Delta(pv)_i^{fxn\circ}(\tau)\\ &= \Delta h_i^{fxn\circ}(\tau) - p^\circ \Delta v_i^{fxn\circ}(\tau)\end{aligned} \qquad i = 1,2,3,\ldots,r \qquad (4.85)$$

このような計算ができるのは，圧力がp°で一定であるから$u = h - pv = h - p^\circ v$となり，$u$が$h$と$v$の線形結合になっていることによる．**温度$\tau$における標準生成体積**(standard volume of formation at τ) $\Delta v_i^{fxn\circ}(\tau)$は，式(4.82)の$\xi$に$v$を代入して次式により求めるのである．

$$\Delta v_i^{fxn\circ}(\tau) = v_{\bullet i}^\circ(\tau) - \sum_{j=1}^{r(ES)} \gamma_{ij} v_{\bullet j}^\circ(\tau) \qquad i = 1,2,3,\ldots,r \qquad (4.86)$$

なお，(τ, p)において生成反応の反応関与物質のすべてが理想気体であるならば，上式右辺のすべての$v_{\cdot j}(\tau)$ が$R\tau/p^\circ$であるから

$$\Delta v_i^{fxn\circ}(\tau) = \frac{\left[1 - \sum_{j=1}^{r(ES)} \gamma_{ij}\right] R\tau}{p^\circ} = \frac{\nu R\tau}{p^\circ} \quad 理想気体 \qquad i = 1,2,3,\ldots,r \qquad (4.87)$$

表 4.4　[例題 4.5] 生成エンタルピーから生成内部エネルギーへ

	Δh^{fxn*} [MJ/kmol]	ν [-]	$\nu R\tau^{\circ}$ [MJ/kmol]	Δu^{fxn*} [MJ/kmol]
NO(g)の生成 (R10)	90.291	0	0	90.291
H_2O(g)の生成 (R18)	-241.826	-1/2	-1.239	-240.587

となる．最右辺の ν は式(4.18)と同じ内容のものであり，式(4.87)を式(4.85)に代入すれば次式となる．

$$\Delta u_i^{fxn\circ}(\tau) = \Delta h_i^{fxn\circ}(\tau) - \nu R\tau \quad \text{理想気体} \qquad i = 1,2,3,\ldots,r \tag{4.88}$$

[例題 4.5] 反応式(R10)の一酸化窒素の生成反応と，次の水の生成反応における標準生成内部エネルギーを求めよ．

$$H_2(g) + \frac{1}{2}O_2(g) = H_2O(g) \tag{R18}$$

[解答] $R\tau^{\circ} = 8.314510\times10^{-3}\times298.15 = 2.479$ MJ/kmol と付表 10 を使って，式(4.88)を表 **4.4** のように計算する．■

最後に，要素物質以外の物質の性質の基準値は，その物質の生成量により要素物質のそれに相対的に確定することを説明しよう．すなわち，式(4.82)を標準温度 $\tau^{\circ} = 25°\text{C} = 298.15\text{K}$ に対して適用すると

$$\xi_{\bullet i}^{*} = \Delta\xi_i^{fxn*} + \sum_{j=1}^{r(ES)} \gamma_{ij}\xi_{\bullet j}^{ES*} \qquad i = 1,2,3,\ldots,r \tag{4.89}$$

のようになる．これは，要素物質ではない"i"の (τ, p) における選定した相に対する性質の値 $\xi_{\bullet i}^{*}$ が，"i"の標準生成量 $\Delta\xi_i^{fxn*}$ と，要素物質"j"の標準状態における性質の値 $\sum_{j=1}^{r(ES)} \gamma_{ij}\xi_{\bullet j}^{ES*}$ で表現されることを示している．4.1.4[1]で説明したことの物理的内容は，実はこのことと同じであるが，そこで例に取り上げてある反応は生成反応ではない．なお，式(4.89)の"•i"の，これ以外の状態における性質の値は，同式が与える $\xi_{\bullet i}^{*}$ を基準にして決まることになる．つまり，基準値に勝手な値を与えることはできない．

ついでながら，要素物質の標準状態における性質の値をゼロに選定することができ，すなわち $\xi_{\bullet j}^{ES*} = 0$ のようにすることができる．これをエンタルピーに対して適用すれば，式(4.89)は次式となる．

$$h_{\bullet i}^{*} = \Delta h_i^{fxn*} \qquad i = 1,2,3,\ldots,r \tag{4.90}$$

エントロピーに対しても，標準状態の値をゼロに選定すれば

$$s^*_{\bullet i} = \Delta s_i^{fxn*} \qquad i = 1,2,3,\ldots,r \tag{4.91}$$

となる．しかし，JANAF 表や Barin 表は$\xi^{ES*}_{\bullet j}$に絶対エントロピーを採用しているので，表にでている要素物質でない物質の$s^*_{\bullet i}$の数値には，式(4.89)右辺の第 2 項が加算され

$$s^*_{\bullet i} = \Delta s_i^{fxn*} + \sum_{j=1}^{r(ES)} \gamma_{ij} s^{ES*}_{\bullet j} \qquad i = 1,2,3,\ldots,r \tag{4.92}$$

のように嵩上げされている．

[3]　生成量による反応量の表現　反応の一般式(R9)における $A_i(P)$を，反応式(R17)の生成反応により要素物質で表現してみると

$$\begin{aligned} 0 &= \sum_{i=1}^{r} \nu_i A_i(P) = \sum_{i=1}^{r} \nu_i \sum_{j=1}^{r(ES)} \gamma_{ij} A_j^{ES} \\ &= \sum_{j=1}^{r(ES)} A_j^{ES} \left(\sum_{i=1}^{r} \nu_i \gamma_{ij} \right) = \sum_{j=1}^{r(ES)} \nu'_j A_j^{ES} \end{aligned} \tag{4.93}$$

$$\nu'_j = \sum_{i=1}^{r} \nu_i \gamma_{ij} \qquad j = 1,2,3,\ldots,r(ES) \tag{4.94}$$

のようになり，最右辺は要素物質のみが関与する反応式になっている．

その反応の量論係数は式(4.94)のν'_jであるが，この内で二つ以上ゼロでないものがあれば，要素物質が他の要素物質で生成されることになる．また，一つだけゼロでないものがあれば，最左辺と矛盾する．したがって，すべてのν'_jはゼロであるに相違ない．

$$\nu'_j = 0 \qquad j = 1,2,3,\ldots,r(ES) \tag{4.95}$$

[例題 4.6]　メタンから水素を作る反応式(R13)に対して，式(4.95)を確認せよ．ただし，CO(g)と CH_4(g)の生成反応は

$$\text{C(グラファイト)} + \frac{1}{2}O_2\text{(g)} = \text{CO(g)} \tag{R19}$$

$$\text{C(グラファイト)} + 2H_2\text{(g)} = CH_4\text{(g)} \tag{R20}$$

であり，H_2O(g)の生成反応は反応式(R18)である．すなわち，反応式(R13)に含まれるすべての物質に対する要素物質は，C(グラファイト)，O_2(g) および H_2(g)の三つである．

[解答]　式(4.94)を表 **4.5** のように計算する．作表の仕方を順を追って説明しよう．

(1)　反応式(R13)による反応を，反応式(R9)の形式で書いた場合の量論係数ν_iを，ν_i欄のように記入する．

(2)　反応式(R19)の A_1=CO(g)の生成反応を，反応式(R17)の形式で書いた場合の量論係数

表 4.5 [例題 4.6] 要素物質のみの反応

A_i	i	式(R13)の反応 ν_i	C(グラファイト) j=1 γ_{i1}	O_2(g) j=2 γ_{i2}	H_2(g) j=3 γ_{i3}
CO(g)	1	1	1	1/2	0
H_2(g)	2	3	0	0	1
CH_4(g)	3	-1	1	0	2
H_2O(g)	4	-1	0	1/2	1
Σ_i			ν'_1 = 1×1 +3×0+(-1)×1 +(-1)×0=0	ν'_2 =1×(1/2) 3×0+(-1)×0 +(-1)×(1/2) =0	ν'_3 =1×0 +3×1 +(-1)×2 +(-1)×1 =0

γ_{1j}を，CO(g)行の終わりの第 3 欄のように記入する．表 4.3 により，A_2=H_2(g)は要素物質である．したがって，反応式(R17)はA_2^{ES} = A_2(g)となるが，これの量論係数γ_{2j}を，H_2(g)行の終わりの第 3 欄のように記入する．

(3) 反応式(R20)の A_3= CH_4(g)の生成反応を，反応式(R17)の形式で書いた場合の量論係数γ_{3j}を，CH_4(g)行の終わりの第 3 欄のように記入する．

(4) 反応式(R18)の A_4= H_2O(g)の生成反応を，反応式(R17)の形式で書いた場合の量論係数γ_{4j}を，H_2O(g)行の終わりの第 3 欄のように記入する．

(5) C(グラファイト)欄の最下行のように，j = 1に対する式(4.94)のν'_1を計算して，ゼロになることを確認する．同様にして，j = 2とj = 3の欄の確認をする． ■

これで，生成量により反応量を表現する準備ができた．式(4.82)を式(4.67)に代入する．

$$
\begin{aligned}
\Delta\xi^{rxn\circ}(\tau) &= \sum_{i=1}^{r} \nu_i \xi^\circ_{\bullet i}(\tau) \\
&= \sum_{i=1}^{r} \nu_i \left[\Delta\xi_i^{fxn\circ}(\tau) + \sum_{j=1}^{r(ES)} \gamma_{ij} \xi^{ES\circ}_{\bullet j}(\tau) \right] \\
&= \sum_{i=1}^{r} \nu_i \Delta\xi_i^{fxn\circ}(\tau) + \sum_{j=1}^{r(ES)} \xi^{ES\circ}_{\bullet j}(\tau) \sum_{i=1}^{r} \nu_i \gamma_{ij} \\
&= \sum_{i=1}^{r} \nu_i \Delta\xi_i^{fxn\circ}(\tau) + \sum_{j=1}^{r(ES)} \nu'_j \xi^{ES\circ}_{\bullet j}(\tau) \\
&= \sum_{i=1}^{r} \nu_i \Delta\xi_i^{fxn\circ}(\tau)
\end{aligned}
\tag{4.96}
$$

ただし，最後の 2 行の変形で式(4.94)と(4.95)を使った．上式は反応量を反応関与物質の生成量で表現しており **Hess の関係**(Hess relation)という．大抵の物質の生成量は JANAF 表や Barin 表などに収録してあり，Hess の関係により任意の化学反応に対して反応量を算出できるので，すべての化学反応に対する反応量の表を準備しておく必要はない．

[例題 4.7] (1)　4.1.4[1]で検討した反応式(R16)のエチレンの水和反応においては，熱相互作用は $\dot{Q}\,\delta t$ = −43.7 MJ であった．この値は反応式(R16)の**標準反応エンタルピー**(standard enthalpy of reaction)であることを示せ．

(2)　メタノールの燃焼反応と，メタノールの合成反応の反応式を下に示す．これらの反応に対して，反応関与物質の標準生成エンタルピーと標準生成 Gibbs エネルギーから，標準反応エンタルピー，**標準反応 Gibbs エネルギー**(standard Gibbs energy of reaction)および**標準反応エントロピー**(standard entropy of reaction)を求めよ．

メタノールの燃焼反応：

$$CH_3OH(l) + \frac{3}{2}O_2(g) = CO_2(g) + 2H_2O(l) \tag{R21}$$

メタノールの合成反応：

$$2H_2(g) + CO(g) = CH_3OH(g) \tag{R22}$$

(3)　蒸発は化学反応ではないが，化学反応と同様にしてエンタルピーの変化を計算することができる．蒸発の潜熱を反応エンタルピーとみなし，水の標準条件 $(\tau°, p°)$ における蒸発

$$H_2O(l) = H_2O(g) \tag{R23}$$

に際するエンタルピー変化を求め，水の蒸気表の $[\tau°, p^{sat}(\tau°)]$ における蒸発の潜熱と比較せよ．

[解答] (1)　付表 10 により**表 4.6** の第 4 欄までを作成する．ついで，式(4.96)により標準反応エンタルピーを第 5 欄のようにして計算し，その欄の最下行の答えを得る．答えは，反

表 4.6　[例題 4.7]　(1)　のエチレンの水和反応の標準反応エンタルピー

A_i	i	ν_i	Δh_i^{fxn*} [MJ/kmol]	$\nu_i \Delta h_i^{fxn*}$ [MJ/kmol]
$C_2H_4(g)$	1	-1	52.467	-52.467
$H_2O(l)$	2	-1	-285.830	285.830
$C_2H_5OH(l)$	3	1	-276.981	-276.981
Σ_i				Δh^{rxn*} =-43.618

表 4.7
[例題 4.7]　(2)　メタノールの燃焼反応の標準反応エンタルピーと標準反応 Gibbs エネルギー

A_i	i	ν_i	Δh_i^{fxn*} [MJ/kmol]	Δg_i^{fxn*} [MJ/kmol]	$\nu_i \Delta h_i^{fxn*}$ [MJ/kmol]	$\nu_i \Delta g_i^{fxn*}$ [MJ/kmol]
$CH_3OH(l)$	1	-1	-238.572	-166.152	238.572	166.152
$O_2(g)$	2	-1.5	0	0	0	0
$CO_2(g)$	3	1	-393.522	-394.389	-393.522	-394.389
$H_2O(l)$	4	2	-285.830	-237.141	-571.660	-474.282
Σ_i					Δh^{rxn*} =-727.610	Δg^{rxn*} =-702.520

応式あたりとみてもよいし，原料であるエチレン(g)あるいは製品であるエタノール(l)に対する[MJ/kmol]とみなしてもよい．しかし，反応式を示して，その反応式あたりであると述べるのが最も好ましい．なぜなら，そうすることにより，反応に関与する化学種が明確に指定されるからである．以下では，この種の注意は省略する．

(2) メタノールの燃焼反応：付表10により表**4.7**の第5欄までを作成する．要素物質に対しては$\Delta h_i^{fxn*} = \Delta g_i^{fxn*} = 0$であることに注意せよ．

ついで，式(4.96)により標準反応エンタルピーと標準反応 Gibbs エネルギーを最下行のようにして計算をする．また，標準反応エントロピーは式(4.84)により

$$\Delta s^{fxn*} = \frac{-726.610-(-702.519)}{298.15} = -0.0808016\ \mathrm{MJ/K} = -80.8016\ \mathrm{kJ/K} \tag{a}$$

メタノールの生成反応：付表10により表**4.8**の第5欄までを作成する．

上と同様にして，標準反応エンタルピー，標準反応 Gibbs エネルギーおよび標準反応エントロピーを計算をする．

$$\Delta s^{fxn*} = \frac{-90.640-(-25.285)}{298.15} = -0.219202\ \mathrm{MJ/K} = -219.202\ \mathrm{kJ/K} \tag{b}$$

(3) 付表10により表**4.9**の第4欄までを作成する．上と同様にして第5欄の最下行のように計算してつぎの答えを得る．

$$\Delta h^{fxn*} = 44.004\ \mathrm{MJ/kmol} \tag{c}$$

表4.8
[例題4.7] (2) メタノールの合成反応の標準反応エンタルピーと標準反応 Gibbs エネルギー

A_i	i	ν_i	Δh_i^{fxn*} [MJ/kmol]	Δg_i^{fxn*} [MJ/kmol]	$\nu_i \Delta h_i^{fxn*}$ [MJ/kmol]	$\nu_i \Delta g_i^{fxn*}$ [MJ/kmol]
H_2(g)	1	-2	0	0	0	0
CO(g)	2	-1	-110.527	-137.163	110.527	137.163
CH_3OH(g)	3	1	-201.167	-162.448	-201.167	-162.448
Σ_i					Δh^{rxn*} =-90.640	Δg^{rxn*} =-25.285

表4.9 [例題4.7] (3) 水の蒸発の標準反応エンタルピー

A_i	i	ν_i	Δh_i^{fxn*} [MJ/kmol]	$\nu_i \Delta h_i^{fxn*}$ [MJ/kmol]
H_2O(l)	1	-1	-285.830	285.830
H_2O(g)	2	1	-241.826	-241.826
Σ_i				Δh^{rxn*} =44.004

仕事相互作用はないものとして，式(4.56)をいまの過程に対応させると，式(c)の結果の $\Delta h_i^{fxn*} > 0$ は吸熱反応を意味する．つまり，周囲から系へ蒸発潜熱だけの熱仕事相互作用をしなければならない．

さて，25°Cにおける飽和圧力は 3 kPa 程度であるから，標準条件(τ, p)における水の安定状態は液体，すなわち圧縮液であるから，$H_2O(g)$は仮想的な理想気体状態である．上の結果により，(τ, p) における $H_2O(g)$のエンタルピーは，同じ条件における $H_2O(g)(l)$のそれより 44.004 MJ/kmol だけ大きいということになる．

一方，蒸気表によれば25°Cにおける蒸発の潜熱は

$$2.4425\left[\frac{\mathrm{MJ}}{\mathrm{kg}}\right] \times 18.01528\left[\frac{\mathrm{kg}}{\mathrm{kmol}}\right] = 44.002\ \mathrm{MJ/kmol} \tag{d}$$

であり，これは約 3 kPa における飽和蒸気と飽和液のエンタルピーの差である．これと式(c)の値との差はほとんどない． ■

[4] 異なる温度における反応量 標準反応量から式(4.67)の温度 τ における標準反応量 $\Delta\xi^{rxn\circ}(\tau)$ の計算法を検討する．そのために，$\Delta\xi^{rxn\circ}(\tau)$ と標準反応量 $\Delta\xi^{rxn*}$

$$\Delta\xi^{rxn*} = \Delta\xi^{rxn\circ}\left(\tau^\circ = 25^\circ\mathrm{C}\right) = \sum_{i=1}^{r} \nu_i \xi_{\bullet i}^{*} \tag{4.97}$$

との差を次式のように計算する．

$$\begin{aligned}\Delta\xi^{rxn\circ}(\tau) - \Delta\xi^{rxn*} &= \sum_{i=1}^{r} \nu_i\left[\ \xi_{\bullet i}^{\circ}(\tau) - \xi_{\bullet i}^{*}\right] \\ &= \sum_{i=1}^{r} \nu_i\left[\ \xi_{\bullet i}\left(\tau, p^\circ\right) - \xi_{\bullet i}\left(\tau^\circ, p^\circ\right)\right]\end{aligned} \tag{4.98}$$

$$\Delta\xi^{rxn\circ}(\tau) = \Delta\xi^{rxn*} + \sum_{i=1}^{r} \nu_i\left[\ \xi_{\bullet i}\left(\tau, p^\circ\right) - \xi_{\bullet i}\left(\tau^\circ, p^\circ\right)\right] \tag{4.99}$$

したがって，式(4.99)右辺[]の反応関与化学種の温度範囲$\left(\tau^\circ, \tau\right)$における $\xi_{\bullet i}^{\circ}$ の変化を加算して，標準反応量$\Delta\xi^{rxn*}$から温度 τ における標準反応量$\Delta\xi^{rxn\circ}(\tau)$を計算することができる．

しかし，JANAF 表や Barin 表には，式(4.67)を直接計算するために必要な$\xi_{\bullet i}^{\circ}(\tau)$が収録してあるので，式(4.99)による計算は現在では不要である．

4.2 断熱燃焼温度

燃焼は燃料と**酸化剤**(oxidant)ー空気のような酸素を含む物質ーの急激な化学反応であり，

通常火炎をともなう．燃焼は実用上重要であり，また，周囲と大きな熱相互作用をするので，反応系の熱力学を学習するにふさわしい材料である．したがって，特に一節をもうけて，断熱燃焼温度の計算法を通して燃焼反応の側面に触れることにしよう．

燃焼生成物質(combustion products)の温度は燃焼の条件や方法によって変化する．それらは閉じた系と定常流れ系の区別，系と周囲との相互作用，反応物質の温度・圧力と凝集状態と，酸化剤が空気である場合の空気の温度と湿度および**空気比**(air ratio) λ などである．系から周囲へのエネルギーの伝達が少なく乾燥した量論空気が供給されると，燃焼で達成される温度は高くなる．なお，空気比は実際に供給される乾き空気の物質量と乾き量論空気の物質量の比である．

熱および仕事相互作用を止めて完全燃焼させるならば，生成物質の温度は最高になる．それを**断熱燃焼温度**(adiabatic combustion temperature)あるいは**断熱火炎温度**(adiabatic flame temperature)という．しかし，化学反応は次節で学習する化学平衡までしか進行しないし，**解離反応**(dissociation)のような吸熱反応も並進するので，断熱燃焼温度は仮想的な温度である．それにもかかわらず，化学平衡の計算をすることなく求めることができ，過大ながら超えられない温度を与えるので，断熱燃焼温度には一定の価値がある．

本節では，この意味での断熱燃焼温度の計算法を学習することにし，化学平衡に基づく断熱燃焼温度，すなわち**断熱平衡燃焼温度**(adiabatic equilibrium combustion temperature)は次節で化学平衡の計算を学んだ後で導入する．

4.2.1　閉じた系における断熱燃焼温度　問題を以下のように設定する．すなわち，図4.2(a)の反応系を特殊化し，断熱された体積 V の剛体の容器内で，外部との熱および仕事相互作用をすることなく完全燃焼が達成されるものとして，断熱燃焼温度を求めよう．

さて，反応物質の温度と圧力を $(\tau_a,\ p_a)$，完全燃焼した後の温度と圧力を $(\tau_b,\ p_b)$ とする．定義により τ_b が断熱燃焼温度である．$(\tau_b,\ p_b)$ を決定する式は，体積一定の条件による

$$V_b = V_a = V \qquad (4.100)$$

と，式(4.52)を特殊化した

$$U_b - U_a = 0 \qquad (4.101)$$

である．以下例題により説明しよう．

[例題4.8]　断熱された容器に気体の メタン CH_4 と空気比 4 に相当する乾き空気が標準条件で入っている．反応物質と生成物質の両方が理想気体混合物として，断熱燃焼温度とその際の圧力を次の二つの方法で求めよ．

表 4.10　理想気体としてのメタン CH_4[1)], p° = 0.1 MPa

		CH_4		$\overline{M}$ = 17.00734		
τ	c_p	$h - h^*$	h	s	$\Delta h^{fxn\circ}$	$\Delta g^{fxn\circ}$
K	kJ/kmol·K	MJ/kmol	MJ/kmol	kJ/kmol·K	MJ/kmol	MJ/kmol
298.15	35.64	0	-74.87	186.25	-74.87	-50.77
300	35.71	0.07	-74.80	186.47	-74.93	-50.62
400	40.50	3.86	-71.01	197.36	-77.97	-42.05
500	46.34	8.20	-66.67	207.01	-80.80	-32.74
600	52.23	13.13	-61.74	215.99	-83.31	-22.89
700	57.79	18.64	-56.23	224.46	-85.45	-12.64
800	62.93	24.68	-50.19	232.52	-87.24	-2.12
900	67.60	31.21	-43.66	240.21	-88.69	8.62
1000	71.80	38.18	-36.69	247.55	-89.85	19.49
1100	75.53	45.55	-63.01	254.57	-90.75	30.47
1200	78.83	53.27	-21.60	261.29	-91.44	41.52
1300	81.74	61.30	-13.57	267.71	-91.95	52.63
1400	84.31	69.61	-5.26	273.87	-92.31	63.76
1500	86.56	78.15	3.28	279.76	-92.55	74.92
1600	88.54	86.91	12.04	285.41	-92.70	86.09
1700	90.28	95.85	20.98	290.83	-92.78	97.27
1800	91.82	104.96	30.09	296.04	-92.80	108.45
1900	93.19	114.21	39.34	301.04	-92.77	119.62
2000	94.40	123.59	48.72	305.85	-92.71	130.80
2100	95.48	133.09	58.22	310.49	-92.62	141.98
2200	96.44	142.68	67.81	314.95	-92.52	153.14
2300	97.30	152.37	77.50	319.26	-92.41	164.31
2400	98.08	162.14	82.27	323.41	-92.29	175.47
2500	98.77	171.98	97.11	327.43	-92.17	186.62

1) M. W. Chase, et al.: JANAF Thermochemical Tables, 3rd. Ed., J. Phy. Chem. Ref. Data, vol. 14, 1985, sup. no. 1 から，小数第 2 位までに丸めて抜粋した. h は $h - h^* + \Delta h^{fxn\circ}$(298.15 K)として計算した.

(1)　付表 8 の $h - h^*$ と，付表 10 の標準生成エンタルピー Δh^{fxn*} を使う．

(2)　付表 8 の h のみを使う．

なお，付表 8 には CH_4 の値が収録されていないので，CH_4 に対しては表 **4.10** を使え．

[解答]　反応式は(R6)であるが，式(4.23)形式の物質量の収支は

$$CH_4 + 4\times 2O_2 + 3.773\times 8N_2$$
$$=CO_2+2H_2O+6O_2+30.184N_2 \tag{a}$$

となる．ただし，上式に含まれている 3.773 は，空気を $y_{O_2} = 0.2095$ の酸素と，$y_{N_2} = 0.7905$ の窒素の混合物と見なした場合の y_{N_2} / y_{O_2} である．上式の各辺を説明する．

左辺の第 1 項＝燃料 CH_4 の物質量を 1kmol とする．

左辺の第 2 項＝空気比 4 であるから O_2 は量論量 $2O_2$ の 4 倍．

左辺の第 3 項＝空気に含まれる N_2 は O_2 の 3.773 倍．

右辺の第 1 項と第 2 項＝CH_4 が $2O_2$ で完全に酸化された生成物質

右辺の第 3 項＝過剰な O_2 は生成物に含まれる．

右辺の第 4 項＝不活性である N_2 は全量生成物に含まれる．

反応式(R6)と式(a)を表 **4.11** の第 4 欄までにまとめて示した．

(1)　式(4.73)において $\tau = \tau^\circ$ し，$\Xi \to U$ および $\xi \to u$ のように対応させ，理想気体の内部エネルギーが温度のみの関数であることを考慮する．なお r=5 である．

$$\begin{aligned}\frac{U_b - U_a}{N_a} &= (1 + \varsigma\nu)\sum_{i=1}^{r} y_{i,b}\left[u_{\bullet i}^{IG}(\tau_b) - u_{\bullet i}^{*}\right] \\ &- \sum_{i=1}^{r} y_{i,a}\left[u_{\bullet i}^{IG}(\tau_a) - u_{\bullet i}^{*}\right] + \varsigma\Delta u^{rxn*}\end{aligned} \tag{4.102}$$

エンタルピーの表で計算できるようにするために，上式右辺に含まれる[ ]の項を

$$\begin{aligned}u_{\bullet i}^{IG}(\tau_a) - u_{\bullet i}^{*} &= h_{\bullet i}^{IG}(\tau_a) - R\tau_a - \left[h_{\bullet i}^{IG}(\tau^\circ) - R\tau^\circ\right] \qquad i = 1,2,3,\ldots,r \\ &= h_{\bullet i}^{IG}(\tau_a) - h_{\bullet i}^{IG}(\tau^\circ) - R(\tau_a - \tau^\circ)\end{aligned} \tag{4.103}$$

表 4.11　[例題 4.8]（1）物質量と物質量比の変化

A_i	i	ν_i	$N_{i,a}$ [kmol]	$y_{i,a}$ [-]	$N_{i,b}$ [kmol]	$y_{i,b}$ [-]
CH_4	1	-1	1	0.0255	0	0
O_2	2	-2	8	0.2042	6	0.1531
N_2	3	0	30.184	0.7703	30.184	0.7703
CO_2	4	1	0	0	1	0.0255
H_2O	5	2	0	0	2	0.0510
$\sum_i$		$\nu = 0$	$N_a = 39.184$	1	$N_b = 39.184$	0.9999

$$u_{\bullet i}^{IG}(\tau_b) - u_{\bullet i}^{*} = h_{\bullet i}^{IG}(\tau_b) - h_{\bullet i}^{IG}(\tau^\circ) - R(\tau_b - \tau^\circ) \quad i = 1,2,3,\ldots,r \qquad (4.104)$$

のように変形する．また，生成反応に対して導いた式(4.88)は，一般の反応に対しても成り立ち

$$\Delta u^{rxn\circ}(\tau) = \Delta h^{rxn\circ}(\tau) - \nu R\tau \quad \text{理想気体} \qquad (4.105)$$

である．導いてみよ．最後に式(4.103)から(4.105)を式(4.102)に代入する．

$$\begin{aligned}\frac{U_b - U_a}{N_a} &= (1 + \varsigma\nu)\sum_{i=1}^{r} y_{i,b}\left[h_{\bullet i}^{IG}(\tau_b) - h_{\bullet i}^{IG}(\tau^\circ)\right] \\ &- \sum_{i=1}^{r} y_{i,a}\left[h_{\bullet i}^{IG}(\tau_a) - h_{\bullet i}^{IG}(\tau^\circ)\right] + \varsigma\Delta h^{rxn*} \\ &- R(1 + \varsigma\nu)(\tau_b - \tau^\circ) + R(\tau_a - \tau^\circ) - \nu\varsigma R\tau^\circ\end{aligned} \qquad (4.106)$$

ちなみに，内部エネルギーからエンタルピー表現に移ったために，上式第 3 行の三つの項が現れたものであり，この行を削除すれば，左辺は$(H_b - H_a)/N_a$になる．

本題に帰り，式(4.106)をこの問題に対して特殊化する．まず，式(4.18)と表 4.10 により

$$\nu = \sum_{i=1}^{r} \nu_i = 0 \qquad (b)$$

となる．これは反応により物質量が変化しないことを意味するものであり，表 4.11 で$N_b = N_a$となっているのはこのことに対応している．また，題意により次式が成り立つ．

$$\tau_a = \tau^\circ \qquad (c)$$

以上の式(4.101)，(4.106)，(b)および(c)により次式となる．

$$\begin{aligned}0 &= \sum_{i=1}^{r} y_{i,b}\left[h_{\bullet i}^{IG}(\tau_b) - h_{\bullet i}^{IG}(\tau^\circ)\right] \\ &+ \varsigma\Delta h^{rxn*} - R(\tau_b - \tau_a)\end{aligned} \qquad (d)$$

ついで，式(4.13)を燃料のメタンに適用して$(k = 1)$反応座標を求め，式(4.33)と表 4.11 により反応進行度を求める．

$$\varepsilon = \frac{0 - 1}{-1} = 1 \qquad (c)$$

$$\varsigma = \frac{\varepsilon}{N_a} = \frac{1}{39.184} = 0.02552 \qquad (e)$$

また，メタンの反応式(R6)による燃焼のΔh^{rxn*}を，式(4.96)と付表 10 により次のように計算する．

$$\begin{aligned}\Delta h^{rxn*} &= -\Delta h_{CH_4(g)}^{fxn*} - 2\Delta h_{O_2(g)}^{fxn*} + \Delta h_{CO_2(g)}^{fxn*} + 2\Delta h_{H_2O(g)}^{fxn*} \\ &= -(-74.873) - 2 \times 0 + (-393.522) \\ &+ 2 \times (-241.826) = -802.301 \text{ MJ}\end{aligned} \qquad (f)$$

表 4.12 ［例題 4.8］ (1) 数値解法

式(g)の左辺の項	τ_b = 1100 K	τ_b = 1200 K
$0.1531 \times \left(h - h^*\right)_{O_2}$	0.1531×26.21= 4.01	0.1531×29.76= 4.56
$0.7703 \times \left(h - h^*\right)_{N_2}$	0.7703×24.76=19.07	0.7703×28.11=21.65
$0.0255 \times \left(h - h^*\right)_{CO_2}$	0.0255×38.88= 0.99	0.0255×44.47= 1.13
$0.0510 \times \left(h - h^*\right)_{H_2O}$	0.0510×30.19= 1.54	0.0510×34.51= 1.76
$-0.008314510 \times \left(\tau_b - \tau_a\right)$	-6.67	-7.50
-0.02552×802.310	-20.47	-20.47
Σ	-1.53*	1.13**

*表 4.13 参照　**表 4.13 参照

以上により，式(e)，(f)および表 4.11 を使って式(d)を[MJ]基準で書くと

$$\begin{aligned} &0.1531 \times \left[h^{IG}_{\bullet O_2}(\tau_b) - h^{IG}_{\bullet O_2}(\tau)\right] \\ &+ 0.7703 \times \left[h^{IG}_{\bullet N_2}(\tau_b) - h^{IG}_{\bullet N_2}(\tau)\right] \\ &+ 0.0255 \times \left[h^{IG}_{\bullet CO_2}(\tau_b) - h^{IG}_{\bullet CO_2}(\tau)\right] \\ &+ 0.0510 \times \left[h^{IG}_{\bullet H_2O}(\tau_b) - h^{IG}_{\bullet H_2O}(\tau)\right] \\ &- 0.008314510 \times \left(\tau_b - \tau_a\right) \\ &- 0.02552 \times 802.301 = 0 \end{aligned} \tag{g}$$

のようになる．上式の ［ ］ の項は，付表 8 の $h - h^*$ である．後は数値的に解く．

まず，τ_b = 1100 K を表 **4.12** の第 2 欄のように試してみる．式(g)の左辺は τ_b に対して単調に増加するので，この τ_b は過小である．つぎに τ_b = 1200 K を第 3 欄のように試してみる． 今度は正になった．付表 8 はこの温度の近辺で 100 K 間隔になっているので，これ以上試してみることはできないから，内挿して

$$\tau_b = 1158 \text{ K} \tag{h}$$

と断熱燃焼温度を決定する．不活性な窒素や余分な酸素が生成物の温度を引き下げていることに注意せよ．

式(4.100)により，反応前後で体積は一定であり，物質量が変化しないので，圧力は温度に比例する．

$$p_b = \frac{\tau_b}{\tau_a} p_a = \frac{\tau_b}{\tau^\circ} p^\circ = \frac{1158}{298.15} \times 0.1 = 0.3884 \text{ MPa} \tag{i}$$

なお，燃焼生成物質中の H_2O を気体であると仮定しているが，そうした場合の水蒸気の分圧 p_4 は

$$\begin{aligned} p_{4,b} &= y_{4,b} p_b = 0.0510 \times 0.3884 \\ &= 0.0198 \text{ MPa} \approx 20 \text{ kPa} \end{aligned} \tag{j}$$

である．20 kPa の H_2O の飽和温度は 60°C ≈ 330 K であり，これは τ_b より十分に低く，燃焼生成物質中で H_2O が凝縮することはない．

(2)　式(4.62)において$\Xi \to U$，$\xi \to u$のように対応させた式で直接内部エネルギーの差を計算するのであるが，それを現在の問題に対して特殊化するために，まず式(4.70)を適用し，理想気体の内部エネルギーが温度のみの関数であることを考慮し，表3.1を使う．

$$\begin{aligned} U_b - U_a &= U(\tau_b, \boldsymbol{N}_b) - U(\tau_a, \boldsymbol{N}_a) \\ &= \sum_{i=1}^{r} N_{i,b} u_{\bullet i}^{IG}(\tau_b) - \sum_{i=1}^{r} N_{i,a} u_{\bullet i}^{IG}(\tau_a) \end{aligned} \tag{4.107}$$

この式の右辺にエンタルピー表を使うために$u_{\bullet i}^{IG}(\tau) = h_{\bullet i}^{IG}(\tau) - R\tau$を代入する．

$$\begin{aligned} U_b - U_a = &\sum_{i=1}^{r} N_{i,b} h_{\bullet i}^{IG}(\tau_b) - \sum_{i=1}^{r} N_{i,a} h_{\bullet i}^{IG}(\tau_a) \\ &- R(N_b \tau_b - N_a \tau_a) \end{aligned} \tag{4.108}$$

ちなみに，上式第2行の項がエンタルピー表現に移ったために現れた項であり，この行を削除すれば，左辺は$U_b - U_a$ではなくて，$H_b - H_a$になる．

本題に帰り，式(4.108)，(c)および表4.11により，式(4.101)を[MJ]基準で書くと

$$\begin{aligned} &6h_{\bullet O_2}^{IG}(\tau_b) + 30.184 h_{\bullet N_2}^{IG}(\tau_b) + h_{\bullet CO_2}^{IG}(\tau_b) + 2h_{\bullet H_2O}^{IG}(\tau_b) \\ &- h_{\bullet CH_4}^{IG}(\tau_a) - 8h_{\bullet O_2}^{IG}(\tau_a) - 30.184 h_{\bullet N_2}^{IG}(\tau_a) \\ &- 39.184 \times 0.008314510(\tau_b - \tau_a) = 0 \end{aligned} \tag{k}$$

となる．ただし，上式の$h_{\bullet O_2}^{IG}(\tau_b)$, $h_{\bullet N_2}^{IG}(\tau_b)$, ...などは，付表8の$h$である．後は数値的に解く．

(1)と同じ答えになるはずであるから，まず$\tau_b = 1100$ Kを表**4.13**の第2欄のように試してみる．式(4.106)と(4.108)の左辺を比較してみればわかることであるが，式(k)の残

表4.13　[例題4.8]（2）数値解法

式(g)の左辺の項	$\tau_b = 1100$ K		$\tau_b = 1200$ K	
$6h_{O2}(\tau_b)$	6×26.21 =	157.26	6×29.76=	178.56
$30.184h_{N2}(\tau_b)$	30.184×24.76=	747.36	30.184×28.11=	848.47
$h_{CO2}(\tau_b)$		-354.64		-349.05
$2h_{H2O}(\tau_b)$	2×(-211.64) =	-423.28	2×(-207.32) =	-414.64
$-h_{CH4}(\tau_a)$	-(-74.87)=	74.87		74.87
$-8h_{O2}(\tau_a)$*	0		0	
$-30.184h_{N2}(\tau_a)$*	0		0	
$-39.184\times0.008314510\times(\tau_b - \tau_a) = -0.32580\times(\tau_b - \tau_a)$		-261.24		-293. 82
Σ		-59.67**		44.39***

* この問題では$\tau_a = \tau^\circ$であるから，この物質は標準状態における要素物質．
**-59.67/39.184=-1.52　これは表4.12の*の数値に一致すべきである．
***44.39/39.184=1.13　これは表4.12の**の数値に一致すべきである．

差は式(g)の残差× N_a になっているはずである．これが表の下辺に検算してある．つぎに，同様にして τ_b = 1200 K を第 3 欄のように試してみる．再び，表の下辺に検算してあるように表 4.12 の結果とよく対応している．

したがって，内挿するまでもなく断熱燃焼温度やその際の圧力は(1)の場合と同じである．同じになることを確かめる問題である．

[考察] (1)の解法では，標準反応エンタルピー Δh^{rxn*} と標準条件に相対的なエンタルピーを使って，式(4.106)を導き，それをゼロにする温度を求めた．一方(2)の解法では，反応エンタルピーとか相対的なエンタルピーを使うことなく，原始的な式(4.108)そのものの左辺をゼロにするような温度を求めた．(1)の解法の方が理解しやすいかもしれないが，(2)の解法の方が，式も計算の手数も簡単である．付表 8 の各 h は，標準条件 $(\tau°, p°)$ のところで，そこでの標準生成エンタルピー Δh_i^{fxn*} に等しくなるように嵩上げしてあるので，異なる化学種が存在する系においても，あたかも絶対的な意味をもつかのように使うことができる．また，この嵩上げ高の Δh_i^{fxn*} を $\sum_{i=1}^{r} \nu_i\times$ により総和したものが式(f)の Δh^{rxn*} である． ■

4.2.2　定常流動系における断熱燃焼温度

定常流動系の場合の問題の設定は次のようになる．すなわち，図 4.2(b)の反応系を特殊化し，断熱された反応室において，外部との仕事相互作用することなく完全燃焼するものとして，断熱燃焼温度を求める．すなわち，入り口の反応物質の温度と圧力を (τ_a, p_a)，完全燃焼した後の，出口の生成物質の温度と圧力を (τ_b, p_b) とする．定義により τ_b が断熱燃焼温度であり，式(4.56)を特殊化した

$$\dot{H}_b - \dot{H}_a = 0 \tag{4.109}$$

により τ_b を決定することができる．以下例題により説明しよう．

[例題 4.9] 入り口における反応物質状態は，[例題 4.8]の反応前の状態と同じであるとする．つまり，標準条件において，燃料のメタン CH_4 が，空気比 4 に相当する乾き空気を同伴して流入する．反応物質と生成物質の両方を理想気体混合物として，断熱燃焼温度を[例題 4.8](2)の方法で求めよ．

[解答] 反応式や式(4.23)形式の物質量の収支は[例題 4.8]の場合と同じであり，表 4.11 におけるすべての N を $\dot{N}$ に置き換えてそのまま使うことができる．

式(4.62)において $\Xi \rightarrow \dot{H} = \dot{N}h$ および $\xi \rightarrow h$ のように対応させた式でエンタルピー流の差を計算するのであるが，現在の問題に対して特殊化するために，まず式(4.70)を適用し，理想気体および理想気体混合物のエンタルピーが温度のみの関数であることを考慮し，表 3.1

を使う.

$$\dot{H}_b - \dot{H}_a = \dot{N}_b\, h(\tau_b, \boldsymbol{y}_b) - \dot{N}_a\, h(\tau_a, \boldsymbol{y}_a) = \sum_{i=1}^{r} \dot{N}_{i,b}\, h_{\bullet i}^{IG}(\tau_b) - \sum_{i=1}^{r} \dot{N}_{i,a}\, h_{\bullet i}^{IG}(\tau_a) \tag{4.110}$$

この式を，閉じた系に対して[例題 4.8]で導いた式(4.108)と比較する．本質的な差は $-R(N_b\tau_b - N_a\tau_a)$ のような項の有無のみである．

[例題 4.8]の式(1)に相当する式を，式(4.109)，(4.110)および表 4.11 により[MJ]基準で書くと

$$6h_{\bullet O_2}^{IG}(\tau_b) + 30.184h_{\bullet N_2}^{IG}(\tau_b) + h_{\bullet CO_2}^{IG}(\tau_b) + 2h_{\bullet H_2O}^{IG}(\tau_b) - h_{\bullet CH_4}^{IG}(\tau_a) - 8h_{\bullet O_2}^{IG}(\tau_a) - 30.184h_{\bullet N_2}^{IG}(\tau_a) = 0 \tag{a}$$

となる．後は数値的に解く．

まず τ_b = 1000 K を表 **4.14** の第 2 欄のように試してみる．この温度は過大であるから，つぎに τ_b = 900 K を第 3 欄のように試してみる．今度は負になった．付表 8 はこの温度の近辺で 100 K 間隔になっているので，これ以上試してみることはできないから，内挿して

$$\tau_b = 949.2\ \text{K} \tag{b}$$

と断熱燃焼温度を決定する．これは閉じた系に対する[例題 4.8]の答えより 1158-949=209 K だけ低い．

理想気体のエンタルピーが温度のみの関数であることにより，求めた断熱燃焼温度は出口の生成物質の圧力 p_b にはよらない．

[考察] 閉じた系と定常流動系に対する類似な問題の，[例題 4.8]とこの例題の答えを比較してみると，閉じた系の断熱燃焼温度の方が高くなっている．この大小関係について考えてみよう．

表 4.14　[例題 4.9] 数値解法

式(g)の左辺の項	τ_b = 1000 K		τ_b = 900 K	
$6h_{O_2}(\tau_b)$	6×22.70=	136.20	6×19.24 =	115.44
$30.184h_{N_2}(\tau_b)$	30.184×21.46=	647.75	30.184×18.22=	549.95
$h_{CO_2}(\tau_b)$		-360.12		-365.49
$2h_{H_2O}(\tau_b)$	2×(-215.83) =	-431.66	2×(-219.89) =	-439.78
$-h_{CH_4}(\tau_a)$		74.87	-(-74.87)=	74.87
$-8h_{O_2}(\tau_a)$*	0		0	
$-30.184h_{N_2}(\tau_a)$*	0		0	
Σ		67.04		-65.01

＊ この問題では $\tau_a = \tau^\circ$ であるから，この物質は標準状態における要素物質

閉じた系の場合には，式(4.108)の右辺をゼロとして得られる

$$\sum_{i=1}^{r} N_{i,b} h_{\bullet i}^{IG}(\tau_b) - \sum_{i=1}^{r} N_{i,a} h_{\bullet i}^{IG}(\tau_a) = R(N_b \tau_b - N_a \tau_a) \tag{c}$$

を満足するτ_bを求めており，定常流動系の場合には，式(4.110)の右辺をゼロとして得られる

$$\sum_{i=1}^{r} \dot{N}_{i,b}\, h_{\bullet i}^{IG}(\tau_b) - \sum_{i=1}^{r} \dot{N}_{i,a}\, h_{\bullet i}^{IG}(\tau_a) = 0 \tag{d}$$

を満足するτ_bを求めている．式(c)の両辺をN_aで割り，式(d)の両辺を$\dot{N}_a$で割れば，それぞれ

$$(1 + \varsigma\nu)\sum_{i=1}^{r} y_{i,b} h_{\bullet i}^{IG}(\tau_b) - \sum_{i=1}^{r} y_{i,a} h_{\bullet i}^{IG}(\tau_a) = R[(1 + \varsigma\nu)\tau_b - \tau_a] \tag{e}$$

$$(1 + \varsigma\nu)\sum_{i=1}^{r} y_{i,b} h_{\bullet i}^{IG}(\tau_b) - \sum_{i=1}^{r} y_{i,a} h_{\bullet i}^{IG}(\tau_a) = 0 \tag{f}$$

となるから，これら二式の間の差は，式(e)の右辺にある項のみである．この項に含まれている$1 + \varsigma\nu$は，反応前後の物質量の比であり，いまの$\nu = 0$により 1 であったが，大抵の場合 1 に近い数である．したがって，$\tau_b \gg \tau_a$であるから，$R[(1 + \varsigma\nu)\tau_b - \tau_a] > 0$であるに違いない．ゆえに，式(e)と(f)の左辺はτ_bに対して増加関数であることにより，式(e)のτ_bの方が大きくなる． ■

4.3 化学平衡

化学反応は原子の結合状態の自発的変化をもたらし，変化は反応系の安定平衡状態，すなわち化学平衡が達成されるまで進行する．化学平衡の**平衡組成**(equilibrium composition)の決定方法と，平衡組成の温度・圧力依存性を学習する．

4.3.1 化学平衡の平衡規準

始め系内に，r 個の化学種が$\boldsymbol{N}_a\{N_{1,a}, N_{2,a}, N_{3,a}, \ldots, N_{r,a}\}$物質量だけあり，物質量比は$y_{i,a} = N_{i,a} / N_a$，$N_a = \sum_{i=1}^{r} N_{i,a}$であるものとする．この系が温度と圧力$(\tau, p)$において，反応式(R14)の t 個の反応をして化学平衡に到達して平衡組成の物質量比$\boldsymbol{y}_e$になる．平衡規準は式(1.191)の

$$\Delta g^{rxn,(j)} = \sum_{i=1}^{r} \nu_i^{(j)} \mu_i(\tau, p, \boldsymbol{y}_e) = 0 \qquad j=1,2,3,\ldots,t \tag{4.111)[1.191}$$

である．ただし，$\mu_i(\tau, p, \boldsymbol{y}_e)$は化学平衡における化学種"i"の化学ポテンシャル，$\nu_i^{(j)}$は反応式(R14)の量論係数，である．また，式(1.190)(表 1.4)によれば，j 番目の反応が

$d\varepsilon^{(j)}$ = 1 kmolだけ進行した際のGibbsエネルギーの増加が，上式の中辺の値になるから，これに上式左辺のように$\Delta g^{rxn,(j)}$の記号を与えた.

また，式(4.111)に到達した際の物質量比$\boldsymbol{y}_e\{y_{1,e}, y_{2,e}, y_{3,e}, ..., y_{r,e}\}$は，式(4.49)により始めの物質量$N_a$や物質量比$y_{i,a}$と

$$y_{i,e} = \frac{N_{i,e}}{N_e} = \frac{N_{i,a} + \sum_{j=1}^{t} \nu_i^{(j)} \varepsilon_e^{(j)}}{N_a + \sum_{j=1}^{t} \nu^{(j)} \varepsilon_e^{(j)}} \tag{4.112}$$

$$= \frac{y_{i,a} + \sum_{j=1}^{t} \nu_i^{(j)} \varsigma_e^{(j)}}{1 + \sum_{j=1}^{t} \nu^{(j)} \varsigma_e^{(j)}} \qquad i=1,2,3,...,r$$

$$\varsigma_e^{(j)} = \frac{\varepsilon_e^{(j)}}{N_a} \qquad j=1,2,3,...,t \tag{4.113}$$

のように関係している．ただし，$\nu^{(j)}$は(4.46)の"j"番目の反応式による物質量の増加，$\varepsilon_e^{(j)}$は化学平衡における"j"番目の反応式の反応座標，$\varsigma_e^{(j)}$は式(4.50)に対応する$\varepsilon_0^{(j)}$に対する反応進行度である.

上の式(4.111)に式(4.112)を代入すれば，式(4.111)は t 個の未知数$\varepsilon_e^{(j)}$あるいは $\varsigma_e^{(j)}$に対する t 個の方程式であるから，指定した$(\tau, p, \boldsymbol{y}_a)$ に対して$\mu_i(\tau, p, \boldsymbol{y}_e)$の関数形が既知であれば原理的には解ける．したがって，化学平衡における物質量は式(4.44)により

$$N_{i,e} - N_{i,a} = \sum_{j=1}^{t} \nu_i^{(j)} \varepsilon_e^{(j)} \qquad i=1,2,3,...,r \tag{4.114}$$

となる．いうまでもなく，このようにして求めた$\varepsilon_e^{(j)}$や$\varsigma_e^{(j)}$を式(4.112)に代入すれば，化学平衡における物質量比が決まる.

4.3.2 単一反応の平衡規準

前項の式(4.111)，(4.112)および(4.113)を，単一反応の反応式(R9)に適用すると

$$\Delta g^{rxn} = \sum_{i=1}^{r} \nu_i \mu_i(\tau, p, \boldsymbol{y}_e) = 0 \tag{4.115}$$

$$y_{i,e} = \frac{N_{i,e}}{N_e} = \frac{N_{i,a} + \nu_i \varepsilon_e}{N_a + \nu \varepsilon_e} = \frac{y_{i,a} + \nu_i \varsigma_e}{1 + \nu \varsigma_e} \qquad i=1,2,3,...,r \tag{4.116}$$

$$\varsigma_e = \frac{\varepsilon_e}{N_a} \tag{4.117}$$

のようになる．ただし，ν_i は反応式(R9)の量論係数，ν は式(4.18)の物質量増加である.

なお，式(1.185)によれば，反応式(R9)の反応が$d\varepsilon$ = 1 kmolだけ進行した際のGibbsエネルギーの増加が，式(4.115)の中辺の値になるから，これにΔg^{rxn}の記号を与えた.

[1] 標準圧力と関連づけた平衡規準　式(4.115)のままではε_eやς_eを計算することはできないので，まず化学ポテンシャルを

$$\mu_i(\tau,p,\boldsymbol{y}_e) = \left[\mu^{\circ}_{\bullet i}(\tau) + \mu_i(\tau,p,\boldsymbol{y}_e)\right] - \mu^{\circ}_{\bullet i}(\tau)$$

$$i = 1,2,3,\ldots,r \qquad (4.118)$$

のように書く．ただし$\mu^{\circ}_{\bullet i}(\tau)$は，温度が$\tau$，圧力が標準圧力$p^{\circ} = 0.1$ MPaの純粋な"i"の化学ポテンシャル，すなわちモルGibbsエネルギーである．また$\mu_i(\tau,p,\boldsymbol{y}_e) - \mu^{\circ}_{\bullet i}(\tau)$は，現実の状態の化学ポテンシャル$\mu_i(\tau,p,\boldsymbol{y}_e)$と，いま述べた$\mu^{\circ}_{\bullet i}(\tau)$の差である．

式(4.115)のΔg^{rxn}に式(4.118)を代入する．

$$\begin{aligned} 0 = \Delta g^{rxn} &= \sum_{i=1}^{r} \nu_i\left[\mu^{\circ}_{\bullet i} + \left(\mu_i - \mu^{\circ}_{\bullet i}\right)\right] \\ &= \sum_{i=1}^{r} \nu_i \mu^{\circ}_{\bullet i} + \sum_{i=1}^{r} \nu_i\left(\mu_i - \mu^{\circ}_{\bullet i}\right) \\ &= \Delta g^{rxn\circ}(\tau) + \sum_{i=1}^{r} \nu_i\left[\mu_i(\tau,p,\boldsymbol{y}_e) - \mu^{\circ}_{\bullet i}(\tau)\right] \end{aligned} \qquad (4.119)$$

ただし

$$\Delta g^{rxn\circ}(\tau) = \sum_{i=1}^{r} \nu_i \mu^{\circ}_{\bullet i}(\tau) = \sum_{i=1}^{r} \nu_i g^{\circ}_{\bullet i}(\tau) \qquad (4.120)$$

であるが，これを式（4.67）と比較してみれば，$\Delta g^{rxn\circ}(\tau)$が温度$\tau$における標準反応Gibbsエネルギーであることがわかる．

以上により，標準圧力と関連づけた平衡規準に到達する．

$$\sum_{i=1}^{r} \nu_i\left[\mu_i(\tau,p,\boldsymbol{y}_e) - \mu^{\circ}_{\bullet i}(\tau)\right] = -\Delta g^{rxn\circ}(\tau) \qquad (4.121)$$

反応式が指定されると，上式右辺は温度のみの関数であり，JANAF表やBarin表の温度τにおける標準生成Gibbsエネルギー$\Delta g^{fxn\circ}(\tau)$を使って，式(4.96)により求めることができる．

[2] フュガシティによる平衡規準　ついで，式(4.121)の左辺をフュガシティで表現する．式(3.143)を一定の温度τにおいて，p°の純粋状態から現実の状態まで積分する．

$$\mu_i(\tau,p,\boldsymbol{y}_e) - \mu^{\circ}_{\bullet i}(\tau) = R\tau \ln\left[\frac{\hat{\pi}_i(\tau,p,\boldsymbol{y}_e)}{\hat{\pi}_i(\tau,p^{\circ},y_i = 1)}\right]$$

$$= R\tau \ln\left[\frac{\hat{\pi}_i(\tau,p,\boldsymbol{y}_e)}{\pi^{\circ}_i(\tau)}\right] \qquad i = 1,2,3,\ldots,r \quad (4.122)$$

中辺にある$\hat{\pi}_i(\tau, p, y_i = 1)$は，純粋な"i"の$(\tau, p)$におけるフュガシティであり，右辺ではそれを$\pi_i^\circ(\tau)$と書いた.

以上で準備ができたので，式(4.122)を式(4.121)に代入し

$$-\Delta g^{rxn\circ}(\tau) = R\tau \sum \nu_i \ln \frac{\hat{\pi}_i(\tau, p, \boldsymbol{y}_e)}{\pi_i^\circ(\tau)} = R\tau \ln \prod_{i=1}^{r} \left[\frac{\hat{\pi}_i(\tau, p, \boldsymbol{y}_e)}{\pi_i^\circ(\tau)} \right]^{\nu_i} \qquad (4.123)$$

としておいて，少し組み替える.

$$\prod_{i=1}^{r} \left[\frac{\hat{\pi}_i(\tau, p, \boldsymbol{y}_e)}{\pi_i^\circ(\tau)} \right]^{\nu_i} = K^{rxn\circ}(\tau) \qquad (4.124)$$

$$K^{rxn\circ}(\tau) = \exp\left[-\frac{\Delta g^{rxn\circ}(\tau)}{R\tau} \right] \qquad (4.125)$$

式(4.124)が一般的な平衡規準であり，**質量作用の法則**(law of mass action)ともいう.また，$K^{rxn^\circ}(\tau)$を**温度τにおける標準平衡定数**(standard equilibrium constant at τ)という．特に，$K^{rxn^\circ}(\tau)$の標準温度τ°における値$K^{rxn^\circ}(\tau^\circ)$を**標準平衡定数**(standard equilibrium constant)といい，本書ではK^{rxn*}と書く.

[3] 平衡定数　平衡定数の値は量論式の書き方に依存している．いずれの辺の物質を反応物質とし，他方を生成物質とするかは任意である．見方を逆にすると，すなわち反応物質と生成物質を入れ換えると，$\Delta g^{fxn}(\tau)$の符号が反転するので，平衡定数の値は入れ換える前の逆数になる．また，平衡定数の絶対値は大きい範囲にわたるので，数表や図では対数の値が示されることが多いのであるが，反応物質と生成物質を入れ換えにより，平衡定数の値が逆数になると平衡定数の対数の値の符号は反転する．また，一組の量論係数ν_iのすべてを定数倍した$c\nu_i$の組も等価な量論係数の組であるが，この新しい量論係数の組に対する平衡定数は，元の値のc乗になり，平衡定数の対数は元の値のc倍になる.

JANAF 表や Barin 表の温度τにおける標準生成 Gibbs エネルギー$\Delta g^{fxn^\circ}(\tau)$から，式(4.96)により温度$\tau$における標準反応Gibbsエネルギー$\Delta g^{rxn^\circ}(\tau)$を求め，ついで式(4.125)により温度$\tau$における標準平衡定数$K^{rxn^\circ}(\tau)$を求めることもできる．また，つぎの[例題 4.10]の(2)ようにして，JANAF 表や Barin 表に出ている温度τにおける生成反応の標準平衡定数$K^{fxn^\circ}(\tau)$から，温度τにおける標準平衡定数を導くこともできる.

［例題4.10］**(1)**　Gibbs-Helmholtzの関係式(1.149)の一つは，純粋物質に対して

$$h_{\bullet i} = -\tau^2\left[\frac{\partial(g_{\bullet i}/\tau)}{\partial\tau}\right]_p \tag{a}$$

となる．これを式(4.125)に適用して，温度τにおける標準平衡定数の温度変化の式を導け．

(2)　任意の反応式(R9)を考える．この反応の反応関与物質A_iを生成する生成反応の，温度τにおける生成反応の標準平衡定数

$$K_i^{fxn\circ}(\tau) = \exp\left[-\frac{\Delta g_i^{fxn\circ}(\tau)}{R\tau}\right] \tag{4.126}$$

が与えられているものとする．これを使って，反応式(R9)の温度τにおける標準平衡定数を求めよ．

(3)　600 Kにおけるメタンの生成反応(R20)の標準平衡定数は，JANAF表によれば

$$\log_{10} K_{CH_4}^{fxn\circ}(600\ K) = 1.993 - \tag{b}$$

である．表4.10のメタンの$\Delta g_{CH_4}^{fxn\circ}(600\ K)$から計算される標準平衡定数と比較せよ．

［解答］**(1)**　式(4.125)の自然対数をとっておき，それに式(4.120)を代入して次式を導く．

$$\begin{aligned}\ln K^{rxn\circ}(\tau) &= -\frac{\Delta g^{rxn\circ}(\tau)}{R\tau}\\ &= -\frac{\sum_{i=1}^{r}\nu_i g_{\bullet i}^{\circ}}{R\tau} = -\frac{1}{R}\sum_{i=1}^{r}\nu_i\left(\frac{g_{\bullet i}^{\circ}}{\tau}\right)\end{aligned} \tag{c}$$

さらに，これの両辺をτで微分して式(a)を使うと

$$\begin{aligned}\frac{d\left[\ln K^{rxn\circ}(\tau)\right]}{d\tau} &= -\frac{1}{R}\sum_{i=1}^{r}\nu_i\left[\frac{d(g_{\bullet i}^{\circ}/\tau)}{d\tau}\right]\\ &= \frac{1}{R\tau^2}\sum_{i=1}^{r}\nu_i h_{\bullet i}^{\circ} = \frac{\Delta h^{rxn\circ}(\tau)}{R\tau^2}\end{aligned} \tag{4.127}$$

あるいは次式になる．

$$\frac{d\left[\ln K^{rxn\circ}(\tau)\right]}{d(1/\tau)} = -\frac{\Delta h^{rxn\circ}(\tau)}{R} \tag{4.128}$$

$$\Delta h^{rxn\circ}(\tau) = \sum_{i=1}^{r}\nu_i h_{\bullet i}^{\circ}(\tau) \tag{4.129}$$

式(4.127)や(4.128)を**van't Hoffの式**(van't Hoff relation)という．また，$\Delta h^{rxn\circ}(\tau)$は温度$\tau$における標準反応エンタルピーであり，$\Delta h^{rxn\circ}(\tau) < 0$ のとき**発熱反応**

(exothermic reaction), $\Delta h^{rxn\circ}(\tau) > 0$ のとき**吸熱反応**(endothermic reaction) という. $\Delta h^{rxn\circ}(\tau)$は温度の弱い関数であるから, 通常一つの反応は全温度範囲で発熱反応であるか吸熱反応であるかのいずれかである. 反応物質と生成物質の温度と圧力を同一にするためには, 発熱反応では系から除熱し, 吸熱反応では熱を供給する.

式(4.127)により発熱反応に対しては, $\ln K^{rxn\circ}(\tau)$はτの減少関数, 吸熱反応では増加関数である. また, 図4.4のように$\ln K^{rxn\circ}(\tau)$を$1/\tau$ に対してプロットすると, 式(4.128)により勾配は$-\Delta h^{rxn\circ}(\tau)/R$ である. 図により勾配は$1/\tau$ に対してほとんど変化しないので, 温度τにおける標準反応エンタルピーは温度の弱い関数であることがわかる. なお$\Delta h^{rxn\circ}(\tau)$が定数であれば, 後出の式(4.135)は近似的にではなく, 正確に成り立つ.

(2) $\xi \to g$とした式(4.96)を式(4.125)に代入する.

$$K^{rxn\circ}(\tau) = \exp\left[-\frac{\Delta g^{rxn\circ}(\tau)}{R\tau}\right] = \exp\left[-\frac{\sum_{i=1}^{r} \nu_i \Delta g_i^{fxn\circ}(\tau)}{R\tau}\right]$$

$$= \left\{\exp\left[-\frac{\Delta g_1^{fxn\circ}(\tau)}{R\tau}\right]\right\}^{\nu_1} \times \left\{\exp\left[-\frac{\Delta g_2^{fxn\circ}(\tau)}{R\tau}\right]\right\}^{\nu_2} \times \ldots$$

$$= \left[K_1^{fxn\circ}(\tau)\right]^{\nu_1} \times \left[K_2^{fxn\circ}(\tau)\right]^{\nu_2} \times \left[K_3^{fxn\circ}(\tau)\right]^{\nu_3} \times \ldots \times \left[K_r^{fxn\circ}(\tau)\right]^{\nu_r} \qquad (4.130)$$

$$= \prod_{i=1}^{r} \left[K_i^{fxn\circ}(\tau)\right]^{\nu_i}$$

したがって, $\log_{10} K^{fxn\circ}(\tau)$, $\ln K^{fxn\circ}(\tau)$が与えられる場合には

$$\log_{10} K^{rxn\circ}(\tau) = \sum_{i=1}^{r} \nu_i \log_{10} K_i^{fxn\circ}(\tau) \qquad (4.131)$$

$$\ln K^{rxn\circ}(\tau) = \sum_{i=1}^{r} \nu_i \ln K_i^{fxn\circ}(\tau) \qquad (4.132)$$

のような, 量論係数との積和を計算する.

(3) 表4.10による

$$\Delta g_{CH_4}^{fxn\circ}(600\ \mathrm{K}) = -22.89\ \mathrm{MJ/kmol} \qquad (d)$$

を式(4.126)に代入する

$$K_{CH_4}^{fxn\circ}(600\ \mathrm{K}) = \exp\left[-\frac{-22.89}{0.008314510 \times 600}\right] = 98.33\ - \qquad (e)$$

$$\log_{10} K_{CH_4}^{fxn\circ}(600\ \mathrm{K}) = \log_{10} 98.33 = 1.993\ - \qquad (f)$$

表4.10もJANAF表の抜粋であるから, このように正確に一致する.

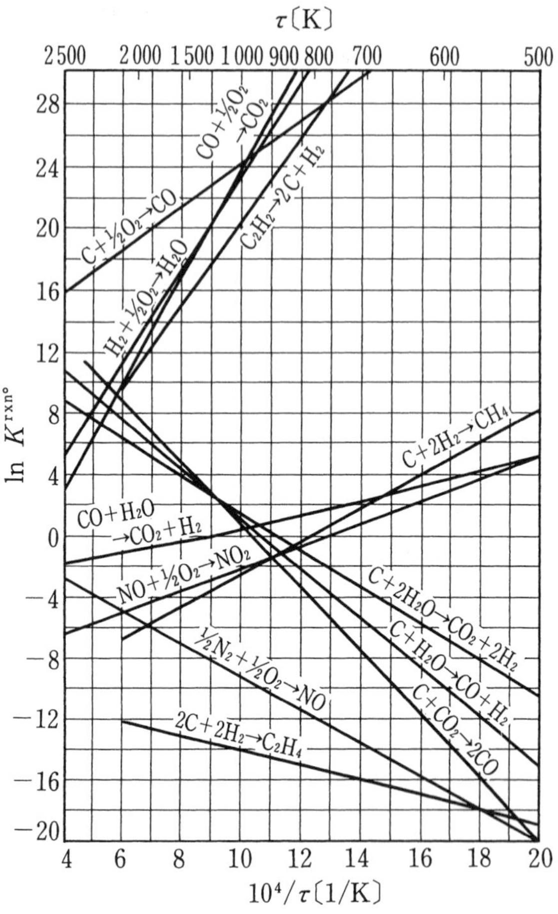

図 4.4　反応の平衡定数の自然対数

なお，$\ln 98.33 = 4.588$ - であるが，これは図 **4.4** の値とおおむね一致している．■

図4.4は $\ln K^{rxn\circ}(\tau)$ を $1/\tau$ に対してプロットしたものである．図から，$\ln K^{rxn\circ}(\tau)$ が $1/\tau$ に対してほとんど直線的変化すること，すなわち

$$\ln K^{rxn\circ}(\tau) \approx 1/\tau \text{ の一次関数} \tag{4.133}$$

であることがわかる．つぎに，このことを利用して，平衡定数の近似式を作成する方法を紹介しよう．

任意の反応式(R9)の各反応関与物質 A_i の生成反応の平衡定数 $K_i^{fxn\circ}(\tau)$ に対して

$$\ln K_i^{fxn\circ}(\tau) = a_i - \frac{b_i}{\tau} \qquad i = 1,2,3,\ldots,r \tag{4.134}$$

のような近似式を作成することができるものとする．これを式(4.132)に代入すれば

$$\ln K^{rxn\circ}(\tau) = \Delta a - \frac{\Delta b}{\tau} \tag{4.135}$$

$$K^{rxn\circ}(\tau) = \exp\left(\Delta a - \frac{\Delta b}{\tau}\right) \tag{4.136}$$

$$\Delta a = \sum_{i=1}^{r} \nu_i a_i \tag{4.137}$$

$$\Delta b = \sum_{i=1}^{r} \nu_i b_i \tag{4.138}$$

a_i および b_i の例を付表 11 に示す．A_i の組の内で A_j が要素物質であるならば，要素物質の生成反応においては(4.83)により $\Delta g_j^{fxn\circ}(\tau) \equiv 0$ であるから，式(4.125)により $K_j^{fxn\circ}(\tau) \equiv 1$ となる．この場合には $\ln K_j^{fxn\circ}(\tau) \equiv 0$ となるから，$a_j = 0$ および $b_j = 0$ である．

[例題 4.11] (1)　付表 11 を使って，一酸化窒素の生成反応(R10)に対して，温度 τ における標準平衡定数の式を導き，500 および 2500K における値を求めよ．

(2)　付表 8 を使って，上の二つの標準平衡定数を求めて比較せよ．

また，図 4.4 とも比較せよ．

[解答] (1)　付表 11 を使って式(4.137)と(4.138)を表 **4.15** のように計算する．なお，N_2(g)と O_2(g)は要素物質である．

表 4.15　NO 生成反応の標準平衡定数の計算式

A_i	i	ν_i [-]	a_i [-]	b_i [K]	$\nu_i a_i$ [-]	$\nu_i b_i$ [K]
N_2(g)	1	-1/2	0	0	0	0
O_2(g)	2	-1/2	0	0	0	0
NO(g)	3	1	1.504	10863	1.504	10863
$\sum_i$					Δa =1.504	Δb =10863

表 4.16　NO 生成反応の標準平衡定数

τ [K]	(1) $K_{NO}^{fxn\circ}(\tau)$	(1) $\ln K_{NO}^{fxn\circ}(\tau)$	(2) $K_{NO}^{fxn\circ}(\tau)$	(2) $\ln K_{NO}^{fxn\circ}(\tau)$
500	1.6508×10^{-9}	-20.222	1.6620×10^{-9}	-20.215
2500	0.058356	-2.8412	0.05931	-2.8249

式(4.136)により

$$K_{\mathrm{NO}}^{fxn\circ}(\tau) = \exp\left(1.504 - \frac{10863}{\tau}\right) \tag{a}$$

となるから，指定された温度における標準平衡定数を表 **4.16** の(1)欄のように計算することができる．

(2) 付表 8 により $\Delta g_{\mathrm{NO}}^{fxn\circ}(500\ \mathrm{K}) = 84.08\ \mathrm{MJ/kmol}$ および $\Delta g_{\mathrm{NO}}^{fxn\circ}(2500\mathrm{K}) = 58.72\mathrm{MJ/Kmol}$ である．これらを式(4.125)に代入して計算すれば表 4.16 の(2)欄のようになる．(1)の答えや図 4.4 の値ともよく一致している． ■

[4] 平衡規準のさまざまな表現 式(4.124)の左辺はフュガシティで表現してあるが，問題に応じてさまざまな表現が可能である．ここで，それらをまとめて検討しておこう．

a． 活量による表現 式(3.201)の活量 $\hat{a}_i$ は，混合物と同じ温度と圧力における純粋な成分を基準にして定義されている．混合物と同じ温度と標準圧力における純粋な成分を基準にした，別の活量 $\hat{a}_{\circ i}$

$$\begin{aligned}\hat{a}_{\circ i}(\tau, p, \boldsymbol{y}) &= \frac{\hat{\pi}_i(\tau, p, \boldsymbol{y})}{\pi_i(\tau, p^\circ)} \\ &= \frac{\hat{\pi}_i(\tau, p, \boldsymbol{y})}{\pi_i^\circ(\tau)} = \frac{\pi_i(\tau, p)}{\pi_i(\tau, p^\circ)}\hat{a}_i(\tau, p, \boldsymbol{y})\end{aligned} \qquad i = 1,2,3, \ldots, r \tag{4.139}$$

を導入する．この活量を式(4.124)の左辺に代入する．

$$\prod_{i=1}^{r} \hat{a}_{\circ i}(\tau, p, \boldsymbol{y}_e)^{\nu_i} = K^{rxn\circ}(\tau) \tag{4.140}$$

b． フュガシティ係数による表現 式(3.137)により $\hat{\pi}_i = y_i p \hat{\phi}_i$ であり，式(2.102)により $\pi_i^\circ = p^\circ \phi_i^\circ$ である．これらを(4.124)の左辺に代入する．

$$\begin{aligned}&\prod_{i=1}^{r} y_{i,e}^{\nu_i} \prod_{i=1}^{r}\left(\frac{\hat{\phi}_{i,e}}{\phi_i^\circ}\right)^{\nu_i} \\ &= \prod_{i=1}^{r}\left(\frac{y_{i,e}\hat{\phi}_{i,e}}{\phi_i^\circ}\right)^{\nu_i} = \left(\frac{p^\circ}{p}\right)^{\nu} K^{rxn\circ}(\tau)\end{aligned} \tag{4.141}$$

c． 理想気体に対する表現-圧力 理想気体混合物および理想気体に対して，それぞれ $\hat{\phi}_i = 1$ および $\phi_i = 1$ であるから，式(4.141)は

$$\prod_{i=1}^{r}\left(\frac{p_{i,e}}{p^\circ}\right)^{\nu_i} = K^{rxn\circ}(\tau) \tag{4.142}$$

となる．ただし，p_i は成分"i"の分圧である．

d． 理想気体に対する表現-物質量比　本質的には上式と同じであるが

$$\prod_{i=1}^{r} y_{i,e}^{\nu_i} = \left(\frac{p^\circ}{p}\right)^{\nu} K^{rxn\circ}(\tau) \tag{4.143}$$

のように書くこともできる．

[例題 4.12]　水性ガスシフト反応

$$CO(g) + H_2O(g) = CO_2(g) + H_2(g) \tag{R24}$$

が次の条件で平衡する．反応系を理想気体混合物として，物質量比を決定せよ．

(1)　初期混合物は一酸化炭素と水蒸気の各 1kmol．τ=1100 K，p=0.1 MPa．これを基準に考える．

(2)　p=1 MPa 以外は(1)と同じ．圧力を 10 倍にした．

(3)　初期混合物に窒素 N_2(g)を 1kmol 追加する以外は(1)と同じ．不活性気体を入れた．

(4)　初期混合物が 2kmol の一酸化炭素と 1kmol の水蒸気である以外は(1)と同じ．一酸化炭素を過剰にした．

(5)　初期混合物が 1kmol の一酸化炭素と 2kmol の水蒸気である以外は(1)と同じ．水蒸気を過剰にした．

(6)　初期混合物が二酸化炭素窒素 CO_2(g)を 1 kmol 含む以外は(1)と同じ．初期混合物が生成物質を含んでいる．

(7)　τ = 1600 K 以外は(1)と同じ．温度を上げた．

[解答]　付表 8 により標準平衡定数を，**表 4.17** のように計算する．なお，H_2(g)は要素物質である．

(1) 計算の経過を**表 4.18** に示す．第 5 欄の $y_{i,a}$ までは説明は不要であろう．式(4.116)において ν = 0 として，第 6 欄の $y_{i,e}$ を求める．式(4.143)において p° / p = 1 とし，表を見ながら Π の項を展開し，平衡定数も代入する．

$$\frac{\varsigma_e^2}{(0.5 - \varsigma_e)^2} = 0.9880 \tag{a}$$

この式は代数的に解ける．

$$\varsigma_e = 0.2492 - \tag{b}$$

表 4.17　水性ガスシフト反応の平衡定数を反応 Gibbs エネルギーから求める

A_i	i	ν_i	τ = 1100 K		τ = 1600 K	
			$\Delta g_i^{fxn\circ}$ [MJ/kmol]	$\nu_i\Delta g_i^{fxn\circ}$ [MJ/kmol]	$\Delta g_i^{fxn\circ}$ [MJ/kmol]	$\nu_i\Delta g_i^{fxn\circ}$ [MJ/kmol]
CO(g)	1	-1	-209.08	209.08	-252.28	252.28
H_2O(g)	2	-1	-187.03	187.03	-158.64	158.64
CO_2(g)	3	1	-396.00	-396.00	-396.32	-396.32
H_2(g)	4	1	0	0	0	0
$\sum_i$				$\Delta g^{rxn\circ}$=0.11		$\Delta g^{rxn\circ}$=14.60
				$K^{rxn\circ}$=0.9880		$K^{rxn\circ}$=0.3337
				$\ln K^{rxn\circ}$=-0.01207		$\ln K^{rxn\circ}$=-1.098

表 4.18　[例題 4.12] (1) 基準の条件

A_i	i	ν_i	$N_{i,a}$ [kmol]	$y_{i,a}$ [-]	$y_{i,e}$ [-]	ς_e=0.2492 $y_{i,e}$ [-]	$N_{i,e}$ [kmol]
CO	1	-1	1	0.5	$0.5-\varsigma_e$	0.2508	0.5016
H_2O	2	-1	1	0.5	$0.5-\varsigma_e$	0.2508	0.5016
CO_2	3	1	0	0	ς_e	0.2492	0.4984
H_2	4	1	0	0	ς_e	0.2492	0.4984
$\sum_i$		ν =0	N_a =2	1	1	1	N_e =2

これを使って表の最後の二つの欄を計算する．最後の欄を計算する際には，$\nu = 0$ により $N_e = N_a$ であることに注意する．

(2)　式(4.143)の右辺の分数因子が，$p^\circ / p = 0.1$ のように元の 1/10 になるが，この因子に対する指数 ν が 0 であるから，平衡基準は式(a)と同じになり，答も(1)と同じ．

(3)　窒素は不活性であるが，反応関与物質を希釈する．N_a は 2 から 4 になるので，(1)で与えた反応関与物質の物質量比は 1/2 になる．不活性の N_2 の量論係数は 0 であるから，$\nu = 0$ に変わりはなく，$N_e = N_a$ である．式(4.23)形式の物質量収支を書くと

$$CO(g) + H_2O(g) + 2N_2(g) = CO_2(g) + H_2(g) + 2N_2(g) \qquad \text{(c)}$$

のようになる．

計算の経過を表 **4.19** に示す．式(4.116)により第 6 欄の $y_{i,e}$ が(1)の場合とは異なることに注意せよ．平衡規準の式を書くと

$$\frac{\varsigma_e^2}{(0.25 - \varsigma_e)^2} = \frac{(2\varsigma_e)^2}{(0.5 - 2\varsigma_e)^2} = 0.9880 \qquad \text{(d)}$$

表 4.19 [例題 4.12] (3) 不活性の N_2 を添加した

						ς_e=0.1246	
A_i	i	ν_i	$N_{i,a}$ [kmol]	$y_{i,a}$ [-]	$y_{i,e}$ [-]	$y_{i,e}$ [-]	$N_{i,e}$ [kmol]
CO	1	-1	1	0.25	$0.25-\varsigma_e$	0.1254	0.5016
H_2O	2	-1	1	0.25	$0.25-\varsigma_e$	0.1254	0.5016
CO_2	3	1	0	0	ς_e	0.1246	0.4984
H_2	4	1	0	0	ς_e	0.1246	0.4984
H_2	5	0	2	0.5	0.5	0.5	2
$\sum_i$		$\nu=0$	$N_a=4$	1	1	1	$N_e=4$

表 4.20 [例題 4.12] (4) 反応物質が過剰

						ς_e=0.2216	
A_i	i	ν_i	$N_{i,a}$ [kmol]	$y_{i,a}$ [-]	$y_{i,e}$ [-]	$y_{i,e}$ [-]	$N_{i,e}$ [kmol]
CO	1	-1	2	2/3	$2/3-\varsigma_e$	0.4451	1.3353
H_2O	2	-1	1	1/3	$1/3-\varsigma_e$	0.1117	0.3351
CO_2	3	1	0	0	ς_e	0.2216	0.6648
H_2	4	1	0	0	ς_e	0.2216	0.6648
$\sum_i$		$\nu=0$	$N_a=3$	1	1	1	$N_e=3$

のようになるから，$2\varsigma_e$ が (1) の ς_e と同じ値になる．

$$\varsigma_e = 0.1246 - \tag{e}$$

表の最後の 2 欄のように，生成物質における N_2 以外のものの物質量比は (1) の 1/2 になるが，物質量そのものは同じである．

(4) **表 4.20** のようにして (1) と同様な計算を反復する．平衡規準の式は

$$\frac{\varsigma_e^2}{(2/3-\varsigma_e)(1/3-\varsigma_e)} = 0.9880 \tag{f}$$

となり，これも解ける．

$$\varsigma_e = 0.2216 - \tag{g}$$

表の最後の欄の $N_{3,e}$ と $N_{4,e}$ からわかるように，過剰な反応物質は生成物質を増加させる．

(5) (4) の CO と H_2O の役目が入れ換わったものである．表 4.20 の $N_{i,a}$ 以降の欄について，CO の行の数値と H_2O の行の数値を入れ換えたものが答えである．つまり，反応物質の CO を増やすことと，H_2O を増やすことは，生成物質を増やすという点では同じ効果をもたらす．

(6) (1) の $N_{3,a}$ を 0 から 1 kmol に変更して，**表 4.21** のように計算する．平衡規準の式は

表 4.21 ［例題 4.12］（6）生成物質を添加する

A_i	i	ν_i	$N_{i,a}$ [kmol]	$y_{i,a}$ [-]	$y_{i,e}$ [-]	ς_e=0.1105 $y_{i,e}$ [-]	$N_{i,e}$ [kmol]
CO	1	-1	1	1/3	$1/3-\varsigma_e$	0.2228	0.6684
H_2O	2	-1	1	1/3	$1/3-\varsigma_e$	0.2228	0.6684
CO_2	3	1	1	1/3	$1/3+\varsigma_e$	0.4438	1.3314
H_2	4	1	0	0	ς_e	0.1105	0.3315
$\sum_i$		$\nu=0$	$N_a=3$	1	1	0.9999	$N_e=2.9997$

表 4.22 ［例題 4.12］（7）反応温度を上げる

A_i	i	ν_i	ς_e=0.1831 $y_{i,e}$ [-]	$N_{i,e}$ [kmol]
CO	1	-1	0.3169	0.6338
H_2O	2	-1	0.3169	0.6338
CO_2	3	1	0.1831	0.3662
H_2	4	1	0.1831	0.3662
$\sum_i$		$\nu=0$	1	$N_e=2$

$$\frac{\varsigma_e(1/3+\varsigma_e)}{(1/3-\varsigma_e)^2} = \frac{3\varsigma_e(1+3\varsigma_e)}{(1-3\varsigma_e)^2} = 0.9880 \qquad \text{(h)}$$

となる．二次式の公式で解けて

$$\varsigma_e = 0.1105 - \qquad \text{(i)}$$

表 4.18 と表 4.21 の最後の欄の $N_{3,e}$ と $N_{4,e}$ を比較すると，反応式の生成物質を反応物質に添加すると，新たな生成が抑制されることがわかる．

(7) (1)の平衡定数を 0.3337-に変更する．(1)で作成した表 4.18 の $y_{i,e}$ の欄までは同じであるから，最後の二つの欄を表 **4.22** に示す．

平衡規準の式は

$$\frac{\varsigma_e^2}{(0.5-\varsigma_e)^2} = 0.3337 \qquad \text{(j)}$$

解いて

$$\varsigma_e = 0.1831 - \qquad \text{(k)}$$

(1)の答えと比較すると，平衡定数が小さくなり，生成物質の物質量が少なくなっている．■

[5] 断熱平衡燃焼温度 4.2 で学習した断熱燃焼は完全燃焼を仮定していたが，化学反応はたかだか化学平衡までしか進行しないので，完全燃焼に基づく断熱燃焼温度は仮想的な概念である.

ここでは，燃焼反応が化学平衡まで進行すると仮定した場合の断熱燃焼温度，すなわち断熱平衡燃焼温度について学習する.

断熱平衡燃焼温度を決定するには，4.2 で計算法を学習した断熱反応の熱収支の関係と，本節で学んだ平衡規準の関係を連立させる．例題で説明しよう.

[例題 4.13] 定常流動系において一酸化炭素 CO(g)を空気比 2 の乾き空気で断熱燃焼させる．反応物質と生成物質の両方を理想気体混合物として，生成物質の温度を次の二つの場合について求めよ．ただし，反応物質は標準条件で供給されるものとする.

(1) 完全燃焼する.

(2) 化学平衡まで反応する.

[解答] 反応式は[R12]である.

$$CO(g) + \frac{1}{2}O_2(g) = CO_2(g) \qquad \text{(a)[R12]}$$

(1) 式(4.23)形式の物質量の収支は

$$CO + 2\times\frac{1}{2}O_2 + 3.773\times 1N_2 = 0.5O_2 + 3.773N_2 + CO_2 \qquad \text{(b)}$$

であり，**表 4.23** のようになる．熱収支は

$$\begin{aligned} &0.5h^{IG}_{\bullet O2}(\tau_b) + 3.773h^{IG}_{\bullet N2}(\tau_b) + h^{IG}_{\bullet CO2}(\tau_b) \\ &- h^{IG}_{\bullet CO}(\tau_a) - h^{IG}_{\bullet O2}(\tau_a) - 3.773h^{IG}_{\bullet N2}(\tau_a) = 0 \end{aligned} \qquad \text{(c)}$$

である．ただし，τ_b が求める完全燃焼の断熱燃焼温度である.

計算の経過を**表 4.24** にまとめることにし，まず 1° τ_b=2000 K を試してみる．$h^{IG}_{\bullet i}$ には付表 8 の h を使う．式(c)の左辺は τ_b の増加関数であるから，2000 K は過小であるに違いない．2° つぎに，τ_b=2100 K を試してみる．これは過大である．しかし，数表の温度間隔が 100K であるから，これ以上試してみることはできないので，2000 K と 2100 K の間で補間すると

$$\tau_b = 2038 \text{ K} \qquad \text{(d)}$$

となる.

表 4.23 [例題 4.13] (1) 物質量

A_i	i	ν_i	$\dot{N}_{i,a}$ [kmol/s]	$\dot{N}_{i,b}$ [kmol/s]
CO	1	-1	1	0
O_2	2	-1/2	1	0.5
CO_2	3	1	0	1
N_2	4	0	3.773	3.773
$\sum_i$		ν =-1/2	$\dot{N}_a$ = 5.773	$\dot{N}_b$ = 5.273

表 4.24 [例題 4.9] (1) 断熱燃焼温度

式(c)の左辺	τ_b = 2000 K	τ_b = 2100 K
$0.5h_{O_2}(\tau_b)$	0.5×59.18= 29.59	0.5×62.96= 31.48
$3.773h_{N_2}(\tau_b)$	3.773×56.14= 211.82	3.773×59.74= 225.40
$h_{CO_2}(\tau_b)$	-302.08	-296.03
$-h_{CO}(\tau_a)$	-(-53.79)= 53.79	-(-50.15)= 50.15
$-h_{O_2}(\tau_a)$*	0	0
$-3.773h_{N_2}(\tau_a)$*	0	0
Σ	-6.88	-11.00

* この問題では$\tau_a = \tau^\circ$であるから，この物質は標準状態における要素物質

表 4.25 [例題 4.9] (2) 標準平衡定数の計算式

A_i	i	ν_i [-]	a_i [-]	b_i [K]	$\nu_i a_i$ [-]	$\nu_i b_i$ [K]
CO(g)	1	-1	10.098	-13808	-10.098	13808
O_2(g)	2	-1/2	0	0	0	0
CO_2(g)	3	1	-0.010	-47575	-0.010	-47575
$\sum_i$		-1/2			Δa =-10.108	Δb =-33767

(2) まず，付表 11 により表 **4.25** のように計算し，平衡定数の計算式を次式のように作成する．

$$K^{rxn\circ}(\tau) = \exp\left(-10.108 + \frac{33767}{\tau}\right) \tag{e}$$

ついで，式(4.23)形式の物質量の収支は

$$\begin{aligned} &CO + O_2 + 3.773N_2 \\ &= \left(1 - \dot{\varepsilon}\right)CO + \left(1 - \frac{1}{2}\dot{\varepsilon}\right)O_2 + 3.773N_2 + \dot{\varepsilon}\,CO_2 \end{aligned} \tag{f}$$

のようになる．ただし，$\dot{\varepsilon}$ は式(4.26)の反応座標である．

さらに，熱収支は次のようになる．

$$\begin{aligned} &\left(1 - \dot{\varepsilon}_e\right)h^{IG}_{\bullet CO}(\tau_e) + \left(1 - \frac{1}{2}\dot{\varepsilon}_e\right)h^{IG}_{\bullet O2}(\tau_e) \\ &\quad + 3.773h^{IG}_{\bullet N2}(\tau_e) + \dot{\varepsilon}_e\, h^{IG}_{\bullet CO2}(\tau_e) \\ &\quad - h^{IG}_{\bullet CO}(\tau_a) - h^{IG}_{\bullet O2}(\tau_a) - 3.773h^{IG}_{\bullet N2}(\tau_a) = 0 \end{aligned} \tag{g}$$

式(f)に対応する物質量の収支は表 **4.26** のようになり，式(g)に対応する熱収支は表 **4.27** のようになる．

平衡規準の式(4.14)を，式(e)と $p^\circ / p = 1$を考慮し，表 4.26 の第 6 欄の $y_{i,e}$ を見て次のように書く．

$$\begin{aligned} &\frac{\varsigma_e\left(1 - 0.5\varsigma_e\right)^{1/2}}{\left(0.1732 - \varsigma_e\right)\left(0.1732 - 0.5\varsigma_e\right)^{1/2}} \\ &\quad = \exp\left(-10.108 + \frac{33767}{\tau_e}\right) \end{aligned} \tag{h}$$

のように書く．ただし

$$\dot{\varepsilon}_e = \varsigma_e \dot{N}_a = 5.773\varsigma_e \tag{i}$$

である．後は数値的に解くより他はない．

1° (1)の完全燃焼の温度よりも τ_e は低いはずであるから，まず

$$\tau_e = 2000\ \mathrm{K} \tag{j}$$

を試してみる．式(e)により

$$K^{rxn\circ}(2000\ \mathrm{K}) = 876.12- \tag{k}$$

となるので，これを式(h)の右辺の値として，式(h)を解くと

表 4.26 [例題 4.13] (2) 断熱燃焼平衡における物質量と物質量比

A_i	i	ν_i	$\dot{N}_{i,a}$ [kmol/s]	$y_{i,a}$ [-]	$y_{i,e} = \dfrac{y_{i,a} + \varsigma_e \nu_i}{1 + \varsigma_e \nu}$ [-]	$\dot{N}_{i,e} = \dot{N}_{i,a} + \dot{\varepsilon}_e \nu_i$ [kmol/s]	$\varsigma_e = 0.1728$, $\dot{\varepsilon}_e = 0.9976$: $y_{i,e}$ [-]	$\dot{N}_{i,e}$ [kmol/s]
CO	1	-1	1	0.1732	$\dfrac{0.1732 - \varsigma_e}{1 - 0.5\varsigma_e}$	$1-\dot{\varepsilon}_e$	0.0004	0.002
O_2	2	-1/2	1	0.1732	$\dfrac{0.1732 - 0.5\varsigma_e}{1 - 0.5\varsigma_e}$	$1-0.5\dot{\varepsilon}_e$	0.0950	0.501
CO_2	3	1	0	0	$\dfrac{\varsigma_e}{1 - 0.5\varsigma_e}$	$\dot{\varepsilon}_e$	0.1891	0.998
N_2	3	0	3.773	0.6536	$\dfrac{0.6536}{1 - 0.5\varsigma_e}$	3.773	0.7154	3.773
$\sum_i$		$\nu = -1/2$	$\dot{N}_a = 5.773$	1	1	$\dot{N}_e = 5.773 - 0.5\dot{\varepsilon}$	0.9999	$\dot{N}_e = 5.274$

表 4.27 [例題 4.13] (2) 断熱燃焼平衡温度の数値解法

式(g)の左辺	$\tau_e = 2000$ K, $\dot{\varepsilon}_e = 0.9964$ kmol/s	$\tau_e = 1900$ K, $\dot{\varepsilon}_e = 0.9982$ kmol/s
$\left(1 - \dot{\varepsilon}_e\right) h_{CO}(\tau_e)$	(1-0.9964)×(-53.79) = -0.19	(1-0.9982)×(-57.40) = -0.10
$\left(1 - 0.5\dot{\varepsilon}_e\right) h_{O_2}(\tau_e)$	(1-0.5×0.9964)×59.18 = 29.70	(1-0.5×0.9982)×55.41 = 27.75
$3.773 h_{N_2}(\tau_e)$	3.773×56.14 = 211.82	3.773×52.55 = 198.27
$\dot{\varepsilon}\, h_{CO_2}(\tau_e)$	0.9964×(-302.09) = -301.00	0.9982×(-308.10)=-307.55
$-h_{CO}(\tau_a)$	-(-74.87) = 74.87	74.87
$-h_{O_2}(\tau_a)$*	0	0
$-3.773 h_{N_2}(\tau_a)$*	0	0
Σ	15.20 MJ/s	-6.79 MJ/s

* この問題では$\tau_a = \tau^\circ$であるから，この物質は標準状態における要素物質

$$\varsigma_e = 0.1726 \tag{l}$$

となる．これを式(i)に代入すれば

$$\dot{\varepsilon}_e = 0.9964\ \text{kmol/s} \tag{m}$$

である．式(j)の温度と，式(m)の反応座標を使って，熱収支を表 4.27 の第 2 欄のように計算する．残差は正になった．

2° 次は，同様にして 1900K を試みる．

$$\tau_e = 1900\ \text{K} \tag{n}$$

$$K^{rxn\circ}(1900\ \text{K}) = 2130.5- \tag{o}$$

$$\varsigma_e = 0.1729- \tag{p}$$

$$\dot{\varepsilon}_e = 0.9982\ \text{kmol/s} \tag{r}$$

熱収支は表 4.27 の第 3 欄のようになる．今度は残差が負になった．

3° 付表 8 が 100 K 間隔であるから，これ以上試すことはできないので内挿する．

$$\tau_e = 1931\ \text{K} \tag{s}$$

(1)の完全燃焼の断熱燃焼温度よりも 100 K 程度低い．ς_e もこの温度のところに内挿すると

$$\varsigma_e = 0.1728 \tag{t}$$

$$\dot{\varepsilon}_e = 0.9976\ \text{kmol/s} \tag{u}$$

となるから，これらの反応座標と反応進行度を使って，平衡組成とその際の物質量を表 4.26 の最後の 2 欄のように計算する． ■

[6] 反応進行度の温度･圧力変化　ここでは，化学平衡における反応進行度の温度･圧力変化の仕方を，もっとも簡単な理想気体に対する式 (4.143) を例に選んで検討しよう．

化学平衡における反応進行度 ς_e は反応座標 ε_e を介して量論係数 $\boldsymbol{\nu}$ に依存し，量論係数には定数倍因子の任意性がある．また，反応進行度は反応前の全物質量 N_a で無次元化した量であるから，反応進行度に深い物理的意味を持たせることはできない．しかしながら，特定の反応に限定して考えるならば，反応進行度が大きいことは生成物質の量が多くなることを意味するので，その反応の進行の度合いを示しているに違いない．

反応進行度の温度･圧力変化の議論に入る前に，$\boldsymbol{y}_e$ と ς_e の関係を検討しておこう．反応前の物質量 $\boldsymbol{N}_a$ は一定であるとして，ς に ς_e を代入した式(4.36)を ς_e で微分してみる．

$$\frac{dy_{i,e}}{d\varsigma_e} = \frac{\nu_i - \nu y_{1.a}}{\left(1 + \nu\varsigma_e\right)^2} \tag{4.144}$$

この関係は特に理想気体に限らず成り立つものであるが，この関係から，ⅰ)反応物質の"i"に対しては$\nu_i < 0$であるから，式(4.144) の右辺は負となる．したがって，ς_eとともに$y_{i,e}$は小さくなる．ⅱ)生成物質の"i"に対しては$\nu_i > 0$であるが，式(4.144) の右辺の値は定符号ではない．したがって，ς_eとともに$y_{i,e}$が必ずしも大きくなるとは言えない．ⅲ)反応物質に含まれなくて，すなわち$y_{i,a} = 0$であり，生成物質にだけ存在するような"i"に対しては，式(4.144) の右辺の値は正定符号であり，ς_eとともに$y_{i,e}$は大きくなる．

さて，本題のς_eの温度・圧力依存性を検討するために，式(4.143) の両辺を対数微分する．

$$F\left(\varsigma_e\right) d\varsigma_e = \frac{\Delta h^{rxn\circ}(\tau)}{R\tau^2} d\tau - \frac{\nu}{p} dp \tag{4.145}$$

ただし，上式右辺の第１項では van't Hoff の式(4.127)を使った．

また左辺の$F\left(\varsigma_e\right)$は，$\ln\Pi$の項に式(4.36)を代入して$\varsigma_e$で微分したものであり，かなり難しい計算の結果は

$$\begin{aligned} F\left(\varsigma_e\right) &= \frac{1}{1 + \varsigma_e\nu} \sum_{i=1}^{r} \frac{\nu_i\left(\nu_i - y_{i,a}\right)}{y_{i,a} + \varsigma_e\nu} \\ &= \frac{1}{1 + \varsigma_e\nu} \sum_{i=1}^{r} \nu_i\left(\frac{\nu_i}{y_{i,e}} - \nu\right) \\ &= \frac{1}{1 + \varsigma_e\nu} \sum_{i=1}^{r} \left(\frac{\nu_i}{\sqrt{y_{i,e}}} - \nu\sqrt{y_{i,e}}\right)^2 \end{aligned} \tag{4.146}$$

のようになる．式(4.35)により$1 + \varsigma_e\nu = N_e / N_a$であるから，$F\left(\varsigma_e\right)$は負にはなりえない．

式(4.145) によりς_eに対する温度･圧力効果を検討しよう．まず，温度効果については，式(4.145)で$dp = 0$としてみれば

(1)　$\Delta h^{rxn\circ} < 0$の発熱反応では，$\left(d\varsigma_e / d\tau\right)_p < 0$であり，温度とともに反応は抑制される．

(2)　$\Delta h^{rxn\circ} > 0$の発熱反応では，$\left(d\varsigma_e / d\tau\right)_p > 0$であり，温度とともに反応は促進される．

がわかる．また，圧力効果については，式(4.145)で$d\tau = 0$としてみれば，以下のことがわかる．

(1)　$\nu > 0$の物質量が増加する反応では，$(d\varsigma_e / dp)_\tau < 0$であり，圧力とともに反応は抑制される.

(2)　$\nu < 0$の物質量が減少する反応では，$(d\varsigma_e / dp)_\tau > 0$であり，圧力とともに反応は促進される.

これらを短く言い換えると，発熱反応は温度を下げると進行し，物質量が増加する反応は減圧すると進行する．さらに言い換えると反応系の温度や圧力の変化させるとき，反応はその変化を元に戻す方向に進行する．これは **Le Châtelier の法則**(Le Châtelier law)の一つの表現である．Le Châtelier の法則の一般的な表現は次のようなものである.

> 安定平衡状態にある系を，安定平衡状態から偏倚させようとすると，系を安定平衡状態に復帰させるような自発的変化が誘起される.

[例題 4.14]　[例題 4.12]の結果は Le Châtelier の法則に矛盾しないか.

[解答]　反応進行度 ς_e に対する温度効果については(1)と(7)の答えを比較し，圧力効果については(1)と(2)の答えを比較することになる.

温度効果:反応式(R24)に対する標準反応エンタルピーを計算する．表 4.17 の標準反応 Gibbs エネルギーの計算と同様にして，1100 K の標準反応エンタルピーを付表 8 により求める.

$$
\begin{aligned}
\Delta h^{rxn\circ}(1100\ \mathrm{K}) &= -\Delta h^{fxn\circ}_{\mathrm{CO}}(1100\ \mathrm{K}) - \Delta h^{fxn\circ}_{\mathrm{H_2O}}(1100\ \mathrm{K}) \\
&\quad + \Delta h^{fxn\circ}_{\mathrm{CO_2}}(1100\ \mathrm{K}) + \Delta h^{fxn\circ}_{\mathrm{H_2}}(1100\ \mathrm{K}) \\
&= -(-112.59) - (-248.46) + (-394.84) + 0 \\
&= -33.79\ \mathrm{MJ/kmol}
\end{aligned}
\tag{a}
$$

したがって，水性ガスシフト反応は発熱反応であり，温度の高い(7) の方の ς_e が小さく計算されたので，温度効果は合理的である.

圧力効果:反応式(R24)では物質量は変化しない．したがって，圧力効果は現れないはずであり，(1)と(2)の結果が等しくなっている.　■

[7]　不均質系の化学平衡

この章でこれまで学習した化学平衡を決定するすべての例題は，いわゆる均質状態の系，すなわち**均質系**(homogeneous system)に関するものであった．しかしながら，平衡規準のフュガシティによる表現式(4.124)，活量による表現式(4.140)，およびフュガシティ係数にによる表現式(4.141)などは，特に均質状態でなくても成り立つ一般式である．ここでは，これらの式のうちの一つであるフュガシティによる表現式(4.124)を選定し，不均質状態の系，すなわち不均質系(heterogeneous system)の化学平衡の計算法を，例題によって学習するが，その前にここで採用する計算法の考え方を説明しておく．

反応の一般式の一例として

$$\nu_1 A_1(s_1) + \nu_2 A_2(s_2) + \nu_3 A_3(g) + \nu_4 A_4(g) = 0 \tag{R25}$$

をとりあげよう．左辺の最初の二項は固体相が二つあることを意味するが，これは $\nu_1 A_1(l_1) + \nu_2 A_2(l_2) +, \ldots$ のように二つの液体相でも，$\nu_1 A_1(s) + \nu_2 A_2(l) +, \ldots$ のように一つの固体相と一つの液体相でもよい．本質的なことは固体や液体が存在しても，一つの化学種は一つの純粋物質の相を形成していると仮定していることである．また，上式においては，混合気体の相は二種類の気体成分からなるように書いてあるが，単成分であっても三成分以上であってもよい．

さて，式(R25)の反応に対して，式(4.124)を書けば

$$\left[\frac{\pi_1(\tau, p)}{\pi_1^\circ(\tau)}\right]^{\nu_1}\left[\frac{\pi_2(\tau, p)}{\pi_2^\circ(\tau)}\right]^{\nu_2}\left[\frac{\hat{\pi}_3(\tau, p)}{\pi_3^\circ(\tau)}\right]^{\nu_3}\left[\frac{\hat{\pi}_4(\tau, p)}{\pi_4^\circ(\tau)}\right]^{\nu_4} = K^{rxn\circ}(\tau) \tag{4.147}$$

のようになる．左辺の第 1 因子と第 2 因子が，固体か液体の純粋物質の相に対するものであり，仮定により純粋物質のフュガシティのみで書くことができる．ここで，第 1 因子と第 2 因子に対しては，式(2.116)の Poynting の圧力因子の関係を適用し，第 3 因子と第 4 因子に対しては理想気体混合物の関係，すなわち，$\hat{\pi}_i / \pi_i^\circ = p_i / p^\circ = y_i'(p / p^\circ)$を代入する．ただし，$p_i$ は平衡時の"i"気体成分の分圧であり，y_i' は気相中における"i"の物質量比である．

$$\exp\left(\nu_1 \int_{p^\circ, \tau}^{p, \tau} \frac{V_1}{R\tau}\, dp\right) \exp\left(\nu_2 \int_{p^\circ, \tau}^{p, \tau} \frac{V_2}{R\tau}\, dp\right) \times \left(y_{3,e}'\right)^{\nu_3} \left(y_{4,e}'\right)^{\nu_4} = \left(\frac{p^\circ}{p}\right)^{\nu_3 + \nu_4} K^{rxn\circ}(\tau) \tag{4.148}$$

ここで，左辺の第 1 因子と第 2 因子に対して理想定体積の近似をすれば

$$\exp\left[\frac{(\nu_1 V_1 - \nu_2 V_2)(p - p^\circ)}{R\tau}\right] \times \left(y_{3,e}'\right)^{\nu_3} \left(y_{4,e}'\right)^{\nu_4} = \left(\frac{p^\circ}{p}\right)^{\nu_3 + \nu_4} K^{rxn\circ}(\tau) \tag{4.149}$$

さらに近似を進めて，本来ほとんど1であるPoyntingの圧力因子形の因子を省略する．

$$\left(y'_{3,e}\right)^{\nu_3}\left(y'_{4,e}\right)^{\nu_4} = \left(\frac{p^\circ}{p}\right)^{\nu_3+\nu_4} K^{rxn\circ}(\tau) \tag{4.150}$$

[例題 4.15] 二酸化炭素 CO_2(g)は次の反応にしたがって，グラファイト C(s)で還元される．

C(グラファイト)+ CO_2(g) =2CO(g) (R26)

式(4.149)により，純粋な二酸化炭素が還元される比率を次の二つの場合に対して求めよ．ただし，グラファイトのモル体積は0.00534 m³/kmolで一定とせよ．

(1) 0.1 MPaで1000Kおよび1500K.

(2) 1 MPaで1000K.

[解答] C(s):1，CO_2:2，CO:3 と対応させて，式(4.149)の平衡規準をいまの場合について書けば

$$\exp\left[\frac{-v_1\left(p-p^\circ\right)}{R\tau}\right] \times \left(y'_{2,e}\right)^{-1}\left(y'_{3,e}\right)^{2} = \frac{p^\circ}{p} K^{rxn\circ}(\tau) \tag{a}$$

のようになる．ただし，y'_iは気相中の物質量比である．ついで，付表8を使って表**4.28**のように標準反応Gibbsエネルギーを求め，次式のように標準平衡定数を計算する．

$$K^{rxn\circ}(1000\ \mathrm{K}) = \exp\left(-\frac{-4670}{8.31451\times1000}\right) = 1.754- \tag{b}$$

$$K^{rxn\circ}(1500\ \mathrm{K}) = \exp\left(-\frac{-91190}{8.31451\times1500}\right) = 1498- \tag{c}$$

また，物質量の関係は表**4.29**のようになる．ただし，グラファイトは常に多量にあり，反応前に二酸化炭素は1kmolあったもののうち，εだけが反応するものとする．

(1) 全圧が標準圧力に等しく $p = p^\circ$ であり，式(a)のexpの項は1になる．したがって，平衡規準は次式のようになる．

$$\left(y'_{2,e}\right)^{-1}\left(y'_{3,e}\right)^{2} = K^{rxn\circ}(\tau) \tag{d}$$

上式に含まれる物質量比は表4.29に計算してあるから

$$K^{rxn\circ}(\tau) = \left(\frac{1-\varepsilon}{1+\varepsilon}\right)^{-1}\left(\frac{2\,\varepsilon}{1+\varepsilon}\right)^{2} = \frac{4\,\varepsilon^2}{1-\varepsilon^2} \tag{e}$$

となる．これはεについて解くことができ

表 4.28 ［例題 4.15］ 二酸化炭素のグラファイトによる還元反応の標準平衡定数

A_i	i	ν_i	τ = 1000 K		τ = 1500 K	
			$\Delta g_i^{fxn\circ}$ [MJ/kmol]	$\nu_i \Delta g_i^{fxn\circ}$ [MJ/kmol]	$\Delta g_i^{fxn\circ}$ [MJ/kmol]	$\nu_i \Delta g_i^{fxn\circ}$ [MJ/kmol]
C(ｸﾞﾗﾌｧｲﾄ) [1]	1	-1	0	0	0	0
CO_2 (g)	2	-1	-395.89	395.89	-396.29	396.29
CO(g)	3	2	-200.28	-400.56	-243.74	-487.48
Σ_i				$\Delta g^{rxn\circ}$=-4.67		$\Delta g^{rxn\circ}$=-91.19

1) C(ｸﾞﾗﾌｧｲﾄ)は要素物質である.

表 4.29 ［例題 4.15］ 物質量と物質量比 [1]

A_i	i	ν_i	$N_{i,a}$ [kmol]	$N_{i,e}$ [kmol]	$y'_{i,e}$ [-]
C	1	-1	多量	多量-ε	-
CO_2	2	-1	1	1-ε	$\frac{1-\varepsilon}{1+\varepsilon}$
CO	3	2	0	2ε	$\frac{2\varepsilon}{1+\varepsilon}$
$\sum_i$		ν =0	N'_a =100	N'_e =1+ε	1

1) N' や y' は気相における値を示す.

$$\varepsilon = \sqrt{\frac{K^{rxn\circ}}{K^{rxn\circ}+4}} \tag{f}$$

のようになるから，これに上で求めた標準平衡定数を代入する.

$$\varepsilon(1000\ \mathrm{K}) = \sqrt{\frac{1.754}{1.754+4}} = 0.5521 \quad \mathrm{kmol} \tag{g}$$

$$\varepsilon(1500\ \mathrm{K}) = \sqrt{\frac{1498}{1498+4}} = 0.9987 \quad \mathrm{kmol} \tag{h}$$

これが，還元される二酸化炭素の物質量の比率である.

(2) 式(a)の exp の項を $c(p)$ と書けば，平衡規準は

$$\left(y_{2,e}\right)^{-1}\left(y_{3,e}\right)^2 = K^{rxn\circ}(\tau) \times \frac{p^\circ}{pc\,(p)} \tag{i}$$

のようになる．つまり，式(d)から(f)の $K^{rxn\circ}$ を上式右辺のように修正すればよいことになる.

c (1 MPa)を計算すれば，つぎのようになる.

$$c\ (1\ \mathrm{MPa}) = \exp\left[\frac{-1\times 0.00534\times(1-0.1)\times 10^3}{8.31451\times 1000}\right]$$
$$= 0.9994\ - \tag{j}$$

以上によりいまの場合の反応座標は

$$\varepsilon(1000\ \mathrm{K},\ 1\ \mathrm{MPa}) = \sqrt{\frac{1.754 \times \dfrac{1}{10 \times 0.9994}}{1.754 \times \dfrac{1}{10 \times 0.9994} + 4}} \tag{k}$$

$$= 0.2049\ \mathrm{kmol}$$

■

[例題 4.16] 酸化亜鉛 ZnO を，$y'_{\mathrm{CO}} = 0.275$，$y'_{\mathrm{CO2}} = 0.043$，$y'_{\mathrm{N2}} = 0.682$ のような混合気体により，1300 K，0.1 MPa において還元する．ただし，y' は気相中における物質量比である．

還元反応の式は

$$\mathrm{ZnO(s)+CO(g)=Zn(g)+CO_2(g)} \tag{R27}$$

である．標準反応 Gibbs エネルギーを

$$\Delta g^{rxn\circ}(1300\ \mathrm{K}) = 34.54\ \mathrm{MJ/kmol} \tag{a}$$

として，生成する気体の平衡組成を決定せよ．

[解答] 平衡定数は式(4.126)により

$$K^{rxn\circ}(1300\ \mathrm{K}) = \exp\left(-\frac{34540}{8.3145 \times 1300}\right) = 0.04094\ - \tag{b}$$

ZnO:1，CO:2，Zn:3，CO_2:4，N_2:5 のように対応させ，全圧が $p = p^\circ$ であることを考慮し，気相の中だけで考えた物質量比を $y'_{i,e}$ のように書いて式(4.150)を適用すると

$$\left(y'_{2,e}\right)^{-1} y'_{3,e} y'_{4,e} = K^{rxn\circ}(\tau) \tag{c}$$

となる．

酸化亜鉛は常に多量にあり，また，各気体は数値的に上で与えてある物質量比の 100 倍に等しい kmol だけあったものとして，物質量の関係を検討すると表 **4.30** のようになる．ただし，一酸化炭素の 27.5 kmol のうちの δ kmol だけが反応するものとする．この δ は反応座標と似ているが，反応座標ではない．

以上により，平衡規準は

$$\left(\frac{27.5 - \delta}{100 + \delta}\right)^{-1}\left(\frac{\delta}{100 + \delta}\right)\left(\frac{4.3 + \delta}{100 + \delta}\right) = 0.04094 \tag{d}$$

のようになる．これを数値的に解くと

$$\delta = 7.482\ \mathrm{kmol} \tag{e}$$

表 4.30 [例題 4.16] 物質量と物質量比 1)

A_i	i	ν_i	$N_{i,a}$ [kmol]	$N_{i,e}$ [kmol]	$y'_{i,e}$ [-]	δ=7.482 $y'_{i,e}$ [-]
ZnO	1	-1	多量	多量-δ	-	-
CO	2	-1	27.5	27.5-δ	$\frac{27.5-\delta}{100+\delta}$	0.1862
Zn	3	1	0	δ	$\frac{\delta}{100+\delta}$	0.0696
CO_2	4	1	4.3	4.3+δ	$\frac{4.3+\delta}{100+\delta}$	0.1096
N_2	5	0	68.2	68.2	$\frac{68.2}{100+\delta}$	0.6345
$\sum_i$		ν =0	N'_a =100	N'_e =100+δ	1	0.9999

1) N' や y' は気相における値を示す.

となる．この値により，表 4.30 の最後の欄の $y'_{i,e}$ を計算することができ，これが求める生成気体の平衡組成である． ■

4.3.3 並進反応と並進反応の平衡規準

前項では，ただ一つの反応が進行する系の平衡状態の予測法を学習した．この項では，複数の反応が進行する系，すなわち並進反応の系に対して平衡状態の予測法を検討する．しかし，特定の系において，考慮すべき反応がいくつであるのか，という問題については，これまで議論を避けてきた．1.4.3[1]の Gibbs の相律においては，そのような反応の数は与えられているとしているし，前項では，ただ一つの反応のみが重要であると考える系の平衡規準を確立し，それによる平衡組成の決定法を学んだ．

この項では，まず特定の系において考慮すべき過不足ない反応の数，すなわち独立な反応の数を決定する．ついで，それが二つ以上である系，すなわち並進反応系の平衡規準の記述の仕方や，それによる平衡組成の計算法を学習する．

[1] 独立な化学反応の数 独立な化学反応の数を熱力学的に決定する論理が存在しなければ，代数的な意味で，反応の数は増えたり減ったりすることをまず示そう．

そこで，式(R14)のような反応の q 個を考え，これらが独立であるや否やは不問にし，ただ量論的には成り立つことだけが確認してあるものとする．これらの式の辺々をそれぞれ j に関して総和する．

$$\sum_{i=1}^{r}\sum_{j=1}^{q}\left[\nu_i^{(j)}\right]A_i(P)=\sum_{i=1}^{r}\nu_i A_i(P)=0 \qquad (R28)$$

ただし

$$\nu_i = \sum_{j=1}^{q} \nu_i^{(q)} \qquad (4.151)$$

である．このようにして式(R14)のような q 個の反応があったとしても，純粋に代数的にはこれを一つの反応に合成してしまうことができる．このような操作により，q 個の反応は，q 個より小さく 1 個より多い任意の数の反応に置き換えることが代数的には可能である．

[例題 4.17]　一酸化炭素の生成反応式(R19)と，(R18)の逆反応である水の解離反応

$$H_2O(g) = H_2(g) + \frac{1}{2}O_2(g) \qquad (R29)$$

を合成すれば，どのような反応になるか？

[解答]　それぞれの反応を式(R14)の標準形で書くと

$$-C(s) - \frac{1}{2}O_2(g) + CO(g) = 0 \qquad (a)$$

$$\frac{1}{2}O_2 \qquad + H_2(g) - H_2O(g) = 0 \qquad (b)$$

のようになる．これらを単に辺々足し算すると

$$-C(s) - H_2O(g) + CO(g) + H_2(g) = 0 \qquad (c)$$

となる．これが式(R28)の中辺に対応するものである．反応物質を左辺に，生成物質を右辺に書くと

$$C(s) + H_2O(g) = CO(g) + H_2(g) \qquad (R30)$$

であるが，これを**水性ガス反応**(water gas reaction)という．式(a)，(b)および(c)を比較して，式(4.151)が成り立っていることを確認せよ．■

独立な反応の数 t を決定するには次のようにする．ただし，系内には r 個の化学種が存在するものとする．

(1)　各 r 個の化学種に対する生成反応を書いて，s 個の式を得る．r 個の化学種の内に要素物質が e 個含まれているならば，s は r より小さく，$s = r - e$ である．

(2)　s 個の式が，系内には存在しない u 個の化学種を含んでいるものとする．s 個の式を代数的に操作して，系内には存在しない u 個の化学種を消去する．その結果，t 個の式が得られたとする．

この t が求める独立な反応な数である.

[例題 4.18] ある系は C(s), H_2O(g), CO(g)および H_2(g)の四つの化学種からなっている. 独立な反応の数はいくらか? ただし, C(s)はC(グラファイト)ではないものとする.

[解答] H_2(g)は要素物質であるから, 残りの C(s), H_2O(g)および CO(g)に対する生成反応の式を

$$\mathrm{C(グラファイト)} = \mathrm{C(s)} \qquad \text{(R31)}$$

$$\mathrm{H_2(g)} + \frac{1}{2}\mathrm{O_2(g)} = \mathrm{H_2O(g)} \qquad \text{(a)[R18]}$$

$$\mathrm{C(グラファイト)} + \frac{1}{2}\mathrm{O_2(g)} = \mathrm{CO(g)} \qquad \text{(b)[R19]}$$

のように書く. これらのうちの式(R31)は, C(グラファイト)からこの系に存在している C(s)を生成する反応であり, 残りの二つはすでに登場した反応式である.

上の三式に含まれる化学種のうち, C(グラファイト)と O_2(g)は系内には存在しない化学種であるから, これらは消去しなければならない. 式(R31)を(R19)に代入したものと, 式(R18)から O_2(g)を消去し, 係数に"-"が現れないように組み替えると, つぎのようになる.

$$\mathrm{C(s)} + \mathrm{H_2O(g)} = \mathrm{CO(g)} + \mathrm{H_2(g)} \qquad \text{(c)}$$

したがって, この系における独立な反応の数は 1 である.

なお, この問題の系は[例題 4.17]で合成した系と同じであり, 式(c)は式(R30)と同じである. ■

独立な反応な数 t を決定する, もう一つの線形代数的な方法があるが, それを説明するためにいくつかの量を導入する.

系内には r 個の化学種 $\{A_1, A_2, A_3, ..., A_r\}$ が存在し, それらに含まれる元素は $\{E_1, E_2, E_3, ..., E_m\}$ の m であるとする. たとえば, [例題 4.18]の場合には $\{A_1, A_2, A_3, ..., A_r\} = \{\mathrm{C(s)}, \mathrm{H_2O(g)}, \mathrm{CO(g)}, \mathrm{H_2(g)}\}$, $r = 4$ であり, $\{E_1, E_2, E_3, ..., E_m\} = \{\mathrm{C, H, O}\}$, $m = 3$ である. ただし, A_i や E_i を並べる順序は任意であるが, いったん決めた順序は変更できない.

ついで, たとえば上の例で, $A_2 = H_2O$ の分子はゼロ個の C 元素, 二つの H 元素, および 1 個の O 元素からなっていることを, $\mathbf{a}_2 = (0,2,1)^T$ と書く. ただし, "T"は行列の転置を意味し, $\mathbf{a}_2$ は 3(=m)行 1 列の行列である. このような $\mathbf{a}$ を分子式ベクトル(定着した訳語ではない. formula vector)という. ここで

$$\mathbf{A} = (\mathbf{a}_1, \mathbf{a}_2, \mathbf{a}_3, ..., \mathbf{a}_r) \qquad (4.152)$$

のような m 行 r 列の行列 **A** を定義する．上の例では **A** は 3 行 4 列になる．このような **A** を分子式行列(定着した訳語ではない．formula matrix)という．

これで準備ができた．**A** の階数を $rk(\mathbf{A})$ と書けば，独立な反応の数 t は次式で与えられる．

$$t = r - rk(\mathbf{A}) \tag{4.153}$$

[例題 4.19]　つぎの二つの系に対して，式(1.153)により独立な反応の数 t を決定せよ．

(1) [例題 4.18]の系，すなわち C(s)，H_2O(g)，および H_2(g)の四つの化学種からなる系．

(2) (1)の系に CO_2(g)を加えた系，すなわち C(s)，H_2O(g)， H_2(g) および CO_2(g)の五つの化学種からなる系．

[解答] (1)　上の本文中の記述を参考にして

$$\{A_1, A_2, A_3, \ldots, A_4\} = \{C\ (s), H_2O(g), CO(g), H_2(g)\},\ r=4 \tag{a}$$

$$\{E_1, E_2, E_3, \ldots, E_3\} = \{C, H, O\},\ m=3 \tag{b}$$

$$\boldsymbol{a}_1 = (1,0,0)^T \tag{c}$$

$$\boldsymbol{a}_2 = (0,2,1)^T \tag{d}$$

$$\boldsymbol{a}_3 = (1,0,1)^T \tag{e}$$

$$\boldsymbol{a}_4 = (0,2,0)^T \tag{f}$$

$$\boldsymbol{A} = \begin{pmatrix} 1 & 0 & 1 & 0 \\ 0 & 2 & 0 & 2 \\ 0 & 1 & 1 & 0 \end{pmatrix} \tag{g}$$

のように決める．

分子式行列 **A** の左上隅から作った 3 次の行列式は

$$\begin{vmatrix} 1 & 0 & 1 \\ 0 & 2 & 0 \\ 0 & 1 & 1 \end{vmatrix} = 1 \times \begin{vmatrix} 2 & 0 \\ 1 & 1 \end{vmatrix} + 0 \times \begin{vmatrix} 0 & 0 \\ 0 & 1 \end{vmatrix} + 1 \times \begin{vmatrix} 0 & 2 \\ 0 & 1 \end{vmatrix} \tag{h}$$

$$= 1 \times 2 + 0 \times 0 + 1 \times 0 = 2 \neq 0$$

のように計算できる．**A** から 4 次以上の行列式を作ることはできないので，**A** の階数は 3 である， $rk(\mathbf{A}) = 3$．また，式(a)により，この系に存在する化学種の数は 4 である，$r = 4$．したがって，この系で可能な独立な反応の数は式(1.153)により 1 である．

(2) (1)の系に加えて，5 番目の化学種として CO_2(g)を追加すると，この場合の分子式行列 **A** は

$$\boldsymbol{A} = \begin{pmatrix} 1 & 0 & 1 & 0 & 1 \\ 0 & 2 & 0 & 2 & 0 \\ 0 & 1 & 1 & 0 & 2 \end{pmatrix} \tag{i}$$

となる．この分子式行列 $\mathbf{A}$ の左上隅から作った 3 次の行列式は，式(h)で計算したものと同じでゼロではない．また，その場合と同様に，$\mathbf{A}$ から 4 次以上の行列式を作ることはできないので，$\mathbf{A}$ の階数は 3 である，$rk(\mathbf{A}) = 3$．また，この系に存在する化学種の数は 5 になっている，$r = 5$．したがって，この系で可能な独立な反応の数は式(1.153)により 2 である．

[2] 並進反応系の平衡規準　4.3.2 における単一反応の平衡規準の議論では，与えられた温度と圧力における系の Gibbs エネルギーの変化 $(dG)_{\tau,p}$ を，定めるべき平衡状態の組成の関数として表現しておき，それをゼロにする組成を求めたのであり，その関数をゼロとしたものが平衡規準の式であった．これらは式(1.175)によっている．

この方法は，複数の反応が進行する系にただちに一般化することができる．すなわち，反応式ごとに平衡規準の式を書き，これらを連立して解けばよい．しかしながら，この場合の式系は非線形の連立方程式となり，手計算は言うに及ばず，機械計算をもってしても求解が困難であることが多い．

並進反応系の平衡状態を求める近代的な方法は，4.3.2 項の方法と物理的には等価であるが，異なる観点に立っている．この方法は式(1.174)によっており，与えられた温度と圧力における Gibbs エネルギー $G(\tau, p, \boldsymbol{N})$ そのものを最小にするような $\boldsymbol{N}$ を決定する．この際にも解くべき式は，非線形の連立方程式になるが，機械計算によりに解を見いだすことがよほど容易である．この方法の概要を紹介しよう．

系の Gibbs エネルギーを，式(1.123)により

$$G(\tau, p, \boldsymbol{N}_e) = \sum_{i=1}^{r} N_{i,e}\ \mu_i(\tau, p, \boldsymbol{y}_e) \qquad (4.154)[1.123]$$

と書く．ただし，添え字の"e"は平衡状態を意味する．また，初期の条件における $\boldsymbol{N} = \boldsymbol{N}_a$ を与えることにより，各元素の物質量は固定され，それは変化しない．したがって，ここでは，与えられた (τ, p) において上式を最小し，かつ $\boldsymbol{N}_a$ の各元素の物質量と矛盾しないような $(\boldsymbol{N}_e, \boldsymbol{y}_e)$ を決定することが課題である．

さて，上式の μ_i は式(4.122)によりフュガシティで表現することができるが，式(4.141)を導く際に使ったフュガシティ係数に移ると

$$\mu_i(\tau, p, \boldsymbol{y}_e) - \mu^\circ_{\bullet i}(\tau) = R\tau \ln \frac{\hat{\phi}_{i,e}\, p y_{i,e}}{\phi^\circ_{i,e} p^\circ} \qquad i = 1,2,3, \ldots, r \qquad (4.155)$$

のようになる．ここに $\mu^\circ_{\bullet i}(\tau)$ は，純粋な"i"の標準圧力におけるモル Gibbs エネルギーであるから，温度 τ における標準生成 Gibb エネルギー $\Delta g_i^{fxn\circ}(\tau)$ と置き換えることができる．

$$\mu^\circ_{\bullet i}(\tau) = \Delta g_i^{fxn\circ}(\tau) \qquad i = 1,2,3, \ldots, r \qquad (4.156)$$

式(4.155)と(4.156)を，式(4.154)に代入する.

$$
\begin{aligned}
G(\tau,\ p,\ \boldsymbol{N}_e) =& \sum_{i=1}^{r} N_{i,e}\Delta g_i^{fxn\circ}(\tau) + N_e R\tau \ln\frac{p}{p^\circ} \\
&+ R\tau\sum_{i=1}^{r} N_{i,e}\ln N_{i,e} - N_e R\tau \ln N_e + R\tau\sum_{i=1}^{r} N_{i,e}\ln\frac{\hat{\phi}_{i,e}(\tau,\ p,\ \boldsymbol{y_e})}{\phi_i^\circ(\tau)}
\end{aligned}
\qquad (4.157)
$$

ただし，$y_{i,e} = N_{i,e}\,/\,N_e$ が代入してある.

ついで，元素の物質量の関係を式化しておかねばならない. [1]で使用した表記法を使うことにし，初期の $\boldsymbol{N}_a$ は m 種類の元素 $\{E_1,\ E_2,\ E_3,\ ...,\ E_m\}$ の $\boldsymbol{M}\{M_1$ kmol, M_2 kmol, M_3 kmol, $...,\ M_m$ kmol$\}$ からなっており，平衡状態にある系には r 個の化学種 $\{A_1,\ A_2,\ A_3,\ ...,\ A_r\}$ が $\boldsymbol{N}_e\{N_{1,e}$ kmol, $N_{2,e}$ kmol, $N_{3,e}$ kmol, $...,\ N_{r,e}$ kmol$\}$ だけ存在するものとする. この r 個の化学種に対して式(4.152)と同様な m 行 r 列の分子式行列 $\boldsymbol{A}\{a_{ij}\}$ を定義する. したがって，a_{ij} は j 番目の化学種分子に含まれる i 番目の元素の物質量である. 平衡状態の物質量 $\boldsymbol{N_e}$ は，$\boldsymbol{N}_a$ と同じだけの元素の物質量を含んでおり，分子式行列 $\boldsymbol{A}\{a_{ij}\}$ を介して $\boldsymbol{M}$ とつぎのように関係している.

$$
M_k - \sum_{j=1}^{r} N_{j,e}a_{kj} = 0, \quad k = 1,2,3,\ ...,\ m \qquad (4.158)
$$

以上により，ここでの課題は，与えられた $(\tau,\ p)$ の下で，拘束条件式(4.158)に従い，式(4.157)の Gibbs エネルギー $G(\tau,\ p,\ \boldsymbol{N}_e)$ を最小にする $\boldsymbol{N}_e$ を見いだすことである. **Lagrange の未定乗数法**(method of Langrange undetermined multipliers)が，この種の問題を解く標準的な方法である.

式(4.158)に定数 λ_k を乗じて，k に関して 1 から m まで総和する. この λ_k が Lagrange の未定乗数である.

$$
\sum_{k=1}^{m}\lambda_k\left(M_k - \sum_{j=1}^{r} N_{j,e}a_{kj}\right) = 0 \qquad (4.159)
$$

この式の左辺の値はゼロであるから，これを式(4.157)の右辺に加えてもよい.

$$
\begin{aligned}
G(\tau,\ p,\ \boldsymbol{N}_e) =& \sum_{i=1}^{r} N_{i,e}\Delta g_i^{fxn\circ}(\tau) + N_e R\tau \ln\frac{p}{p^\circ} \\
&+ R\tau\sum_{i=1}^{r} N_{i,e}\ln N_{i,e} - N_e R\tau \ln N_e + R\tau\sum_{i=1}^{r} N_{i,e}\ln\frac{\hat{\phi}_{i,e}(\tau,\ p,\ \boldsymbol{y_e})}{\phi_i^\circ(\tau)} \\
&+ \sum_{k=1}^{m}\lambda_k\left(M_k - \sum_{j=1}^{r} N_{j,e}a_{kj}\right)
\end{aligned}
\qquad (4.160)
$$

最後に式(4.160)を各 $N_{i,e}$ で微分して，それらをゼロとする.

$$\Delta g_i^{fxn\circ}(\tau) + R\tau \ln \frac{p}{p^\circ} + R\tau \ln y_{i,e}$$
$$+ R\tau \ln \frac{\hat{\phi}_{i,e}(\tau, p, \boldsymbol{y_e})}{\phi_i^\circ(\tau)} - \sum_{k=1}^{m} \lambda_k a_{ki} = 0 \qquad i = 1,2,3,\ldots,r \tag{4.161}$$

ただし，正確にはフュガシティ係数 $\hat{\phi}_{i,e}$ を含む項の微分に際しては， $\hat{\phi}_{i,e}$ が $\boldsymbol{y}_e$ の，したがって $\boldsymbol{N}_e$ の関数であることを考慮しなければならない．理想気体近似の場合には $\hat{\phi}_{i,e} = \phi_i^\circ = 1$ であるから，もともとこの項は消えている．そうでない場合には，近似的に式(4.161)を使って求められた $\boldsymbol{y}_e$ によってフュガシティ係数を計算し，それを式(4.161)に代入するような繰り返し法によらなければならない．

さて，式(4.161)は r 個あり，式(4.158)は m 個ある．また，$\sum_{i=1}^{r} y_{i,e} = 1$ の関係が一つあるから，全部で式は $r + m + 1$ 個あることになる．一方，未知数は物質量比の $y_{i,e}$ が r 個，未定乗数の λ_k が m 個，全物質量 $N_e = \sum_{i=1}^{r} N_{i,e}$ が一つで，未知数は全部で $r + m + 1$ 個ある．したがって，原理的には解ける問題になっている．

この，方法の重要な特徴は，どのような反応を考えるべきであるか，ということに全く関係なく答えを導くことができる点である．したがって，独立な反応の数はいくつであるかというようなことを考える必要はない．

ついでながら，$p = p^\circ$ の理想気体の問題においては，式(4.161)の $R\tau \ln(p / p^\circ)$ の項は消え，フュガシティ係数の項も消えるので

$$\Delta g_i^{fxn\circ}(\tau) + R\tau \ln y_{i,e} - \sum_{k=1}^{m} \lambda_k a_{ki} = 0 \qquad i = 1,2,3,\ldots,r \tag{4.162}$$

となる．また，実際の計算においては式(4.158)の両辺を平衡時の全物質量 N_e で割って

$$\sum_{j=1}^{r} y_{j,e} a_{kj} = M_k / N_e \qquad k = 1,2,3,\ldots,m \tag{4.163}$$

と変形したものを使う．

[例題 4.20] メタン CH_4 2 kmol と水 H_2O 3 kmol からなる系が，1000 K，0.1 MPa において平衡している．平衡組成を決定せよ．ただし，平衡時にはメタン CH_4(g)，水蒸気 H_2O(g)，一酸化炭素 CO(g)，二酸化炭素 CO_2(g) および水素 H_2(g) が系内に存在するものとせよ．

[解答] 表 4.10 と付表 8 により標準生成 Gibbs エネルギーは表 **4.31** の第 2 欄のようになる．また，系内に存在する化学種に対する分子式行列の要素も同表に示してある．ただし，添え字を番号にすると物質との対応が見づらくなるので，元素記号が使ってある．さらに，初期の条件の CH_4: 2 kmol，H_2O: 3 kmol により，系内に存在する各元素の物質量は同表の最

表 4.31 [例題 4.20] 標準生成 Gibbs エネルギーと分子式行列

A_i	$\Delta g^{fxn\circ}$ [MJ/kmol]	元素		
		炭素 k=C	酸素 k=O	水素 k=H
			a_{ki}	
CH_4	19.49	$a_{C,CH_4}=1$	$a_{O,CH_4}=0$	$a_{H,CH_4}=4$
H_2O	-192.59	$a_{C,H_2O}=0$	$a_{O,H_2O}=1$	$a_{H,H_2O}=2$
CO	-200.28	$a_{C,CO}=1$	$a_{O,CO}=1$	$a_{H,CO}=0$
CO_2	-359.89	$a_{C,CO_2}=1$	$a_{O,CO_2}=2$	$a_{H,CO_2}=0$
H_2	0[1)]	$a_{C,H_2}=0$	$a_{O,H_2}=0$	$a_{H,H_2}=2$
	元素の物質量 M_k [kmol]	$M_C=2$	$M_O=3$	$M_H=14$

1) 要素物質の標準生成 Gibbs エネルギー

下行のようになる.

まず, 式(4.162)に表 4.31 の数値を適用し, $R\tau = 8.3145 \times 10^{-3} \times 1000 = 8.3145$ MJ /kmol も代入すれば

$$CH_4: 19.49 + 8.3145 \ln y_{CH_4,e} - \lambda_C - 4\lambda_H = 0 \tag{a}$$

$$H_2O: -192.59 + 8.3145 \ln y_{H_2O,e} - \lambda_O - 2\lambda_H = 0 \tag{b}$$

$$CO: -200.28 + 8.3145 \ln y_{CO,e} - \lambda_C - \lambda_O = 0 \tag{c}$$

$$CO_2: -395.89 + 8.3145 \ln y_{CO_2,e} - \lambda_C - 2\lambda_O = 0 \tag{d}$$

$$H_2: 8.3145 \ln y_{H_2,e} - 2\lambda_H = 0 \tag{e}$$

のようになる. ついで, 式(4.163)に表 4.31 の値を代入する.

$$y_{CH_4,e} + y_{CO,e} + y_{CO_2,e} = 2 / N_e \tag{f}$$

$$y_{H_2O,e} + y_{CO,e} + 2y_{CO_2,e} = 3 / N_e \tag{g}$$

$$4y_{CH_4,e} + 2y_{H_2O,e} + 2y_{H_2,e} = 14 / N_2 \tag{h}$$

最後の関係式は

$$y_{CH_4,e} + y_{H_2O,e} + y_{CO,e} + y_{CO_2,e} + y_{H_2,e} = 1 \tag{i}$$

である.

式(a)から(i)の 9 元連立方程式を数学ソフトウエアで解けば

$$y_{CH_4,e} = 0.0202 - \quad (j)$$

$$y_{H_2O,e} = 0.0988 - \quad (k)$$

$$y_{CO,e} = 0.1741 - \quad (l)$$

$$y_{CO_2,e} = 0.0369 - \quad (m)$$

$$y_{H_2,e} = 0.6700 - \quad (n)$$

$$\sum y_{i,e} = 1 - \quad (o)$$

$$\lambda_C = -6.311 \text{ MJ/kmol} \quad (p)$$

$$\lambda_O = -208.5 \text{ MJ/kmol} \quad (q)$$

$$\lambda_H = -1.665 \text{ MJ/kmol} \quad (r)$$

$$N_e = 8.651 \text{ kmol} \quad (s)$$

となる.

[考察] 4.3.2 の方法でこの問題を解くにはつぎのようにする．まず，本項の[1]で学習した独立な化学反応の数 t の求め方を，この問題の系に適用すれば，t=2 で独立な反応の数は 2 である．ついで，独立な反応式を二つ書く．それらは，上で指定されている五つの化学種を少なくともいずれかの式の一項として含むこと，一方の式が他方の式から代数的に導かれてはならない，を満足しなければならない．最後に，二つの反応に対してそれぞれ式(4.143)のような平衡規準の式を書き，これらの連立方程式を解けばよい．意欲的な読者は，このような方針で解くことに挑戦してみよ．平衡規準の連立方程式が容易には解けないことがわかるであろう．しかし，上の(j)から(n)に近い数値を初期値として与えれば，これらの値に収束するはずである． ■

付　　表

1. 熱力学の基本定数
2. 単位の換算表
3. いくつかの物質の分子量，気体定数，臨界定数および三重状態
4. いくつかの物質の標準融点 $\tau^{fus°}$，標準融解エンタルピー $\Delta h^{fus°}$，標準沸点 $\tau^{vap°}$ および標準蒸発エンタルピー $\Delta h^{vap°}$
5. おもな理想気体の分子量，質量気体定数，標準密度，比熱および比熱比
6. 空気のガス表
7. 擬似ガス表
8. いくつかの理想気体の熱化学表
9. 理想気体状態における気体の定圧比熱
10. 標準条件 $\tau° = 298.15$ K， $p° = 0.1$ MPa における標準生成エンタルピー $\Delta h^{fxn°}$，標準生成 Gibbs エネルギー $\Delta g^{fxn°}$，絶対エントロピー s^{*}_{abs} および生成反応の標準平衡定数の常用対数 $\log K^{fxn°}$
11. 標準圧力 $p° = 0.1$ MPa で理想気体状態における化学種 A_i の標準生成反応の平衡定数を $K_i^{fxn°} = \exp(a_i - b_i/\tau)$ と書いた場合の定数 a_i と b_i
12. 本書で扱った化学反応

付　　表

1.　熱力学の基本定数

量	本書での記号	数　値	単　位
Avogadro 定数	N_A	6.0221367×10^{6}	[1/kmol]
気体定数 [1]	R	8314.510	[J/(kmol·K)]
セルシウス度目盛のゼロ点	$\tau_{\circ}$	273.15(定義値)	[K]
標準大気圧	$p_{\circ}$	0.101325×10^{6}(定義値)	[Pa]
理想気体のモル体積 [2]	$v_{\circ}$	22.41410	[m^3/kmol]
氷点の温度 [3]	τ_{ice}	273.1500	[K]
標準の重力による加速度	g	9.80665(定義値)	[m/s^2]

1) 特定の物質のモル質量(分子量)を $\overline{M}$ として, $\underline{R} = R/\overline{M}$ はその気体の質量気体定数, すなわち特定物質の単位質量当りの気体定数.

2) 温度 $\tau_{\circ}=0$ ℃, 標準大気圧 $p_{\circ}$ = 0.101325 MPaにおける理想気体 1kmol の体積.

3) 標準大気圧 $p_{\circ}$ = 0.101325 MPaにおいて, 空気で飽和した氷と水の平衡温度. $\tau_{\circ}$とは異なり測定値.

2.　単位の換算表

長さ	**m**	mm	ft	in
	1 10^{-3} 0.3048 25.4×10^{-3}	1000 1 304.8 25.4	3.2808 3.2808×10^{-3} 1 1/12	39.37 39.37×10^{-3} 12 1
質量	**kg**	kgf・s^2／m	lb	lbf・s^2／ft
	1 9.807 0.4536 14.59	0.1020 1 46.25×10^{-3} 1.488	2.205 21.62 1 32.17	68.52×10^{-3} 0.6720 31.08×10^{-3} 1
速度	**m/s**	m/h	ft/s	mile/h
	1 0.2778×10^{-3} 0.3048 0.4470	3600 1 1097 1609	3.281 0.9113×10^{-3} 1 1.467	2.237 0.6214×10^{-3} 0.　6818 1
密度	**kg／m³**	lb／in^3	lb/ft^3	
	1 27.68×10^{3} 16.02	36.13×10^{-6} 1 0.5787×10^{-3}	0.06243 1728 1	
体積流量	**m³／s**	m^3／h	ft^3／h	ft^3／s
	1 0.2778×10^{-3} 7.866×10^{-6} 0.02832	3600 1 0.02832 102.0	0.1271×10^{6} 35.31 1 3600	35.31 9.810×10^{-3} 0.2778×10^{-3} 1

2.　単位の換算表（つづき）

質量速度 質量流束	**kg／(m²・s)**	kg／(m²・h)	lb／(ft²・s)	lb／(ft²・h)	
	1	3600	0.2048	737.3	
	0.2778×10^{-3}	1	56.89×10^{-6}	0.2048	
	4.882	17.58×10^{3}	1	3600	
	1.356×10^{-3}	4.882	0.2778×10^{-3}	1	
エネルギー 仕事 熱	**J**	kcal	Btu	kW・h	PS・h
	1	0.2388×10^{-3}	0.9478×10^{-3}	0.2778×10^{-6}	0.3777×10^{-6}
	4.1868×10^{3}	1	3.968	1.163×10^{-3}	1.581×10^{-3}
	1055	0.2520	1	0.2931×10^{-3}	0.3985×10^{-3}
	3600×10^{3}	859.8	3412	1	1.360
	2.648×10^{6}	632.4	2510	0.7355	1
エネルギー/質量 の 次元の量	J／kg	kcal／kg	Btu／lb		
	1	0.2388×10^{-3}	0.4299×10^{-3}		
	4186.8	1	1.8		
	2326	0.5556	1		
質量気体定数 比熱 比エントロピー	**J／(kg・K)**	kcal／(kg・K)	Kgf・m／(kg・K)	Btu/(lb・R)	
	1	0.2388×10^{-3}	0.1020	0.2388×10^{-3}	
	4186.8	1	426.9	1	
	9.80665	2.342×10^{-3}	1	2.342×10^{-3}	
動力	**W**	kgf・m／s	lbf・ft／s	PS	kcal／s
	1	0.1020	0.7376	1.360×10^{-3}	0.2388×10^{-3}
	9.807	1	7.233	0.01333	2.342×10^{-3}
	1.356	0.1383	1	1.843×10^{-3}	0.3238×10^{-3}
	735.5	75.5	542.5	1	0.1757
	4.187×10^{3}	426.9	3088	5.692	1
圧力	**Pa**	kgf／cm²	lbf／in² (psi)	atm	mmHg (Torr)
	1	10.20×10^{-6}	0.1450×10^{-3}	9.869×10^{-6}	7.501×10^{-3}
	98.07×10^{3}	1	14.22	0.9678	735.6
	6.895×10^{3}	0.07031	1	68.05×10^{-3}	51.71
	0.101325×10^{6}	1.033	14.70	1	760
	133.3	1.360×10^{-3}	19.34×10^{-3}	1／760	1

温度の換算

$\tau\,[\mathrm{K}] = t[^\circ\mathrm{C}] + 273.15$

$t_F[^\circ\mathrm{F}] = (9/5)\ t[^\circ\mathrm{C}] + 32$

$t[^\circ\mathrm{C}] = (5/9)\ (t_F[^\circ\mathrm{F}] - 32)$

$\tau[\mathrm{R}] = t_F[^\circ\mathrm{F}] + 459.67$

$\tau[\mathrm{R}] = (9/5)\ \tau\,[\mathrm{K}]$

重力の加速度

$g = 9.80665\ \mathrm{m/s^2} = 1.271\times10^{3}\ \mathrm{m/h^2} = 32.17\ \mathrm{ft/s^2} = 417.0\times10^{6}\ \mathrm{ft/h^2}$

3. いくつかの物質の分子量，気体定数，臨界定数および三重状態

物質	分子式	分子量 [1] $\overline{M}$ [-]	質量気体定数 [2] $\underline{R}$ [kJ/(kg·K)]	臨界温度 τ_c [K]	臨界圧力 p_c [MPa]	臨界モル体積 $10^3 v_c$ [m³/kmol]	臨界比体積 $10^3 v_c$ [m³/kg]	臨界圧縮因子 $z_c = p_c v_c / R\tau_c$ [-]	三重状態温度 τ_t [K]	三重状態圧力 p_t [kPa]
ヘリウム	He	4.003	2.0771	5.20	0.22750	57.30	14.32	0.3016	2.19[3]	5.1[3]
アルゴン	Ar	39.948	0.20813	150.86	4.998	74.571	1.8667	0.2972	83.8058	68.95
n-水素	H_2	2.0159	4.1244	33.19	1.315	66.93	33.2	0.3189	13.84	7.042
酸素	O_2	31.9988	0.25983	154.58	5.043	73.357	2.2925	0.2878	54.3584	0.14633
窒素	N_2	28.0134	0.29680	126.20	3.4000	89.214	3.1847	0.2891	63.15	12.463
大気窒素	-	28.160	0.29526	-	-	-	-	-	-	-
空気	-	28.964	0.28706	132.52	3.76625	92.537	3.19489	0.3163	59.75	8.0889
一酸化炭素	CO	28.0106	0.29682	133	3.50	93.0	3.320	0.2943	68.10	15.37
酸化窒素	NO	30.0061	0.27709	180	6.48	57.702	1.923	0.2498	109.50	21.92
塩化水素	HCI	36.4610	0.22803	324.6	8.31	81.016	2.222	0.2495	158.96	13.9
水	H_2O	18.0153	0.46151	647.3	22.12	57.1	3.17	0.2347	273.16	0.6112
二酸化炭素	CO_2	44.0100	0.18892	304.21	7.3825	94.441	2.1459	0.2757	216.55	517
亜酸化窒素	N_2O	44.0128	0.18891	309.7	7.27	96.1	2.183	0.2713	182.34	87.85
二酸化硫黄	SO_2	64.0628	0.12978	430.7	7.88	121.7	1.8997	0.2678	197.69	1.67
アンモニア	NH_3	17.0306	0.48820	405.6	11.28	72.465	4.255	0.2424	195.40	6.076
アセチレン	C_2H_2	26.0382	0.31931	308.33	6.139	112.72	4.329	0.2699	192.4	120
メタン	CH_4	16.0430	0.51825	190.555	4.595	98.915	6.1656	0.2869	90.694	11.696
メチルクロライド	CH_3CI	50.4881	0.16468	416.3	6.68	143.0	2.8324	0.2760	475.43	0.87392
CFC（フロン）12	CCI_2F_2	120.9138	0.06876	384.95	4.125	216.69	1.7921	0.2792	115.15	93.02×10^{-6}
HCFC（フロン）22	$CHCIF_2C_2H_4$	86.469	0.09615	369.30	4.988	168.55	1.9493	0.2738	115.73	209.48×10^{-6}
エチレン	C_2H_4	28.0542	0.29647	282.65	5.076	128.69	4.5872	0.2779	104.0	0.12
エタン	C_2H_6	30.0701	0.27650	305.5	4.913	141.72	4.713	0.2741	90.35	0.0011308
エチルクロライド	C_2H_5CI	64.5152	0.12887	460.4	5.27	195.48	3.030	0.2691	134.8	116.58×10^{-6}
CFC（フロン）114	$CCIF_2CCIF_2$	170.922	0.04865	418.78	3.248	296.74	1.7361	0.2768	179.15	0.16310

1）分子量は相対的な質量で，本来は無次元であるが，[kg/kmol]の次元をもつと考えてもよい．

2）質量気体定数，すなわち特定の物質の単位質量(1kg)あたりの気体定数である．本書では $R = \overline{M}\underline{R} = 8314.510$ J/(kmol·K)の R を気体定数とする．

3）λ点

4. いくつかの物質の標準融点 τ^{fus°，標準融解エンタルピー Δh^{fus°，標準沸点 τ^{vap° および標準蒸発エンタルピー Δh^{vap°

物質 (原子の数の昇順)	分子式	標準融点 $\tau^{fus\circ}$ [K]	標準融解 エンタルピー $\Delta h^{fus\circ}$ [kJ/kg]	標準沸点 $\tau^{vap\circ}$ [K]	標準蒸発 エンタルピー $\Delta h^{vap\circ}$ [kJ/kg]
ネオン	Ne	24.5	16.0	27	91.3
アルゴン	Ar	83.8	30.4	87.3	163.5
水素	H_2	14	58.2	20.4	448.6
一酸化炭素	CO	68.1	29.9	81.7	215.8
窒素	N_2	63.3	25.7	77.4	199.2
酸化窒素	NO	109.5	76.7	121.4	460.5
酸素	O_2	54.4	13.9	90.2	213.3
塩化水素	HCl	159	54.7	188.1	443.2
フッ素	F_2	53.5	13.4	85	171.9
塩素	Cl_2	172.2	90.4	238.7	288.2
水	H_2O	273.15	333.7	373.15	2258.3
二酸化炭素	CO_2	194.7 [1]	574 [2]	194.7 [1]	574 [2]
亜酸化窒素	N_2O	182.3	148.7	184.7	376.2
二酸化窒素	NO_2	261.9	不明	294.3	414.5
オゾン	O_3	80.5	43.6	161.3	232.9
アンモニア	NH_3	195.4	332.4	239.7	1371.8
アセチレン	C_2H_2	189.2 [1]	820 [2]	189.2 [1]	820 [2]
メタン	CH_4	90.7	58.7	111.7	510.2
メチレンクロライド	CH_2Cl_2	178.1	54.2	313	329.8
HCFC(フロン)22	$CHClF_2$	113	47.7	232.4	233.7
HCFC(フロン)21	$CHCl_2F$	138	不明	282	242.4
CFC(フロン)13	$CClF_3$	92	50.2	191.7	148.5
クロロホルム	$CHCl_3$	209.6	79.9	334.3	249.0
CFC(フロン)12	CCl_2F_2	115.4	34.3	243.4	165.2
エチレン	C_2H_4	104	119.5	169.4	483.1
メタノール	CH_3OH	175.5	99.2	337.8	1101.0
エタン	C_2H_6	89.9	95.1	184.5	489.4
プロピレン	CH_2CHCH_3	87.9	71.4	225.4	437.8
酢酸	$C_2H_4O_2$	289.8	195.4	391.1	394.6
HFC(フロン)152a	CH_3CHF_2	156.2	不明	248.4	323.3
HCFC(フロン)142b	CH_3CClF_2	142	不明	263.4	285.4
CFC(フロン)114	$C_2Cl_2F_4$	179.3	8.83	276.9	136.2
エタノール	C_2H_5OH	159.1	107.9	351.5	841.6
アセトン	CH_3COCH_3	178.2	98.0	329.4	501.711
プロパン	C_3H_8	85.5	79.9	231.1	426.0
ベンゼン	C_6H_6	278.7	126.0	353.3	394.1
ナフタレン	$C_{10}H_8$	353.5	44.7	491.1	337.8
n-オクタン	C_8H_{18}	216.4	181.6	398.8	301.5
i-オクタン	C_8H_{18}	165.8	79.2	372.4	271.6

1) 標準昇華点における値　標準大気圧 $p_\circ$ = 0.101325 MPa = 1 atm.

2) 標準昇華エンタルピー.

5.　おもな理想気体の分子量，質量気体定数，標準密度，比熱および比熱比

気体	分子式	分子量 $\overline{M}$ [kg/kmol]	質量気体定数 $\underline{R}$ [kJ/(kg·K)]	標準密度[1] $\rho_\circ$ [kg/m$_N^3$]	定圧比熱 $\underline{c}_p$ [kJ/(kg·K)]	定積比熱 $\underline{c}_v$ [kJ/(kg·K)]	モル定圧比熱 c_p [kJ/(kmol·K)]	モル定積比熱 c_v [kJ/(kmol·K)]	比熱比 κ [-]
ヘリウム	He	4.0026	2.0772	0.17850	5.236	3.160	20.93	12.60	1.66
アルゴン	Ar	39.948	0.20813	1.783771	0.5232	0.3181	20.93	12.60	1.66
水素	H_2	2.0159	4.1244	0.089885	14.24	10.12	28.63	20.30	1.409
酸素	O_2	31.9988	0.25983	1.42900	0.9141	0.6538	29.26	20.93	1.399
窒素	N_2	28.0134	0.29680	1.25046	1.039	0.7425	29.13	20.80	1.400
空気	-	28.964	0.28706	1.29304	1.005	0.7157	29.09	20.76	1.402
一酸化炭素	CO	28.0106	0.29682	1.25048	1.041	0.7429	29.13	20.80	1.400
酸化窒素	NO	30.0061	0.27709	1.3402	0.9978	0.7207	29.97	21.64	1.385
塩化水素	HCl	36.4610	0.22803	1.6392	0.7994	0.5692	29.13	20.80	1.40
水蒸気	H_2O	18.0153	0.46151	0.80377[2]	1.861	1.398	33.53	25.19	1.33
二酸化炭素	CO_2	44.0100	0.18892	1.97700	0.8191	0.6299	36.08	27.75	1.301
亜酸化窒素	N_2O	44.0128	0.18891	1.9804	0.8919	0.7032	39.18	31.27	1.270
亜硫酸ガス	SO_2	64.0628	0.12978	2.9262	0.6082	0.4784	38.88	30.55	1.272
アンモニア	NH_3	17.0306	0.48820	0.77126	2.055	1.565	34.99	26.66	1.313
アセチレン	C_2H_2	26.0382	0.31931	1.17910	1.512	1.215	42.40	34.07	1.255
メタン	CH_4	16.0430	0.51825	0.7168	2.156	1.632	34.61	26.28	1.319
メチルクロライド	CH_3Cl	50.4881	0.16468	2.3075	0.7366	0.5734	37.13	28.80	1.29
エチレン	C_2H_4	28.0542	0.29637	1.26036	1.611	1.289	41.94	33.61	1.249
エタン	C_2H_6	30.0701	0.27650	1.3562	1.729	1.444	51.94	43.28	1.20
エチルクロライド	C_2H_5Cl	64.5152	0.12887	2.8804	1.339	1.155	84.97	74.50	1.16

1)　標準温度 $\tau_\circ$ = 273.15 K = 0℃，標準大気圧 $p_\circ$ = 0.101325 MPa = 1 atm における値．

2)　これは仮想的な値であり，安定な状態は圧縮水．

温度 τ [K]	温度 t [°C]	定圧比熱 $\underline{c_p}$ [kJ/(kg·K)]	定積比熱 $\underline{c_p}$ [kJ/(kg·K)]	比熱比 κ [-]	音速 a [m/s]
100	-173.15	1.0019	0.7149	1.401	200.6
125	-148.15	1.0020	0.7149	1.401	224.2
150	-123.15	1.0020	0.7150	1.401	245.6
175	-98.15	1.0021	0.7150	1.401	265.3
200	-73.15	1.0022	0.7151	1.401	283.6
225	-48.15	1.0024	0.7154	1.401	300.8
250	-23.15	1.0028	0.7158	1.401	317.1
275	1.85	1.0035	0.7165	1.401	332.5
300	26.85	1.0045	0.7175	1.400	347.2
325	51.85	1.0060	0.7189	1.399	361.3
350	76.85	1.0079	0.7208	1.398	374.8
375	101.85	1.0102	0.7232	1.397	387.8
400	126.85	1.0131	0.7261	1.395	400.3
450	176.85	1.0203	0.7332	1.391	423.9
500	226.85	1.0292	0.7421	1.387	446.1
550	276.85	1.0394	0.7524	1.381	467.0
600	326.85	1.0507	0.7636	1.376	486.8
650	376.85	1.0625	0.7754	1.370	505.6
700	426.85	1.0745	0.7874	1.365	523.6
750	476.85	1.0865	0.7994	1.359	540.9
800	526.85	1.0982	0.8112	1.354	557.6
850	576.85	1.1095	0.8225	1.349	573.7
900	626.85	1.1204	0.8334	1.344	589.3
1000	726.85	1.1404	0.8534	1.336	619.3
1100	826.85	1.1582	0.8712	1.329	647.9
1200	926.85	1.1738	0.8868	1.324	675.2
1300	1026.85	1.1875	0.9005	1.319	701.5
1400	1126.85	1.1996	0.9126	1.315	726.8
1500	1226.85	1.2102	0.9232	1.311	751.3
1600	1326.85	1.2197	0.9326	1.308	775.0
1700	1426.85	1.2281	0.9411	1.305	798.0
1800	1526.85	1.2357	0.9487	1.303	820.4
1900	1626.85	1.2426	0.9556	1.300	842.1
2000	1726.85	1.2489	0.9619	1.298	863.3
2100	1826.85	1.2547	0.9676	1.297	884.1
2200	1926.85	1.2600	0.9730	1.295	904.3
2300	2026.85	1.2649	0.9779	1.294	924.1
2400	2126.85	1.2695	0.9825	1.292	943.5
2500	2226.85	1.2738	0.9867	1.291	962.5
2600	2326.85	1.2778	0.9907	1.290	981.1
2700	2426.85	1.2815	0.9945	1.289	999.3
2800	2526.85	1.2850	0.9980	1.288	1017.3
2900	2626.85	1.2883	1.0013	1.287	1034.9
3000	2726.85	1.2915	1.0044	1.286	1052.2
3100	2826.85	1.2944	1.0074	1.285	1069.3
3200	2926.85	1.2972	1.0102	1.284	1086.0
3300	3026.85	1.2998	1.0128	1.283	1102.6
3400	3126.85	1.3023	1.0153	1.283	1118.8

1) J. H. Keenan et al., Thermodynamic Properties of Air, Including Poly-

$\underline{R}$ = 0.28706 kJ/(kg·K).

ガス表

比エンタルピー $\underline{h}$ [kJ/kg]	相対圧力 p_r [-]	比内部エネルギー $\underline{u}$ [kJ/kg]	相対体積 v_r [-]	エントロピー関数 $\underline{\phi}$ [kJ/(kg·K)]	温度 τ [K]
99.93	0.02977	71.23	964.19	4.6004	100
124.98	0.06487	89.10	553.08	4.8240	125
150.03	0.12259	106.97	351.20	5.0067	150
175.08	0.20998	124.85	239.22	5.1612	175
200.13	0.33468	142.72	171.52	5.2950	200
225.19	0.50495	160.61	127.90	5.4130	225
250.25	0.7296	178.49	98.353	5.5186	250
275.33	1.0180	196.40	77.539	5.6143	275
300.43	1.3801	214.32	62.393	5.7016	300
325.56	1.8267	232.27	51.069	5.7821	325
350.73	2.3689	250.27	42.407	5.8567	350
375.96	3.0191	268.32	35.651	5.9263	375
401.25	3.7902	286.43	30.292	5.9916	400
452.07	5.7519	322.91	22.456	6.1113	450
503.30	8.378	359.79	17.130	6.2193	500
555.01	11.810	397.15	13.367	6.3178	550
607.26	16.212	435.04	10.623	6.4087	600
660.09	21.766	473.52	8.5718	6.4933	650
713.51	28.679	512.59	7.0058	6.5725	700
767.53	37.184	552.26	5.7894	6.6470	750
822.15	47.535	592.53	4.8306	6.7175	800
877.35	60.017	633.37	4.0652	6.7844	850
933.10	74.937	674.77	3.4473	6.8482	900
1040.16	113.48	759.13	2.5294	6.9673	1000
1161.11	166.21	845.38	1.8996	7.0768	1100
1277.73	236.69	933.29	1.4552	7.1783	1200
1395.81	328.98	1022.67	1.1342	7.2728	1300
1515.18	447.73	1113.34	0.89752	7.3612	1400
1635.68	598.14	1205.14	0.71982	7.4444	1500
1757.19	786.04	1297.94	0.58426	7.5228	1600
1879.58	1017.9	1391.63	0.47937	7.5970	1700
2002.78	1300.9	1486.12	0.39714	7.6674	1800
2126.70	1643.0	1581.34	0.33194	7.7344	1900
2251.28	2052.6	1677.22	0.27967	7.7983	2000
2376.46	2539.3	1773.70	0.23737	7.8594	2100
2502.20	3113.3	1870.73	0.20283	7.9179	2200
2628.45	3785.6	1968.27	0.17439	7.9740	2300
2755.17	4568.1	2066.29	0.15080	8.0279	2400
2882.34	5473.7	2164.76	0.13110	8.0798	2500
3009.91	6516.1	2263.63	0.11453	8.1299	2600
3137.88	7710.1	2362.90	0.10052	8.1781	2700
3266.21	9071.4	2462.52	0.08860	8.2248	2800
3394.88	10617	2562.49	0.07840	8.2700	2900
3523.87	12364	2662.78	0.06965	8.3137	3000
3653.17	14332	2763.37	0.06208	8.3561	3100
3782.75	16541	2864.25	0.05553	8.3972	3200
3912.60	19011	2965.40	0.04982	8.4372	3300
4042.71	21766	3066.80	0.04484	8.4760	3400

tropic Functions, Wiley, 2nd ed.(SI units), 1983 から抜粋した. $\overline{M}$ = 28.964,

7. 擬似ガス表

ガス表と呼ばれているものは，J. H. Keenan et al.：Thermodynamic Properties of Air, Including Polytropic Functions, Wiley, 2nd ed.(SI units), 1983 である．著者が類似な表を作成したものを擬似ガス表と名づけて収録した．　作成に際して必要なものは定圧比熱の式のみであるが，それにはT. E. Daubert et al.：Physical and Thermodynamic Properties of Pure Chemicals, Data Comoilation, Design Institute for physical Property Data, American Institute of Chemical Engineers, Taylor & Francis 収録の式を使った．

(a)　一般的な計算方法は，本文の 2.2.1[3]に説明してある．h，uおよびϕには定数の加算因子の任意性があり，p_rとv_rには定数の乗算因子の任意性があるので，本表とガス表が 300K で一致するように，これらの定数を調節した．

(b)　ヘリウム He，アルゴン Ar および水銀 Hg など単原子分子の気体の比熱は，この表の 200K から 2000K 程度の温度範囲においては，いわゆる古典理想気体に対する

$$c_p = \frac{5}{2}R \quad \text{(A)}, \qquad c_v = \frac{3}{2}R \quad \text{(B)}$$

によく一致する．付表 7(g)はこの近似を使って計算した．したがって，任意の定数の加算因子を別にして

$$h = \frac{5}{2}R\tau \quad \text{(C)}, \qquad u = \frac{3}{2}R\tau \quad \text{(D)}$$

$$\phi = \frac{5}{2}\ln\tau \quad \text{(E)}$$

であり，任意の定数の乗算因子を別にして

$$p_r = \tau^{\frac{5}{2}} \quad \text{(F)}, \qquad v_r = \tau^{-\frac{3}{2}} \quad \text{(G)}$$

である．

式(A)から式(G)は単原子気体の種類によらないが，音速は

$$a = \sqrt{\kappa \underline{R} \tau} = \sqrt{\kappa R\tau / \bar{M}} \quad \text{(H)}$$

であるから，分子量$\bar{M}$による．したがって

$$a\sqrt{\bar{M}} = \sqrt{\kappa R\tau} \quad \text{(I)}$$

が作表してある．

単原子分子の気体を比熱一定の理想気体と考えのであれば，付表 7(g)はなくてもよい．しかし，混合気体の性質などを計算する際の便を考えて収録した．

(c) 付表 7(h)の空気の表を作成するには，空気の組成が必要である．ガス表が使っている組成(体積比[%]で，窒素 N_2: 78.03，酸素 O_2: 20.99，アルゴン Ar: 0.98)を採用した．

7(a) 水素 H_2 $\overline{M}$ = 2.01588 kg/kmol

温度		モル 定圧比熱	モル 定積比熱	比熱比	音速	モルエンタルピー	相対圧力	モル内部 エネルギー	相対体積	モルエントロピー 関数
T	t	c_p	c_v	κ	a	h	p_r	u	v_r	ϕ
[K]	[°C]	[kJ/(kmol·K)]	[kJ/(kmol·K)]	[-]	[m/s]	[kJ/kmol]	[-]	[kJ/kmol]	[-]	[kJ/(kmol·K)]
250	-23.15	28.426	20.112	1.413	1207.2	7090.0	3.6098	5011.4	0.57554	125.536
300	26.85	28.787	20.473	1.406	1319.0	8520.7	6.7564	6026.3	0.36900	130.752
400	126.85	29.206	20.891	1.398	1518.7	11423.8	18.450	8098.0	0.18017	139.101
500	226.85	29.310	20.995	1.396	1696.7	14351.2	40.475	10194.0	0.10266	145.633
600	326.85	29.323	21.009	1.396	1858.5	17282.8	76.979	12294.1	0.064773	150.978
700	426.85	29.393	21.079	1.394	2006.5	20217.9	132.64	14397.7	0.043855	155.502
800	526.85	29.571	21.257	1.391	2142.5	23165.2	212.93	16513.6	0.031221	159.437
900	626.85	29.853	21.539	1.386	2268.3	26135.6	324.32	18652.6	0.023061	162.936
1000	726.85	30.210	21.896	1.380	2385.5	29138.3	474.47	20823.8	0.017515	166.099
1100	826.85	30.613	22.298	1.373	2495.7	32179.2	672.32	23033.3	0.013597	168.997
1200	926.85	31.034	22.719	1.366	2600.1	35261.5	928.22	25284.1	0.010743	171.679
1300	1026.85	31.454	23.140	1.359	2699.7	38385.9	1253.9	27577.1	0.0086158	174.179
1400	1126.85	31.862	23.547	1.353	2795.2	41551.9	1662.6	29911.6	0.0069974	176.525
1500	1226.85	32.248	23.934	1.347	2887.2	44757.6	2169.3	32285.8	0.0057463	178.737

7(b) 一酸化炭素 CO $\overline{M}$ = 28.0104 kg/kmol

温度		モル 定圧比熱	モル 定積比熱	比熱比	音速	モルエンタルピー	相対圧力	モル内部 エネルギー	相対体積	モルエントロピー 関数
T	t	c_p	c_v	κ	a	h	p_r	u	v_r	ϕ
[K]	[°C]	[kJ/(kmol·K)]	[kJ/(kmol·K)]	[-]	[m/s]	[kJ/kmol]	[-]	[kJ/kmol]	[-]	[kJ/(kmol·K)]
100	-173.15	29.108	20.793	1.400	203.8	2902.5	0.045160	2071.0	18.409	165.715
200	-73.15	29.108	20.794	1.400	288.3	5813.3	0.51126	4150.4	3.2525	185.891
300	26.85	29.139	20.825	1.399	353.0	8725.0	2.1208	6230.6	1.1761	197.697
400	126.85	29.337	21.022	1.396	407.1	11646.8	5.8111	8321.0	0.57229	206.101
500	226.85	29.792	21.477	1.387	453.7	14601.1	12.838	10443.9	0.32381	212.692
600	326.85	30.443	22.128	1.376	495.0	17611.7	24.838	12623.0	0.20084	218.179
700	426.85	31.176	22.861	1.364	532.3	20692.4	43.963	14872.3	0.13238	222.926
800	526.85	31.904	23.589	1.352	566.7	23846.7	72.952	17195.1	0.091174	227.137
900	626.85	32.579	24.264	1.343	598.9	27071.3	115.18	19588.3	0.064965	230.934
1000	726.85	33.182	24.867	1.334	629.4	30360.0	174.72	22045.5	0.047586	234.399
1100	826.85	33.711	25.396	1.327	658.3	33705.3	256.36	24559.3	0.035679	237.587
1200	926.85	34.170	25.856	1.322	686.1	37099.9	365.70	27122.4	0.027282	240.540
1300	1026.85	34.567	26.253	1.317	712.8	40537.2	509.13	29728.3	0.021229	243.291
1400	1126.85	34.910	26.596	1.313	738.6	44011.5	693.91	32371.2	0.016774	245.866
1500	1226.85	35.208	26.893	1.309	763.5	47517.8	928.23	35046.0	0.013436	248.285

7(c)　窒素 N_2　$\overline{M}$ = 28.0134 kg/kmol

温度 τ [K]	t [°C]	モル定圧比熱 c_p [kJ/(kmol·K)]	モル定積比熱 c_v [kJ/(kmol·K)]	比熱比 κ [-]	音速 a [m/s]	モルエンタルピー h [kJ/kmol]	相対圧力 p_r [-]	モル内部エネルギー u [kJ/kmol]	相対体積 v_r [-]	モルエントロピー関数 ϕ [kJ/(kmol·K)]
100	-173.15	29.105	20.790	1.400	203.8	2902.3	0.021793	2070.9	38.148	159.668
200	-73.15	29.106	20.792	1.400	288.3	5812.8	0.24665	4149.9	6.7414	179.842
300	26.85	29.127	20.812	1.399	353.0	8724.1	1.0243	6229.7	2.4350	191.646
400	126.85	29.253	20.939	1.397	407.3	11641.7	2.7991	8315.9	1.1881	200.039
500	226.85	29.582	21.267	1.391	454.3	14581.6	6.1604	10424.4	0.67478	206.597
600	326.85	30.107	21.793	1.382	496.0	17564.7	11.847	12576.0	0.42105	212.035
700	426.85	30.750	22.436	1.371	533.6	20606.9	20.821	14786.8	0.27951	216.723
800	526.85	31.429	23.115	1.360	568.2	23715.9	34.300	17064.3	0.19391	220.874
900	626.85	32.089	23.774	1.350	600.5	26892.1	53.785	19409.1	0.13912	224.614
1000	726.85	32.698	24.383	1.341	630.9	30132.0	81.083	21817.4	0.10254	228.027
1100	826.85	33.244	24.930	1.334	659.8	33429.6	118.32	24283.6	0.077289	231.169
1200	926.85	33.727	25.412	1.327	687.5	36778.7	167.98	26801.3	0.059389	234.083
1300	1026.85	34.149	25.835	1.322	714.2	40173.0	232.90	29364.1	0.046406	236.800
1400	1126.85	34.518	26.203	1.317	739.8	43606.7	316.29	31966.4	0.036800	239.344
1500	1226.85	34.838	26.524	1.313	764.7	47074.9	421.75	34603.1	0.029569	241.737

7(d)　酸素 O_2　$\overline{M}$ = 31.9988 kg/kmol

温度 τ [K]	t [°C]	モル定圧比熱 c_p [kJ/(kmol·K)]	モル定積比熱 c_v [kJ/(kmol·K)]	比熱比 κ [-]	音速 a [m/s]	モルエンタルピー h [kJ/kmol]	相対圧力 p_r [-]	モル内部エネルギー u [kJ/kmol]	相対体積 v_r [-]	モルエントロピー関数 ϕ [kJ/(kmol·K)]
100	-173.15	29.103	20.788	1.400	190.7	2907.1	0.11030	2075.7	7.5455	173.164
200	-73.15	29.115	20.801	1.400	269.7	5817.7	1.2483	4154.8	1.3334	193.338
300	26.85	29.356	21.041	1.395	329.8	8737.6	5.2127	6243.2	0.47900	205.174
400	126.85	30.075	21.760	1.382	379.0	11705.4	14.463	8379.6	0.23017	213.707
500	226.85	31.079	22.765	1.365	421.2	14762.1	32.834	10604.8	0.12674	220.523
600	326.85	32.094	23.780	1.350	458.7	17921.4	65.623	12932.7	0.076097	226.281
700	426.85	32.986	24.672	1.337	493.1	21176.7	119.97	15356.5	0.048563	231.297
800	526.85	33.731	25.417	1.327	525.2	24513.7	205.01	17862.1	0.032479	235.752
900	626.85	34.348	26.033	1.319	555.5	27918.6	332.05	20435.6	0.022559	239.762
1000	726.85	34.863	26.548	1.313	584.1	31379.9	514.83	23065.4	0.016166	243.408
1100	826.85	35.299	26.984	1.308	611.5	34888.6	769.70	25742.6	0.011894	246.752
1200	926.85	35.673	27.359	1.304	637.6	38437.6	1115.8	28460.2	0.0089505	249.840
1300	1026.85	35.998	27.684	1.300	662.8	42021.6	1575.6	31212.7	0.0068671	252.708
1400	1126.85	36.283	27.968	1.297	687.0	45636.0	2174.4	33995.7	0.0053587	255.387
1500	1226.85	36.533	28.219	1.295	710.3	49277.0	2941.4	36805.3	0.0042443	257.899

7(e)　水蒸気 H_2O　$\overline{M}$ = 18.052 kg/kmol

温度		モル定圧比熱	モル定積比熱	比熱比	音速	モルエンタルピー	相対圧力	モル内部エネルギー	相対体積	モルエントロピー関数
τ	t	c_p	c_v	κ	a	h	p_r	u	v_r	ϕ
[K]	[°C]	[kJ/(kmol·K)]	[kJ/(kmol·K)]	[-]	[m/s]	[kJ/kmol]	[-]	[kJ/kmol]	[-]	[kJ/(kmol·K)]
200	-73.15	33.373	25.059	1.332	350.6	6621.4	0.14457	4958.5	11.503	175.366
300	26.85	33.586	25.271	1.329	429.0	9966.1	0.73840	7471.7	3.3780	188.925
400	126.85	34.247	25.933	1.321	493.8	13354.1	2.3832	10028.3	1.3955	198.667
500	226.85	35.227	26.913	1.309	549.6	16826.2	6.0483	12668.9	0.68733	206.411
600	326.85	36.336	28.021	1.297	599.2	20403.7	13.249	15415.0	0.37654	212.930
700	426.85	37.503	29.189	1.285	644.3	24095.2	26.259	18275.1	0.22164	218.619
800	526.85	38.720	30.405	1.273	685.7	27906.0	48.415	21254.4	0.13738	223.705
900	626.85	39.977	31.663	1.263	724.2	31840.6	84.522	24357.5	0.088533	228.338
1000	726.85	41.254	32.940	1.252	760.3	35902.1	141.39	27587.6	0.058804	232.616
1100	826.85	42.525	34.210	1.243	794.4	40091.2	228.52	30945.3	0.040022	236.608
1200	926.85	43.762	35.447	1.235	826.9	44405.9	358.91	34428.5	0.027799	240.361
1300	1026.85	44.945	36.631	1.227	858.0	48841.8	550.06	38032.9	0.019650	243.911
1400	1126.85	46.062	37.748	1.220	888.0	53392.8	825.18	41752.4	0.014106	247.283
1500	1226.85	47.104	38.790	1.214	916.9	58051.7	1214.6	45579.9	0.010268	250.497
2000	1726.85	51.193	42.879	1.194	1049.8	82700.4	6663.7	66071.4	0.0024954	264.651

7(f)　二酸化炭素 CO_2　$\overline{M}$ = 44.0098 kg/kmol

温度		モル定圧比熱	モル定積比熱	比熱比	音速	モルエンタルピー	相対圧力	モル内部エネルギー	相対体積	モルエントロピー関数
τ	t	c_p	c_v	κ	a	h	p_r	u	v_r	ϕ
[K]	[°C]	[kJ/(kmol·K)]	[kJ/(kmol·K)]	[-]	[m/s]	[kJ/kmol]	[-]	[kJ/kmol]	[-]	[kJ/(kmol·K)]
200	-73.15	31.911	23.597	1.352	226.1	5972.0	0.027796	4309.1	59.813	199.947
300	26.85	37.339	29.024	1.286	270.0	9433.7	0.14900	6939.3	16.737	213.908
400	126.85	41.651	33.336	1.249	307.3	13396.6	0.58495	10070.8	5.6844	225.279
500	226.85	44.710	36.395	1.228	340.6	17721.8	1.8646	13564.6	2.2291	234.918
600	326.85	47.166	38.851	1.214	371.0	22318.9	5.1054	17330.2	0.97694	243.292
700	426.85	49.295	40.981	1.203	398.8	27144.2	12.483	21324.1	0.46613	250.726
800	526.85	51.164	42.850	1.194	424.8	32169.3	27.969	25517.7	0.23777	257.434
900	626.85	52.788	44.474	1.187	449.2	37368.9	58.407	29885.8	0.12809	263.556
1000	726.85	54.185	45.870	1.181	472.4	42719.3	115.04	34404.8	0.072259	269.192
1100	826.85	55.376	47.062	1.177	494.5	48199.0	215.58	39053.0	0.042417	274.414
1200	926.85	56.390	48.076	1.173	515.7	53788.7	386.91	43811.3	0.025782	279.277
1300	1026.85	57.253	48.938	1.170	536.0	59472.0	668.65	48663.1	0.016162	283.825
1400	1126.85	57.988	49.674	1.167	555.7	65235.0	1117.5	53594.7	0.010414	288.096
1500	1226.85	58.618	50.303	1.165	574.7	71066.1	1813.0	58594.4	0.0068778	292.119
2000	1726.85	60.689	52.375	1.159	661.7	100953.2	14317	84324.2	0.0011613	309.300

7(g)　単原子気体

温度 τ [K]	t [°C]	モル定圧比熱 c_p [kJ/(kmol·K)]	モル定積比熱 c_v [kJ/(kmol·K)]	比熱比 κ [-]	音速関数 $a\sqrt{M}$ [m·kg$^{1/2}$/(s·kmol$^{1/2}$)]	モルエンタルピー h [kJ/kmol]	相対圧力 p_r [-]	モル内部エネルギー u [kJ/kmol]	相対体積 v_r [-]	モルエントロピー関数 ϕ [kJ/(kmol·K)]
200	-73.15	20.786	12.472	1.667	1664.8	4157.2	4.4559	2494.3	0.37312	146.436
300	26.85	$=\frac{5}{2}R$	$=\frac{3}{2}R$	$=\frac{5}{3}$	2038.9	6235.8	12.279	3741.4	0.20310	154.864
400	126.85				2354.4	8314.4	25.206	4988.6	0.13192	160.844
500	226.85				2632.3	10393.1	44.034	6235.8	0.094392	165.482
600	326.85				2883.5	12471.7	69.461	7483.0	0.071807	169.272
700	426.85				3114.5	14550.3	102.12	8730.2	0.056983	172.476
800	526.85				3329.6	16628.9	142.59	9977.3	0.046640	175.252
900	626.85				3531.5	18707.6	191.41	11224.5	0.039087	177.700
1000	726.85				3722.6	20786.2	249.09	12471.7	0.033373	179.890
1100	826.85				3904.3	22864.8	316.11	13718.9	0.028927	181.871
1200	926.85				4077.9	24943.4	392.93	14966.0	0.025387	183.680
1300	1026.85				4244.4	27022.1	479.97	16213.2	0.022515	185.344
1400	1126.85				4404.6	29100.7	577.67	17460.4	0.020147	186.884
1500	1226.85				4559.2	31179.3	686.42	18707.6	0.018166	188.318
2000	1726.85				5264.5	41572.5	1409.1	24943.4	0.011799	194.298

	$\overline{M}$ [kg/kmol]	$\sqrt{M}$ [kg$^{1/2}$/kmol$^{1/2}$]
ヘリウム He	4.0026	2.0006
アルゴン Ar	39.940	6.3198
水銀 Hg	200.59	14.163

(例) 300Kにおけるアルゴンの音速を求める．表から

$$a\sqrt{M} = 2038.9 \ \mathrm{m \cdot kg^{1/2}/(s \cdot kmol^{1/2})}$$

したがって

$$a = \frac{2038.9}{6.3198} = 322.6 \ \mathrm{m/s}$$

7(h)　空気 $\overline{M}$ =28.9669kg/kmol(体積比 [%]y_{N_2}=78.03, y_{O_2}=20.99, y_{Ar}=0.98)

温度 τ [K]	t [°C]	モル定圧比熱 c_p [kJ/(kmol·K)]	モル定積比熱 c_v [kJ/(kmol·K)]	比熱比 κ [-]	音速 a [m/s]	モルエンタルピー h [kJ/kmol]	相対圧力 p_r [-]	モル内部エネルギー u [kJ/kmol]	相対体積 v_r [-]	モルエントロピー関数 ϕ [kJ/(kmol·K)]
100	-173.15	29.023	20.709	1.402	200.6	2895.2	0.029780	2063.8	963.84	162.230
200	-73.15	29.026	20.712	1.401	283.6	5797.6	0.33476	4134.7	171.49	182.347
300	26.85	29.093	20.779	1.400	347.2	8702.5	1.3801	6208.1	62.393	194.125
400	126.85	29.343	21.028	1.395	400.3	11622.4	3.7895	8296.6	30.297	202.523
500	226.85	29.810	21.495	1.387	446.1	14578.4	8.3757	10421.1	17.135	209.118
600	326.85	30.433	22.118	1.376	486.8	17589.6	16.207	12600.9	10.626	214.606
700	426.85	31.122	22.807	1.365	523.6	20667.1	28.670	14847.0	7.0081	219.349
800	526.85	31.808	23.494	1.354	557.6	23813.9	47.517	17162.3	4.8325	223.549
900	626.85	32.452	24.138	1.344	589.3	27027.3	74.904	19544.3	3.4487	227.334
1000	726.85	33.035	24.721	1.336	619.3	30302.3	113.42	21987.8	2.5306	230.784
1100	826.85	33.553	25.239	1.329	647.9	33632.3	166.14	24486.3	1.9004	233.957
1200	926.85	34.009	25.694	1.324	675.2	37010.9	236.60	27033.4	1.4558	236.896
1300	1026.85	34.406	26.092	1.319	701.5	40432.1	328.88	29623.2	1.1346	239.635
1400	1126.85	34.754	26.439	1.314	726.8	43890.5	447.60	32250.1	0.89776	242.197
1500	1226.85	35.056	26.742	1.311	751.3	47381.3	597.98	34909.5	0.71999	244.606

8 いくつかの理想気体の熱化学表 (a)CO と CO_2

	CO	$\overline{M}$ = 28.0104					CO_2	$\overline{M}$ = 44.0098				
τ	c_p	$h-h^*$	h	s	Δh^{fxno}	Δg^{fxno}	c_p	$h-h^*$	h	s	Δh^{fxno}	Δg^{fxno}
K	kJ/kmol·K	MJ/kmol	MJ/kmol	kJ/kmol·K	MJ/kmol	MJ/kmol	kJ/kmol·K	MJ/kmol	MJ/kmol	kJ/kmol·K	MJ/kmol	MJ/kmol
298.15	29.14	0.00	-110.53	197.65	-110.53	-137.16	37.13	0.00	-393.52	213.80	-393.52	-394.39
300	29.14	0.05	-110.48	197.83	-110.52	-137.33	37.22	0.07	-393.45	214.03	-393.52	-394.39
400	29.34	2.98	-107.55	206.24	-110.10	-146.34	41.33	4.00	-389.52	225.31	-393.58	-394.68
500	29.79	5.93	-104.60	212.83	-110.00	-155.41	44.63	8.31	-385.21	234.90	-393.67	-394.94
600	30.44	8.94	-101.59	218.32	-110.15	-164.49	47.32	12.91	-380.61	243.28	-393.80	-395.18
700	31.17	12.02	-98.51	223.07	-110.47	-173.52	49.56	17.75	-375.77	250.75	-393.98	-395.40
800	31.90	15.18	-95.35	227.28	-110.91	-182.50	51.43	22.81	-370.71	257.49	-394.19	-395.59
900	32.58	18.40	-92.13	231.07	-111.42	-191.42	53.00	28.03	-365.49	263.65	-394.41	-395.75
1000	33.18	21.69	-88.84	234.54	-111.98	-200.28	54.31	33.40	-360.12	269.30	-394.62	-395.89
1100	33.71	25.04	-85.49	237.73	-112.59	-209.08	55.41	38.88	-354.64	274.53	-394.84	-396.00
1200	34.18	28.43	-82.10	240.68	-113.22	-217.82	56.34	44.47	-349.05	279.39	-395.05	-396.10
1300	34.57	31.87	-78.66	243.43	-113.87	-226.51	57.14	50.15	-343.37	283.93	-395.26	-396.18
1400	34.92	35.34	-75.19	246.01	-114.54	-235.15	57.80	55.90	-337.62	288.19	-395.46	-396.24
1500	35.22	38.85	-71.68	248.43	-115.23	-243.74	58.38	61.71	-331.81	292.20	-395.67	-396.29
1600	35.48	42.39	-68.14	250.71	-115.93	-252.28	58.89	67.57	-325.95	295.98	-395.88	-396.32
1700	35.71	45.95	-64.58	252.87	-116.65	-260.78	59.32	73.48	-320.04	299.57	-396.09	-396.34
1800	35.91	49.53	-61.00	254.91	-117.38	-269.24	59.70	79.43	-314.09	302.97	-396.31	-396.35
1900	36.09	53.13	-57.40	256.86	-118.13	-277.66	60.05	85.42	-308.10	306.21	-396.54	-396.35
2000	36.25	56.74	-53.79	258.71	-118.90	-286.03	60.35	91.44	-302.08	309.29	-396.78	-396.33
2100	36.39	60.38	-50.15	260.49	-119.68	-294.37	60.62	97.49	-296.03	312.24	-397.04	-396.30
2200	36.52	64.02	-46.51	262.18	-120.47	-302.67	60.87	103.56	-289.96	315.07	-397.31	-396.26
2300	36.64	67.68	-42.85	263.81	-121.28	-310.94	61.09	109.66	-283.86	317.78	-397.60	-396.21
2400	36.32	71.32	-39.21	265.36	-122.13	-319.16	61.29	115.78	-277.74	320.39	-397.90	-396.14
2500	36.84	74.99	-35.54	266.85	-122.99	-327.36	61.47	121.92	-271.60	322.89	-398.22	-396.06
2600	36.92	78.67	-31.86	268.30	-123.85	-335.51	61.65	128.07	-265.45	325.31	-398.56	-395.97
2700	37.00	82.37	-28.16	269.70	-124.73	-343.64	61.80	134.25	-259.27	327.63	-398.92	-395.86
2800	37.08	86.07	-24.46	271.04	-125.62	-351.73	61.95	140.43	-253.09	329.89	-399.30	-395.74
2900	37.15	89.79	-20.74	272.35	-126.53	-359.79	92.10	146.64	-246.88	332.06	-399.70	-395.61
3000	37.22	93.50	-17.03	273.61	-127.46	-367.82	62.23	152.85	-240.67	334.17	-400.11	-395.46
3100	37.28	97.23	-13.30	274.83	-128.40	-375.81	62.35	159.08	-234.44	336.21	-400.55	-395.30
3200	37.34	100.96	-9.57	276.01	-129.35	-383.78	62.46	165.32	-228.20	338.19	-401.00	-395.12
3300	37.39	104.70	-5.83	277.16	-130.33	-391.71	62.57	171.57	-221.95	340.12	-401.47	-394.93
3400	37.44	108.44	-2.09	278.28	-131.31	-399.62	62.68	177.84	-215.68	341.99	-401.96	-394.73
3500	37.49	112.19	1.66	279.36	-132.31	-407.50	62.79	184.11	-209.41	343.80	-402.47	-394.51
3600	37.54	115.94	5.41	280.42	-133.33	-415.35	62.88	190.39	-203.13	345.57	-402.99	-394.27
3700	37.59	119.69	9.16	281.45	-134.36	-423.17	62.98	196.69	-196.83	347.30	-403.53	-394.02
3800	37.63	123.45	12.92	282.45	-135.41	-430.96	63.07	202.99	-190.53	348.98	-404.09	-393.76
3900	37.67	127.22	16.69	283.43	-136.46	-438.72	63.17	209.30	-184.22	350.62	-404.66	-393.48
4000	37.72	130.99	20.46	284.39	-137.54	-446.46	63.25	215.62	-177.90	352.22	-405.25	-393.18
4100	37.76	134.76	24.23	285.32	-138.62	-454.17	63.34	221.95	-171.57	353.78	-405.86	-392.87
4200	37.79	138.54	28.01	286.23	-139.72	-461.85	63.43	228.29	-165.23	355.31	-406.48	-392.55
4300	37.83	142.32	31.79	287.12	-140.84	-469.51	63.51	234.64	-158.88	356.80	-407.11	-392.21
4400	37.87	146.11	35.58	287.99	-141.96	-477.14	63.59	240.99	-152.53	358.26	-407.76	-391.86
4500	37.90	149.90	39.37	288.84	-143.10	-484.74	63.67	247.35	-146.17	359.69	-408.43	-391.49
4600	37.94	153.69	43.16	289.67	-144.26	-492.32	63.75	253.73	-139.79	361.09	-409.11	-391.11
4700	37.97	157.48	46.95	290.49	-145.42	-499.88	63.82	260.10	-133.42	362.47	-409.80	-390.71
4800	38.00	161.28	50.75	291.29	-146.61	-507.40	63.89	266.49	-127.03	363.81	-410.51	-390.29
4900	38.04	165.08	54.55	292.07	-147.80	-514.91	63.97	272.88	-120.64	365.13	-411.24	-389.86
5000	38.07	168.89	58.36	292.84	-149.01	-522.39	64.05	279.28	-114.24	366.42	-411.99	-389.42
5500	38.07	187.96	77.43	296.48	-155.28	-559.43	64.50	311.42	-82.10	372.55	-415.95	-386.97
6000	38.39	207.11	96.58	299.81	-161.95	-595.88	64.96	343.78	-49.74	378.18	-420.37	-384.15

1) M. W. Chase, et al.: JANAF Thermochemical Tables, 3rd. Ed., J. Phy. Chem. Ref. Data, vol. 14, 1985, sup. no. 1 から，小数第二位までに丸めて抜粋した．h は $h-h^* + \Delta h^{fxn\circ}$(298.15 K)として計算した．

8 (b) H と H_2

	H $\overline{M}$ = 1.00794						H_2 $\overline{M}$ = 2.01588					
T	c_p	$h-h^*$	h	s	Δh^{fxno}	Δg^{fxno}	c_p	$h-h^*$	h	s	Δh^{fxno}	Δg^{fxno}
K	kJ/kmol·K	MJ/kmol	MJ/kmol	kJ/kmol·K	MJ/kmol	MJ/kmol	kJ/kmol·K	MJ/kmol	MJ/kmol	kJ/kmol·K	MJ/kmol	MJ/kmol
298.15	20.79	0.00	218.00	114.72	218.00	203.28	28.84	0.00	0.00	130.68	0	0
300	20.79	0.04	218.04	114.85	218.01	203.19	28.85	0.05	0.05	130.86	0	0
400	20.79	2.12	220.12	120.83	218.64	198.15	29.18	2.96	2.96	139.22	0	0
500	20.79	4.20	222.20	125.46	219.25	192.96	29.26	5.88	5.88	145.74	0	0
600	20.79	6.27	224.27	129.25	219.87	187.64	29.33	8.81	8.81	151.08	0	0
700	20.79	8.35	226.35	132.46	220.48	182.22	29.44	11.75	11.75	155.61	0	0
800	20.79	10.43	228.43	135.23	221.08	176.71	29.62	14.70	14.70	159.55	0	0
900	20.79	12.51	230.51	137.68	221.67	171.13	29.88	17.68	17.68	163.05	0	0
1000	20.79	14.59	232.59	139.87	222.25	165.49	30.21	20.68	20.68	166.22	0	0
1100	20.79	16.67	234.67	141.85	222.81	159.78	30.58	23.72	23.72	169.11	0	0
1200	20.79	18.75	236.75	143.66	223.35	154.03	30.99	26.80	26.80	171.79	0	0
1300	20.79	20.82	238.82	145.32	223.87	148.23	31.42	29.92	29.92	174.29	0	0
1400	20.79	22.90	240.90	146.87	224.36	142.39	31.86	33.08	33.08	176.63	0	0
1500	20.79	24.98	242.98	148.30	224.84	136.52	32.30	36.29	36.29	178.85	0	0
1600	20.79	27.06	245.06	149.64	225.29	130.62	32.73	39.54	39.54	180.94	0	0
1700	20.79	29.14	247.14	150.90	225.72	124.69	33.14	42.84	42.84	182.94	0	0
1800	20.79	31.22	249.22	152.09	226.13	118.73	33.54	46.17	46.17	184.85	0	0
1900	20.79	33.30	251.30	153.21	226.53	112.76	33.92	49.54	49.54	186.67	0	0
2000	20.79	35.38	253.38	154.28	226.90	106.76	34.28	52.95	52.95	188.42	0	0
2100	20.79	37.45	255.45	155.29	227.25	100.74	34.62	56.40	56.40	190.10	0	0
2200	20.79	39.53	257.53	156.26	227.59	94.71	34.95	59.88	59.88	191.72	0	0
2300	20.79	41.61	259.61	157.18	227.92	88.66	35.26	63.39	63.39	193.28	0	0
2400	20.79	43.69	261.69	158.07	228.22	82.60	35.56	66.93	66.93	194.79	0	0
2500	20.79	45.77	263.77	158.92	228.52	76.53	35.84	70.50	70.50	196.24	0	0
2600	20.79	47.85	265.85	159.73	228.80	70.44	36.11	74.10	74.10	197.65	0	0
2700	20.79	49.93	267.93	160.52	229.06	64.35	36.37	77.72	77.72	199.02	0	0
2800	20.79	52.00	270.00	161.27	229.32	58.24	36.62	81.37	81.37	200.35	0	0
2900	20.79	54.08	272.08	162.00	229.56	52.13	36.86	85.04	85.04	201.64	0	0
3000	20.79	56.16	274.16	162.71	229.79	46.01	37.09	88.74	88.74	202.89	0	0
3100	20.79	58.24	246.24	163.39	230.01	39.88	37.31	92.46	92.46	204.11	0	0
3200	20.79	60.32	278.32	164.05	230.22	33.74	37.53	96.20	96.20	205.30	0	0
3300	20.79	62.40	280.40	164.69	230.41	27.60	37.74	99.97	99.97	206.46	0	0
3400	20.79	64.48	282.48	165.31	230.60	21.45	37.95	103.75	103.75	207.59	0	0
3500	20.79	66.55	284.55	165.91	230.78	15.30	38.15	107.56	107.56	208.69	0	0
3600	20.79	68.63	286.63	166.50	230.94	9.14	38.35	111.38	111.38	209.77	0	0
3700	20.79	70.71	288.71	167.07	231.10	2.97	38.54	115.22	115.22	210.82	0	0
3800	20.79	72.79	290.79	167.62	231.24	-3.20	38.74	119.09	119.09	211.85	0	0
3900	20.79	74.87	292.87	168.16	231.38	-9.37	38.93	122.97	122.97	212.86	0	0
4000	20.79	76.95	294.95	168.69	231.51	-15.54	39.12	126.87	126.87	213.85	0	0
4100	20.79	79.03	297.03	169.20	231.63	-21.72	39.30	130.80	130.80	214.82	0	0
4200	20.79	81.10	299.10	169.70	231.74	-27.90	39.48	134.73	134.73	215.77	0	0
4300	20.79	83.18	301.18	170.19	231.84	-34.08	39.67	138.69	138.69	216.70	0	0
4400	20.79	85.26	303.26	170.67	231.93	-40.27	39.84	142.67	142.67	217.61	0	0
4500	20.79	87.34	305.34	171.14	232.01	-46.45	40.02	146.66	146.66	218.51	0	0
4600	20.79	89.42	307.42	171.59	232.08	-52.64	40.19	150.67	150.67	219.39	0	0
4700	20.79	91.50	309.50	172.04	232.15	-58.83	40.36	154.70	154.70	220.26	0	0
4800	20.79	93.58	311.58	172.48	232.20	-65.03	40.52	158.74	158.74	221.11	0	0
4900	20.79	95.65	313.65	172.91	232.25	-71.22	40.68	162.80	162.80	221.94	0	0
5000	20.79	97.73	315.73	173.33	232.29	-77.41	40.83	166.88	166.88	222.77	0	0
5500	20.79	108.13	326.13	175.31	232.39	-108.39	41.50	187.47	187.47	226.69	0	0
6000	20.79	118.52	336.52	177.11	232.35	-139.37	41.97	208.34	208.34	230.32	0	0

8 (c) H_2O と N

	H_2O $\overline{M}$ = 18.01528						N $\overline{M}$ = 14.0067					
τ	c_p	$h-h^*$	h	s	Δh^{fxno}	Δg^{fxno}	c_p	$h-h^*$	h	s	Δh^{fxno}	Δg^{fxno}
K	kJ/kmol·K	MJ/kmol	MJ/kmol	kJ/kmol·K	MJ/kmol	MJ/kmol	kJ/kmol·K	MJ/kmol	MJ/kmol	kJ/kmol·K	MJ/kmol	MJ/kmol
298.15	33.59	0.00	-241.83	188.83	-241.83	-228.58	20.79	0.00	472.68	153.30	472.68	455.54
300	33.60	0.06	-241.77	189.04	-241.84	-228.50	20.79	0.04	472.72	153.43	472.69	455.43
400	34.26	3.45	-238.38	198.79	-242.85	-223.90	20.79	2.12	474.80	159.41	473.31	449.59
500	35.23	6.93	-234.90	206.53	-243.83	-219.05	20.79	4.20	476.88	164.05	473.92	443.58
600	36.33	10.50	-231.33	213.05	-244.76	-214.01	20.79	6.27	478.95	167.84	474.51	437.46
700	37.50	14.19	-227.64	218.74	-245.63	-208.81	20.79	8.35	481.03	171.04	475.07	431.24
800	38.72	18.00	-223.83	223.83	-246.44	-203.50	20.79	10.43	483.11	173.82	475.59	424.95
900	39.99	21.94	-219.89	228.46	-247.19	-198.08	20.79	12.51	485.19	176.26	476.08	418.58
1000	41.27	26.00	-215.83	232.74	-247.86	-192.59	20.79	14.59	487.27	178.45	476.54	412.17
1100	42.54	30.19	-211.64	236.73	-248.46	-187.03	20.79	16.67	489.35	180.44	476.97	405.71
1200	43.77	34.51	-207.32	240.49	-249.00	-181.43	20.79	18.75	491.43	182.24	477.37	399.22
1300	44.95	38.94	-202.89	244.04	-249.47	-175.77	20.79	20.82	493.50	183.91	477.76	392.69
1400	46.05	43.49	-198.34	247.41	-249.89	-170.09	20.79	22.90	495.58	185.45	478.12	386.13
1500	47.09	48.15	-193.68	250.62	-250.27	-164.38	20.79	24.98	497.66	186.88	478.46	379.55
1600	48.05	52.91	-188.92	253.69	-250.59	-158.64	20.79	27.06	499.74	188.22	478.79	372.94
1700	48.94	57.76	-184.07	256.63	-250.88	-152.88	20.79	29.14	501.82	189.48	479.11	366.32
1800	49.75	62.69	-179.14	259.45	-251.14	-147.11	20.79	31.22	503.90	190.67	479.41	359.67
1900	50.50	67.71	-174.12	262.16	-251.37	-141.33	20.79	33.30	505.98	191.80	479.71	353.01
2000	51.18	72.79	-169.04	264.77	-251.58	-135.53	20.79	35.38	508.06	192.86	479.99	346.34
2100	51.82	77.94	-163.89	267.28	-251.76	-129.72	20.79	37.45	510.13	193.88	480.27	339.65
2200	52.41	83.15	-158.68	269.71	-251.93	-123.91	20.80	39.53	512.21	194.84	480.54	332.95
2300	52.95	88.42	-153.41	272.05	-252.09	-118.08	20.80	41.61	514.29	195.77	480.80	326.23
2400	53.44	93.74	-148.09	274.31	-252.24	-112.25	20.81	43.70	516.38	196.66	481.06	319.51
2500	53.90	99.11	-142.72	276.50	-252.38	-106.42	20.83	45.78	518.46	197.50	481.31	312.77
2600	54.33	104.52	-137.31	278.63	-252.51	-100.58	20.84	47.86	520.54	198.32	481.56	306.02
2700	54.72	109.97	-131.86	280.68	-252.64	-94.73	20.86	49.95	522.63	199.11	481.81	299.27
2800	55.09	115.46	-126.37	282.68	-252.77	-88.88	20.89	52.03	524.71	199.87	482.05	292.50
2900	55.43	120.99	-120.84	284.62	-252.90	-83.02	20.92	54.12	526.80	200.60	482.30	285.73
3000	55.75	126.55	-115.28	286.50	-253.02	-77.16	20.96	56.22	528.90	201.31	482.54	278.95
3100	56.04	132.14	-109.69	288.34	-253.15	-71.30	21.01	58.32	531.00	202.00	482.79	272.16
3200	56.32	137.76	-104.07	290.12	-253.28	-65.43	21.06	60.42	533.10	202.67	483.04	265.36
3300	56.58	143.40	-98.43	291.86	-253.42	-59.56	21.13	62.53	535.21	203.32	483.29	258.55
3400	56.83	149.07	-92.76	293.55	-253.55	-53.68	21.20	64.65	537.33	203.95	483.54	251.74
3500	57.06	154.77	-87.06	295.20	-253.70	-47.80	21.28	66.77	539.45	204.56	483.80	244.92
3600	37.28	160.49	-81.34	296.81	-253.84	-41.92	21.37	68.90	541.58	205.16	484.06	238.09
3700	57.48	166.22	-75.61	298.38	-254.00	-36.03	21.46	71.04	543.72	205.75	484.34	231.25
3800	57.68	171.98	-69.85	299.92	-254.16	-30.13	21.57	73.19	545.87	206.33	484.61	224.41
3900	57.86	177.76	-64.07	301.42	-254.33	-24.24	21.69	75.36	548.04	206.89	484.90	217.55
4000	58.03	183.55	-58.28	302.89	-254.50	-18.33	21.81	77.53	550.21	207.44	485.20	210.70
4100	58.20	189.36	-52.47	304.32	-254.68	-12.43	21.94	79.72	552.40	207.98	485.51	203.83
4200	58.36	195.19	-46.64	305.73	-254.88	-6.52	22.08	81.92	554.60	208.51	485.83	196.96
4300	58.51	201.03	-40.80	307.10	-255.08	-0.60	22.23	84.14	556.82	209.03	486.16	190.07
4400	58.65	206.89	-34.94	308.45	-255.29	5.32	22.39	86.37	559.05	209.54	486.51	183.18
4500	58.79	212.76	-29.07	309.77	-255.51	11.25	22.55	88.61	561.29	210.05	486.87	176.29
4600	58.92	218.65	-23.18	311.06	-255.74	17.18	22.72	90.88	563.56	210.54	487.25	169.38
4700	59.04	224.55	-17.28	312.33	-255.98	23.11	22.90	93.16	565.84	211.04	487.64	162.47
4800	59.16	230.46	-11.37	313.57	-256.23	29.05	23.08	95.46	568.14	211.52	488.05	155.54
4900	59.28	236.38	-5.45	314.80	-256.49	35.00	23.27	97.78	570.46	212.00	488.47	148.61
5000	59.39	242.31	0.48	315.99	-256.76	40.95	23.46	100.11	572.79	212.47	488.91	141.67
5500	59.98	272.16	30.33	321.68	-258.27	70.79	24.47	112.09	584.77	214.75	491.39	103.83
6000	60.57	302.30	60.47	326.93	-259.98	100.78	25.52	124.59	597.27	216.93	494.35	71.74

8 (d) N_2 と NO

	N_2 $\overline{M}$ = 28.0134						NO $\overline{M}$ = 30.0061					
T	c_p	$h-h^*$	h	s	Δh^{fxno}	Δg^{fxno}	c_p	$h-h^*$	h	s	Δh^{fxno}	Δg^{fxno}
K	kJ/kmol·K	MJ/kmol	MJ/kmol	kJ/kmol·K	MJ/kmol	MJ/kmol	kJ/kmol·K	MJ/kmol	MJ/kmol	kJ/kmol·K	MJ/kmol	MJ/kmol
298.15	29.12	0.00	0.00	191.61	0	0	29.85	0.00	90.29	210.76	90.29	86.60
300	29.13	0.05	0.05	191.79	0	0	29.84	0.06	90.35	210.94	90.29	86.58
400	29.25	2.97	2.97	200.18	0	0	29.94	3.04	93.33	219.53	90.33	85.33
500	29.58	5.91	5.91	206.74	0	0	30.49	6.06	96.35	226.26	90.35	84.08
600	30.11	8.89	8.89	212.18	0	0	31.24	9.14	99.43	231.89	90.37	82.82
700	30.75	11.94	11.94	216.87	0	0	32.03	12.31	102.60	236.76	90.38	81.56
800	31.43	15.05	15.05	221.02	0	0	32.77	15.55	105.84	241.09	90.40	80.30
900	32.09	18.22	18.22	224.76	0	0	33.42	18.86	109.15	244.99	90.42	79.04
1000	32.70	21.46	21.46	228.17	0	0	33.99	22.23	112.52	248.54	90.44	77.78
1100	33.24	24.76	24.76	231.31	0	0	34.47	25.65	115.94	251.80	90.46	76.51
1200	33.72	28.11	28.11	234.23	0	0	34.88	29.12	119.41	254.82	90.48	75.24
1300	34.15	31.50	31.50	236.94	0	0	35.23	32.63	122.92	257.62	90.49	73.97
1400	34.52	34.94	34.94	239.49	0	0	35.52	36.16	126.45	260.24	90.51	72.70
1500	34.84	38.41	38.41	241.88	0	0	35.78	39.73	130.02	262.70	90.52	71.43
1600	35.13	41.90	41.90	244.14	0	0	36.00	43.32	133.61	265.02	90.53	70.15
1700	35.38	45.43	45.43	246.28	0	0	36.20	46.93	137.22	267.21	90.53	68.88
1800	35.60	48.98	48.98	248.30	0	0	36.36	50.56	140.85	269.28	90.52	67.61
1900	35.80	52.55	52.55	250.23	0	0	36.51	54.20	144.49	271.25	90.51	66.33
2000	35.97	56.14	56.14	252.07	0	0	36.65	57.86	148.15	273.13	90.49	65.06
2100	36.13	59.74	59.74	253.83	0	0	36.77	61.53	151.82	274.92	90.47	63.79
2200	36.27	63.36	63.36	255.52	0	0	36.87	65.21	155.50	276.63	90.44	62.52
2300	36.40	67.00	67.00	257.13	0	0	36.97	68.90	159.19	278.27	90.40	61.25
2400	36.51	70.64	70.64	258.68	0	0	37.06	72.61	162.90	279.85	90.35	59.98
2500	36.62	74.30	74.30	260.18	0	0	37.14	76.32	166.61	281.36	90.30	58.72
2600	36.71	77.96	77.96	261.61	0	0	37.22	80.03	170.32	282.82	90.23	57.46
2700	36.80	81.64	81.64	263.00	0	0	37.29	83.76	174.05	284.23	90.16	56.20
2800	36.88	85.32	85.32	264.34	0	0	37.35	87.49	177.78	285.59	90.08	54.94
2900	36.96	89.02	89.02	265.64	0	0	37.41	91.23	181.52	286.90	89.99	53.69
3000	37.03	92.72	92.72	266.89	0	0	37.47	94.97	185.26	288.17	89.90	52.44
3100	37.10	96.42	96.42	268.11	0	0	37.52	98.72	189.01	289.40	89.80	51.19
3200	37.16	100.13	100.13	269.29	0	0	37.57	102.48	192.77	290.59	89.69	49.95
3300	37.22	103.85	103.85	270.43	0	0	37.62	106.24	196.53	291.74	89.57	48.71
3400	37.27	107.58	107.58	271.54	0	0	37.66	110.00	200.29	292.87	89.45	47.47
3500	37.32	111.31	111.31	272.62	0	0	37.71	113.77	204.06	293.96	89.32	46.24
3600	37.37	115.04	115.04	273.68	0	0	37.75	117.54	207.83	295.02	89.19	45.01
3700	37.42	118.78	118.78	274.70	0	0	37.79	121.32	211.61	296.06	89.05	43.78
3800	37.47	122.53	122.53	275.70	0	0	37.83	125.10	215.39	297.07	88.90	42.56
3900	37.51	126.27	126.27	276.67	0	0	37.86	128.88	219.17	298.05	88.75	41.35
4000	37.55	130.03	130.03	277.62	0	0	37.90	132.67	222.96	299.01	88.60	40.13
4100	37.59	133.78	133.78	278.55	0	0	37.93	136.46	226.75	299.94	88.43	38.92
4200	37.63	137.55	137.55	279.46	0	0	37.97	140.26	230.55	300.86	88.27	37.72
4300	37.67	141.31	141.31	280.34	0	0	38.00	144.06	234.35	301.75	88.10	36.52
4400	37.70	145.08	145.08	281.21	0	0	38.03	147.86	238.15	302.63	87.92	35.32
4500	37.74	148.85	148.85	282.06	0	0	38.06	151.66	241.95	303.48	87.74	34.12
4600	37.77	152.63	152.63	282.89	0	0	38.09	155.47	245.76	304.32	87.56	32.93
4700	37.81	156.41	156.41	283.70	0	0	38.12	159.28	249.57	305.14	87.37	31.75
4800	37.84	160.19	160.19	284.49	0	0	38.15	163.09	253.38	305.94	87.17	30.57
4900	37.88	163.97	163.97	285.28	0	0	38.18	166.91	257.20	306.73	86.97	29.39
5000	37.91	167.76	167.76	286.04	0	0	38.21	170.73	261.02	307.50	86.77	28.22
5500	38.08	186.76	186.76	289.66	0	0	38.34	189.87	280.16	311.15	85.64	22.42
6000	38.28	205.85	205.85	292.98	0	0	38.47	209.07	299.36	314.49	84.33	16.72

8 (e) NO_2 と O

τ	NO_2 $\overline{M}$ = 46.0055						O $\overline{M}$ = 15.9994					
τ	c_p	$h-h^*$	h	s	Δh^{fxno}	Δg^{fxno}	c_p	$h-h^*$	h	s	Δh^{fxno}	Δg^{fxno}
K	kJ/kmol·K	MJ/kmol	MJ/kmol	kJ/kmol·K	MJ/kmol	MJ/kmol	kJ/kmol·K	MJ/kmol	MJ/kmol	kJ/kmol·K	MJ/kmol	MJ/kmol
298.15	36.97	0.00	33.10	240.03	33.10	51.26	21.91	0.00	249.17	161.06	249.17	231.74
300	37.03	0.07	33.17	240.26	33.08	51.37	21.90	0.04	249.21	161.19	249.19	231.63
400	40.17	3.93	37.03	251.34	32.51	57.56	21.48	2.21	251.38	167.43	249.87	225.67
500	43.21	8.10	41.20	260.64	32.15	63.87	21.26	4.34	253.51	172.20	250.47	219.55
600	45.83	12.56	45.66	268.76	31.96	70.23	21.12	6.46	255.63	176.06	251.01	213.31
700	47.99	17.25	50.35	275.99	31.88	76.62	21.04	8.57	257.74	179.31	251.49	206.99
800	49.71	22.14	55.24	282.51	31.87	83.01	20.98	10.67	259.84	182.12	251.93	200.60
900	51.08	27.18	60.28	288.45	31.92	89.40	20.94	12.77	261.94	184.59	252.32	194.16
1000	52.17	32.34	65.44	293.89	32.01	95.78	20.92	14.86	264.03	186.79	252.68	187.68
1100	53.04	37.61	70.71	298.90	32.11	102.15	20.89	16.95	266.12	188.78	253.02	181.17
1200	53.75	42.95	76.05	303.55	32.23	108.51	20.88	19.04	268.21	190.60	253.33	174.62
1300	54.33	48.35	81.45	307.88	32.35	114.87	20.86	21.13	270.30	192.27	253.63	168.05
1400	54.80	53.81	86.91	311.92	32.48	121.21	20.85	23.21	272.38	193.82	253.91	161.45
1500	55.20	59.31	92.41	315.72	32.60	127.54	20.85	25.30	274.47	195.25	254.17	154.84
1600	55.53	64.85	97.95	319.29	32.72	133.87	20.84	27.38	276.55	196.60	254.42	148.21
1700	55.82	70.41	103.51	322.66	32.84	140.19	20.83	29.46	278.63	197.86	254.66	141.56
1800	56.06	76.01	109.11	325.86	32.94	146.50	20.83	31.55	280.72	199.05	254.88	134.91
1900	56.26	81.62	114.72	328.90	33.03	152.80	20.83	33.63	282.80	200.18	255.10	128.23
2000	56.44	87.26	120.36	331.79	33.11	159.11	20.83	35.71	284.88	201.25	255.30	121.55
2100	56.60	92.91	126.01	334.55	33.18	165.40	20.83	37.80	286.97	202.26	255.49	114.86
2200	56.73	98.58	131.68	337.18	33.22	171.70	20.83	39.88	289.05	203.23	255.67	108.16
2300	56.85	104.26	137.36	339.71	33.26	177.99	20.84	41.96	291.13	204.16	255.84	101.45
2400	56.96	109.95	143.05	342.13	33.27	184.29	20.84	44.05	293.22	205.05	255.99	94.73
2500	57.05	115.65	148.75	344.46	33.27	190.58	20.85	46.13	295.30	205.90	256.14	88.01
2600	57.14	121.36	154.46	346.69	33.25	196.87	20.86	48.22	297.39	206.71	256.28	81.28
2700	57.21	127.08	160.18	348.85	33.21	203.16	20.88	50.30	299.47	207.50	256.41	74.55
2800	57.28	132.80	165.90	350.93	33.16	209.46	20.89	52.39	301.56	208.26	256.53	67.81
2900	57.34	138.53	171.63	352.95	33.08	215.76	20.91	54.48	303.65	209.00	256.64	61.07
3000	57.39	144.27	177.37	354.89	32.99	222.06	20.94	56.57	305.74	209.70	256.74	54.33
3100	57.44	150.01	183.11	356.77	32.89	228.36	20.96	58.67	307.84	210.39	256.84	47.58
3200	57.49	155.76	188.86	358.60	32.76	234.67	20.99	60.77	309.94	211.06	256.93	40.83
3300	57.53	161.51	194.61	360.37	32.62	240.98	21.02	62.87	312.04	211.70	257.01	34.07
3400	57.57	167.26	200.36	362.08	32.47	247.30	21.06	64.97	314.14	212.33	257.09	27.32
3500	57.60	173.02	206.12	363.75	32.30	253.62	21.09	67.08	316.25	212.94	257.17	20.56
3600	57.64	178.78	211.88	365.38	32.11	259.95	21.13	69.19	318.36	213.54	257.24	13.79
3700	57.67	184.55	217.65	366.96	31.91	266.28	21.17	71.31	320.48	214.12	257.31	7.03
3800	57.69	190.32	223.42	368.50	31.70	272.61	21.21	73.42	322.59	214.68	257.37	0.27
3900	57.72	196.09	229.19	369.99	31.48	278.96	21.26	75.55	324.72	215.23	257.44	-6.50
4000	57.74	201.86	234.96	371.46	31.24	285.31	21.30	77.68	326.85	215.77	257.50	-13.27
4100	57.76	207.64	240.74	372.88	30.99	291.66	21.35	79.81	328.98	216.30	257.55	-20.04
4200	57.78	213.41	246.51	374.27	30.72	298.02	21.40	81.95	331.12	216.81	257.61	-26.81
4300	57.80	219.19	252.29	375.63	30.44	304.39	21.45	84.09	333.26	217.32	257.67	-33.58
4400	57.82	224.97	258.07	376.96	30.16	310.76	21.50	86.23	335.40	217.81	257.72	-40.36
4500	57.84	230.76	263.86	378.26	29.85	317.14	21.55	88.39	337.56	218.30	257.77	-47.13
4600	57.85	236.54	269.64	379.53	29.54	323.53	21.60	90.54	339.71	218.77	257.83	-53.91
4700	57.87	242.33	275.43	380.78	29.21	329.93	21.65	92.71	341.88	219.23	257.88	-60.69
4800	57.88	248.11	281.21	382.00	28.88	336.33	21.70	94.87	344.04	219.69	257.93	-67.47
4900	57.89	253.90	287.00	383.19	28.52	342.74	21.75	97.05	346.22	220.14	257.97	-74.24
5000	57.91	259.69	292.79	384.36	28.16	349.15	21.80	99.22	348.39	220.58	258.02	-81.03
5500	57.96	288.66	321.76	389.88	26.11	381.35	22.05	110.18	359.35	222.67	258.22	-114.94
6000	58.00	317.65	350.75	394.93	23.61	413.75	22.27	121.26	370.43	224.60	258.33	-148.87

8 (f) O_2 と OH

	O_2		$\overline{M}$ = 31.9988				OH		$\overline{M}$ = 17.00734			
T	c_p	$h-h^*$	h	s	Δh^{fxno}	Δg^{fxno}	c_p	$h-h^*$	h	s	Δh^{fxno}	Δg^{fxno}
K	kJ/kmol·K	MJ/kmol	MJ/kmol	kJ/kmol·K	MJ/kmol	MJ/kmol	kJ/kmol·K	MJ/kmol	MJ/kmol	kJ/kmol·K	MJ/kmol	MJ/kmol
298.15	29.38	0.00	0.00	205.15	0	0	29.99	0.00	38.99	183.71	38.99	34.28
300	29.39	0.05	0.05	205.33	0	0	29.98	0.06	39.05	183.89	38.99	34.25
400	30.11	3.03	3.03	213.87	0	0	29.65	3.04	42.03	192.47	39.03	32.66
500	31.09	6.08	6.09	220.69	0	0	29.52	5.99	44.98	199.07	39.00	31.07
600	32.09	9.24	9.24	226.45	0	0	29.53	8.94	47.93	204.45	38.90	29.49
700	32.98	12.50	12.50	231.47	0	0	29.66	11.90	50.89	209.01	38.76	27.94
800	33.73	15.84	15.84	235.92	0	0	29.92	14.88	53.87	212.98	38.60	26.40
900	34.36	19.24	19.24	239.93	0	0	30.26	17.89	56.88	216.53	38.42	24.88
1000	34.87	22.70	22.70	243.58	0	0	30.68	20.94	59.93	219.74	38.23	23.39
1100	35.30	26.21	26.21	246.92	0	0	31.12	24.02	63.01	222.68	38.05	21.92
1200	35.67	29.76	29.76	250.01	0	0	31.59	27.16	66.15	225.41	37.87	20.46
1300	35.99	33.34	33.34	252.88	0	0	32.05	30.34	69.33	227.96	37.70	19.01
1400	36.28	36.96	36.96	255.56	0	0	32.49	33.57	72.56	230.35	37.54	17.58
1500	36.54	40.60	40.60	258.07	0	0	32.92	36.84	75.83	232.60	37.38	16.16
1600	36.80	44.27	44.27	260.43	0	0	33.32	40.15	79.14	234.74	37.23	14.75
1700	37.04	47.96	47.96	262.67	0	0	33.69	43.50	82.49	236.77	37.09	13.35
1800	37.28	51.67	51.67	264.80	0	0	34.04	46.89	85.88	238.71	36.96	11.96
1900	37.51	55.41	55.41	266.82	0	0	34.37	50.31	89.30	240.56	36.82	10.58
2000	37.74	59.18	59.18	268.75	0	0	34.67	53.76	92.75	242.33	36.69	9.20
2100	37.97	62.96	62.96	270.60	0	0	34.95	57.24	96.23	244.03	36.55	7.83
2200	38.20	66.77	66.77	272.37	0	0	35.21	60.75	99.74	245.66	36.42	6.46
2300	38.42	70.60	70.60	274.07	0	0	35.45	64.29	103.28	247.23	36.28	5.10
2400	38.64	74.45	74.45	275.71	0	0	35.67	67.84	106.83	248.74	36.14	3.75
2500	38.86	78.33	78.33	277.29	0	0	35.88	71.42	110.41	250.20	35.99	2.40
2600	39.07	82.22	82.22	278.82	0	0	36.08	75.02	114.01	251.61	35.84	1.06
2700	39.28	86.14	86.14	280.30	0	0	36.26	78.63	117.62	252.98	35.69	-0.27
2800	39.48	90.08	90.08	281.73	0	0	36.43	82.27	121.26	254.30	35.53	-1.60
2900	39.67	94.04	94.04	283.12	0	0	36.59	85.92	124.91	255.58	35.37	-2.92
3000	39.86	98.01	98.01	284.47	0	0	36.74	89.58	128.57	256.82	35.19	-4.24
3100	40.05	102.01	102.01	285.78	0	0	36.88	93.27	132.26	258.03	35.02	-5.55
3200	40.23	106.02	106.02	287.05	0	0	37.01	96.96	135.95	259.20	34.83	-6.86
3300	40.40	110.05	110.05	288.29	0	0	37.14	100.67	139.66	260.34	34.64	-8.16
3400	40.56	114.10	114.10	289.50	0	0	37.26	104.39	143.38	261.46	34.45	-9.45
3500	40.72	118.17	118.17	290.68	0	0	37.38	108.12	147.11	262.54	34.25	-10.74
3600	40.87	122.25	122.25	291.83	0	0	37.49	111.86	150.85	263.59	34.04	-12.02
3700	41.01	126.34	126.34	292.95	0	0	37.59	115.62	154.61	264.62	33.82	-13.30
3800	41.15	130.45	130.45	294.04	0	0	37.69	119.38	158.37	265.62	33.60	-14.57
3900	41.29	134.57	134.57	295.12	0	0	37.79	123.16	162.15	266.60	33.37	-15.83
4000	41.42	138.71	138.71	296.16	0	0	37.89	126.94	165.93	267.56	33.14	-17.09
4100	41.55	142.85	142.85	297.19	0	0	37.98	130.73	169.72	268.50	32.89	-18.35
4200	41.67	147.02	147.02	298.19	0	0	38.06	134.53	173.52	269.42	32.65	-19.59
4300	41.80	151.19	151.19	299.17	0	0	38.15	138.35	177.34	270.31	32.39	-20.83
4400	41.92	155.37	155.37	300.13	0	0	38.23	142.16	181.15	271.19	32.13	-22.07
4500	42.04	159.57	159.57	301.08	0	0	38.32	145.99	184.98	272.05	31.86	-23.30
4600	42.16	163.78	163.78	302.00	0	0	38.39	149.83	188.82	272.89	31.59	-24.52
4700	42.29	168.01	168.01	302.91	0	0	38.47	153.67	192.66	273.72	31.31	-25.74
4800	42.41	172.24	172.24	303.80	0	0	38.55	157.52	196.51	274.53	31.02	-26.95
4900	42.54	176.49	176.49	304.68	0	0	38.63	161.38	200.37	275.33	30.72	-28.15
5000	42.68	180.75	180.75	305.54	0	0	38.70	165.25	204.24	276.11	30.42	-29.35
5500	43.43	202.27	202.27	309.64	0	0	39.06	184.69	223.68	279.81	28.81	-35.25
6000	44.39	224.21	224.21	313.46	0	0	39.42	204.31	243.30	283.23	27.02	-41.00

9. 理想気体状態における気体の定圧比熱

$c_p/R = \underline{c_p}/\underline{R} = A + B\tau + C\tau^2 + D\tau^3 + e\tau^{-2}$, c_p :モル定圧比熱, $\underline{c_p}$:定圧比熱, τ :温度 [K] , $R = \overline{M}\underline{R}$ 8.314510 kJ/(kmol・K)

気体 (原子の数, 分子量の昇順)	分子式	分子量 $\overline{M}$ $\left[\frac{kg}{kmol}\right]$	質量気体定数 $\underline{R}$ $\left[\frac{kJ}{kg \cdot K}\right]$	適用範囲 [K]	A [-]	10^3B $\left[\frac{1}{K}\right]$	10^6C $\left[\frac{1}{K^2}\right]$	10^9D $\left[\frac{1}{K^3}\right]$	$10^{-3}e$ $[K^2]$
ヘリウム	He	4.0026	2.0772	100 -20000	2.500	0	0	0	0
アルゴン	Ar	39.948	0.20813	100 - 8200	2.500	0	0	0	0
水素	H_2	2.0159	4.1244	298 - 3000	3.249	0.422	0	0	8.3
一酸化炭素	CO	28.0106	0.29682	298 - 2500	3.376	0.557	0	0	-3.1
窒素	N_2	28.0134	0.29680	298 - 2000	3.280	0.593	0	0	4.0
空気	—	28.964	0.28706	273 - 3800	3.300	0.7433	- 0.1081	0	0
酸化窒素	NO	30.0061	0.27709	298 - 2000	3.387	0.629	0	0	1.4
酸素	O_2	31.9988	0.25983	298 - 2000	3.639	0.506	0	0	-22.7
塩化水素	HCl	36.4610	0.22803	298 - 2000	3.156	0.623	0	0	15.1
水蒸気	H_2O	18.0153	0.46151	298 - 2000	3.470	1.450	0	0	12.1
二酸化炭素	CO_2	44.0100	0.18892	298 - 2000	5.457	1.045	0	0	-115.7
亜酸化窒素	N_2O	44.0128	0.18891	298 - 2000	5.328	1.214	0	0	-92.8
二酸化硫黄	SO_2	64.0628	0.12978	298 - 2000	5.699	0.801	0	0	-101.5
アンモニア	NH_3	17.0306	0.48820	298 - 1800	3.578	3.020	0	0	-18.6
アセチレン	C_2H_2	26.0382	0.31931	298 - 1500	6.132	17.978	- 6.158	0	0
メタン	CH_4	16.0430	0.51825	298 - 1500	1.702	9.801	- 2.164	0	0
メチルクロライド	CH_3Cl	50.4881	0.16468	273 - 1500	1.536	13.07	- 6.264	0.158	0
エチレン	C_2H_4	28.0542	0.29637	298 - 1500	1.424	14.394	- 4.392	0	0
メタノール	CH_4O	32.042	0.25949	298 - 1500	2.211	12.216	- 3.450	0	0
アセトアルデヒド	C_2H_4O	44.053	0.18874	298 - 1000	1.693	17.978	- 6.158	0	0
エタン	C_2H_6	30.0701	0.27650	298 - 1500	1.131	19.225	- 5.561	0	0
プロピレン	C_3H_6	42.081	0.19758	298 - 1500	1.637	22.706	- 6.915	0	0
エタノール	C_2H_6O	46.069	0.18048	298 - 1500	3.518	20.001	- 6.002	0	0
プロパン	C_3H_8	44.096	0.18855	298 - 1500	1.213	28.785	- 8.824	0	0
ベンゼン	C_6H_6	78.113	0.10644	298 - 1500	-0.206	39.064	-13.301	0	0
n-ブタン	C_4H_{10}	58.123	0.14305	298 - 1500	1.935	36.915	-11.402	0	0
i-ブタン	C_4H_{10}	58.123	0.14305	298 - 1500	1.677	37.853	-11.945	0	0
トルエン	C_7H_8	92.140	0.090238	298 - 1500	0.290	47.052	-15.716	0	0
n-ペンタン	C_5H_{12}	72.150	0.11524	298 - 1500	2.464	45.351	-14.111	0	0
n-ヘキサン	C_6H_{14}	86.177	0.096482	298 - 1500	3.025	53.722	-16.791	0	0
n-ヘプタン	C_7H_{16}	100.203	0.082977	298 - 1500	3.570	62.127	-19.486	0	0
n-オクタン	C_8H_{18}	114.230	0.072787	298 - 1500	8.163	70.567	-22.208	0	0

1) L. V. Gurvich, I. V. Veyts, and C. B. Alcock, eds: Thermodynamic Properties of Individual Substances, 4th ed., vol.1, Hemisphere(1989), J. M. Smith and H. C. Van Ness: Introduction to Chemical Engineering Thermodynamics, 4th ed., McGraw-Hill(1987), S. I. Sandler,: Chemicaland Engineering Thermodynamics, Wiley(1989), などから引用.

10. 標準条件 τ° = 298.15 K， p° = 0.1 MPa における標準生成エンタルピー Δh^{fxn^*}，標準生成 Gibbs エネルギー Δg^{fxn^*}，絶対エントロピー s^*_{abs} および生成反応の標準平衡定数の常用対数 $\log K^{fxn^*}$

物質（原子の数および分子量の昇順）	分子式	分子量 $\overline{M}$ [kg/kmol]	相	標準生成エンタルピー Δh^{fxn*} [MJ/kmol]	標準生成Gibbsエネルギー Δg^{fxn*} [MJ/kmol]	絶対エントロピー s^*_{abs} [kJ/(kmol·K)]	生成反応の標準平衡定数の常用対数 $\log K^{fxn*}$ 2) [-]
水素／原子	H	1.008	気体	+ 217.999	+ 203.278	114.716	- 35.613
炭素／ｸﾞﾗﾌｧｲﾄ	C	12.011	固体	0	0	5.740	0
窒素／原子	N	14.0067	気体	+ 472.683	+ 455.540	153.300	- 79.809
酸素／原子	O	15.9994	〃	+ 249.173	+ 231.736	161.058	- 40.599
水素	H_2	2.01588	〃	0	0	130.680	0
水酸基	OH	17.00734	〃	+ 39.987	+ 34.277	183.708	- 6.005
一酸化炭素	CO	28.0104	〃	- 110.527	- 137.163	197.653	+ 24.030
窒素	N_2	28.0134	〃	0	0	191.609	0
一酸化窒素	NO	30.0061	〃	+ 90.291	+ 86.600	210.758	- 15.172
酸素	O_2	31.9988	〃	0	0	205.147	0
水	H_2O	18.01528	〃	- 241.826	- 228.582	188.834	+ 40.047
			液体	- 285.830	- 237.141	69.950	+ 41.546
二酸化炭素	CO_2	44.0098	気体	- 393.522	- 394.389	213.795	+ 69.095
二酸化窒素	NO_2	46.0055	〃	+ 33.095	+ 51.258	240.034	- 8.980
アンモニア	NH_3	17.03052	〃	- 45.898	- 16.367	192.774	+ 2.867
アセチレン	C_2H_2	26.03788	〃	+ 226.731	+ 248.163	200.958	- 43.477
メタン	CH_4	16.04276	〃	- 74.873	- 50.768	186.251	+ 8.894
エチレン	C_2H_4	28.055376	〃	+ 52.467	+ 68.421	219.330	- 11.987
メタノール	CH_3OH	32.042	〃	- 201.167	- 162.448	239.811	+ 28.460
			液体	- 238.572	- 166.152	126.775	+ 29.109
エタン	C_2H_6	30.070	気体	- 84.667	- 32.842	229.602	+ 5.7536
エタノール	C_2H_5OH	46.069	〃	- 234.806	- 168.200	282.697	+ 29.468
			液体	- 276.981	- 173.991	160.666	+ 30.483
プロパン	C_3H_8	44.097	気体	- 103.847	- 23.414	270.019	+ 4.1019
ベンゼン	C_6H_6	78.114	〃	+ 82.982	+ 129.745	269.379	- 22.730
			液体	+ 49.061	+ 124.582	172.915	- 21.856
ブタン	C_4H_{10}	58.124	気体	- 126.148	- 17.044	310.227	+ 2.9860
トルエン	C_7H_8	92.141	〃	+ 50.032	+ 122.372	319.955	- 21.439
			液体	+ 12.004	+ 114.224	219.723	- 20.011
n-オクタン	C_8H_{18}	114.23	気体	- 208.447	+ 16.599	446.835	- 2.9080
			液体	- 249.952	+ 6.713	360.896	- 1.1761

1) M. W. Chase, et al.：JANAF Thermochemical Tables, 3rd. Ed., J. Phy. Chem. Ref. Data, vol. 14, 1985, sup. no. 1 などから引用.

2) $\log K^{fxn*} = -\Delta g^{fxn*} / (R\tau^\circ)$, $R\tau^\circ \ln 10 = 5.70804$ MJ/kmol.

3) 標準生成エントロピー Δs^{fxn*} は, $\Delta s^{fxn*} = (\Delta f^{fxn*} - \Delta g^{fxn*}) / 298.15$ により計算する.

11. 標準圧力 p° = 0.1 MPa で理想気体状態における化学種 A_i の標準生成反応の平衡定数を $K_i^{fxn^\circ} = \exp(a_i - b_i/\tau)$ と書いた場合の定数 a_i と b_i

物質	分子式	a_i [-]	b_i [K]
水素/原子	H	7.104	26885
水素/原子核	H^+	13.437	188141
炭素	C	18.871	86173
窒素/原子	N	7.966	57442
酸素/原子	O	7.963	30471
酸素イオン	O^-	0.528	10048
塩素/原子	Cl	7.244	14965
フッ素/原子	F	7.690	9906
水酸基	OH	1.666	4585
水酸基イオン	OH^-	-6.753	-20168
炭素/二原子	C_2	22.870	100582
一酸化炭素	CO	10.098	-13808
一酸化窒素	NO	1.504	10863
水	H_2O	−6.866	−29911
二酸化炭素	CO_2	−0.010	−47575
亜酸化窒素	N_2O	−8.438	10249
二酸化窒素	NO_2	−7.630	3870
オゾン	O_3	−8.107	17307
メタン	CH_4	−13.213	−10732
アンモニア	NH_3	−13.951	−6462
ヒドロニウムイオン	H_3O^+	−8.312	71295
アセチレン	C_2H_2	6.325	26818
四フッ化炭素	CF_4	−18.143	−112213
HCFC（フロン）21	$CHCl_2F$	−12.731	−34190
クロロホルム	$CHCl_3$	−13.284	−12327
CFC（フロン）12	CCl_2F_2	−14.830	−58585
エチレン	C_2H_4	−9.827	4635

1) 旧版のJANAF表によって作ってある反応式 $\sum_{i=1}^{r} \nu_i A_i = 0$ に対して，$\Delta a = \sum_{i=1}^{r} \nu_i a_i$ および $\Delta b = \sum_{i=1}^{r} \nu_i b_i$ を計算する．この反応の標準平衡定数は $K^{rxn\circ}(\tau) = \exp(\Delta a - \Delta b / \tau)$ である．

p° = 0.1 MPa，τ° = 298.15 K< τ < 5000 K．

12．本書で扱った化学反応

名称	反応式と式番号
反応式の雛型	$\nu_A A + \nu_B B \leftrightarrow \nu_C C + \nu_D D$ (R1)
単一反応の一般式	$\sum_{i=1}^{r} \nu_i A_i(P) = 0$ (R2)
並進反応の一般式	$\sum_{i} \nu_i^{(j)} A_i(P) = 0 \quad j = 1,2,3, \ldots t$ (R3)
炭素の燃焼	$C(s) + O_2(g) = CO_2(g)$ (R4)
窒素の酸化	$N_2(g) + O_2(g) = 2NO(g)$ (R5)
メタンの燃焼	$CH_4(g) + 2O_2(g) = CO_2(g) + 2H_2O(g)$ (R6)
解説用	$\sum_{i=1}^{2} \nu_i A_i(P) = \sum_{i=3}^{4} \nu_i A_i(P)$ (R7)
解説用	$\sum_{i=1}^{4} \nu_i A_i(P) = 0$ (R8)
(R2)の再録	$\sum_{i=1}^{r} \nu_i A_i(P) = 0$ (R9) [R2]
一酸化窒素の生成 (R5)と同内容	$\frac{1}{2}N_2(g) + \frac{1}{2}O_2(g) = NO(g)$ (R10)
メタノールの生成	$C(s) + 2H_2(g) + \frac{1}{2}O_2(g) = CH_3OH(l)$ (R11)
一酸化炭素の燃焼	$CO(g) + \frac{1}{2}O_2(g) = CO_2(g)$ (R12)
メタンから水素を作る反応	$CH_4(g) + H_2O(g) = CO(g) + 3H_2(g)$ (R13)
(R3)の再録	$\sum_{i} \nu_i^{(j)} A_i(P) = 0 \quad j = 1,2,3, \ldots t$ (R14) [R3]
メタンから水素を作る別の反応	$CH_4(g) + 2H_2O(g) = CO_2(g) + 4H_2(g)$ (R15)
エチレンからエタノールを作る反応	$C_2H_4(g) + H_2O(l) = C_2H_5OH(l)$ (R16)
A_i(P)の生成	$\sum_{j=1}^{r(ES)} \gamma_{ij} A_j^{ES} = A_i(P)$ (R17)
水の生成	$H_2(g) + \frac{1}{2}O_2(g) = H_2O(g)$ (R18)
一酸化炭素の生成	C(ｸﾞﾗﾌｧｲﾄ) $+ \frac{1}{2}O_2(g) = CO(g)$ (R19)
メタンの生成	C(ｸﾞﾗﾌｧｲﾄ)$+2H_2(g) = CH_4(g)$ (R20)
メタノールの燃焼	$CH_3OH(l) + \frac{3}{2}O_2(g) = CO_2(g) + 2H_2O(l)$ (R21)
メタノールの合成	$2H_2(g) + CO(g) = CH_3OH(g)$ (R22)
水の蒸発	$H_2O(l) = H_2O(g)$ (R23)

水性ガスシフト反応	$CO(g) + H_2O(g) = CO_2(g) + H_2(g)$ (R24)
不均質系の反応	$\nu_1 A_1(s_1) + \nu_2 A_2(s_2) + \nu_3 A_3(g) + \nu_4 A_4(g) = 0$ (R25)
二酸化炭素のグラファイトによる還元	C(ｸﾞﾗﾌｧｲﾄ)+ $CO_2(g) = 2CO(g)$ (R26)
酸化亜鉛の還元	$ZnO(s) + CO(g) = Zn(g) + CO_2(g)$ (R27)
反応式の代数的合成	$\sum_{i=1}^{r} \sum_{j=1}^{q} \left[\nu_i^{(j)}\right] A_i(P) = \sum_{i=1}^{r} \nu_i A_i(P) = 0$ (R28) $\nu_i = \sum_{j=1}^{q} \nu_i^{(q)}$ (4.151)
水の解離反応	$H_2O(g) = H_2(g) + \frac{1}{2} O_2(g)$ (R29)
水性ガス反応	$C(s) + H_2O(g) = CO(g) + H_2(g)$ (R30)
ｸﾞﾗﾌｧｲﾄから任意のC(s)の生成	C(ｸﾞﾗﾌｧｲﾄ) = C(s) (R31)

索　引

〈著者略歴〉

伊藤　猛宏（いとう・たけひろ）

1939年　山口県生まれ
1966年　九州大学大学院工学研究科機械工学専攻博士課程単位修得退学
1966年　九州大学工学部機械工学科講師
1967年　同　助教授
1967年　工学博士（九州大学）
1978年　九州大学工学部動力機械工学科教授
1999年　九州大学教授大学院工学研究科に配置換
2000年　同　工学研究院に配置換
専　門　熱工学
著　書『工業熱力学』(1)，(2)　コロナ社（(1)は共著）
　　　『機械系熱力学の基礎』(上)，(下)　コロナ社
　　　など

きかいけいねつりきがくとくろん
機械系熱力学特論
―― 多成分系と反応系 ――

2001年8月25日　初版発行

著者　伊藤猛宏
発行者　福留久大
発行所　(財)九州大学出版会
〒812-0053　福岡市東区箱崎7-1-146
九州大学構内
電話　092-641-0515(直通)
振替　01710-6-3677
印刷・製本／九州電算(株)

ISBN 4-87378-686-X